Thomas Skill

Toeplitz-Quantisierung symmetrischer Gebiete auf Grundlage der C*-Dualität

Thomas Skill

Toeplitz-Quantisierung symmetrischer Gebiete auf Grundlage der C*-Dualität

Mit einem Geleitwort von Prof. Dr. Harald Upmeier

VIEWEG+TEUBNER RESEARCH

Bibliografische Information der Deutschen Nationalbibliothek
Die Deutsche Nationalbibliothek verzeichnet diese Publikation in der
Deutschen Nationalbibliografie; detaillierte bibliografische Daten sind im Internet über
<http://dnb.d-nb.de> abrufbar.

Dissertation Universität Marburg, 2010, u.d.T.: Skill, Thomas: Toeplitz-Operatoren über
beschränkten symmetrischen Gebieten und C*-Algebra-Dualität

D 4
Hochschulkennziffer 1180

1. Auflage 2011

ISBN 978-3-8348-1541-5

Geleitwort

Die geometrische Quantisierung symplektischer Phasenräume ist ein wichtiger Zweig der modernen Analysis. Sie hat Querverbindungen zur harmonischen Analysis (Darstellungstheorie von Lie-Gruppen), zur mathematischen Physik (semiklassische Approximation quantenmechanischer Systeme) und zur Operatorentheorie (Schrödinger-Operatoren). Das zentrale Konzept umfasst eine Familie von Hilbert-Zustandsräumen mit Deformationsparameter („Plancksche Konstante") sowie eine entsprechende Familie von Hilbert-Raum-Operatoren, die zu einem gegebenen „Symbol" gehören, das eine glatte Funktion auf dem zugrundeliegenden Phasenraum ist und als klassische Observable gedeutet wird. Das Standardbeispiel hierfür ist der quantenharmonische Oszillator.

Neben der üblichen „reellen" Quantisierung, bei der die Symbolfunktionen auf dem Kotangentialbündel eines Konfigurationsraums leben und der Hilbert-Raum aus Wellenfunktionen der Positionskoordinaten besteht, gibt es auch die „komplexe" Toeplitz-Quantisierung, bei der der Phasenraum eine komplexe Polarisierung als Kähler-Mannigfaltigkeit besitzt und dementsprechend die Zustände durch holomorphe Funktionen gegeben sind. Die quantisierten Observablen erhalten hier eher den Charakter von Erzeugungs- und Vernichtungsoperatoren und leiten daher schon zur Quantenfeldtheorie (in unendlich vielen Variablen) über.

Die Beziehung zur harmonischen Analysis ergibt sich neben den Schrödinger-Darstellungen der Heisenberg-Gruppe über „interne" Symmetriegruppen, die im Gegensatz zur Heisenberg-Gruppe nicht nilpotent sind, sondern meist als kompakte Matrixgruppen (etwa die unitäre Gruppe) gewählt werden. Die Darstellungstheorie dieser kompakten Lie-Gruppen beruht auf der Cartan-Weyl-Theorie des höchsten Gewichts und ist im Prinzip wohlbekannt.

In neuerer Zeit spielen aber auch nicht-kompakte halbeinfache Lie-Gruppen eine wichtige Rolle in der Quantisierungstheorie, und die hier kompliziertere Darstellungstheorie kann im Zusammenhang mit Quantisierung neue Impulse erhalten - bekanntlich eine Hauptmotivation zur Entwicklung der geometrischen Quantisierung. Die vorliegende Arbeit beschäftigt sich mit dieser Situation, genauer mit der Quantisierung beschränkter symmetrischer Gebiete in einer oder mehreren komplexen Variablen. Diese können als Quotient G/K realisiert werden können, wobei G eine halbeinfache Lie-Gruppe hermiteschen Typs ist und K deren maximal kompakte Untergruppe.

Aufgrund der komplexen Struktur dieser Gebiete werden zur Toeplitz-Quantisierung nach F. A. Berezin die sogenannten Toeplitz-Operatoren gewählt. Dabei sind die Hilbert-Räume gewichtete Bergman-Räume holomorpher Funktionen auf G/K, und aufgrund des hohen Symmetriegrads kann der Bergman-Kern explizit als Potenz eines Determinantenpolynoms dargestellt werden. Hierfür ist die von M. Koecher entwickelte Jordan-theoretische Beschreibung symmetrischer Gebiete von zentraler Bedeutung.

Die Analyse der Berezin-Toeplitz-Operatoren auf den Bergman-Räumen kann nun in zweierlei Richtung erfolgen. Zum einen kann man Toeplitz-Operatoren in sogenannten Sternprodukten multiplizieren, dann erhält man asymptotische Entwicklungen analog zu den Moyal-Produkten der semiklassischen Approximation. Alternativ ist aber auch die Struktur der von den Toeplitz-Operatoren erzeugten C^*-Algebra von hohem Interesse, da diese ein „nicht-kommutatives" Analogon der Geometrie des zugrundeliegenden symmetrischen Gebiets G/K einschließlich des Randes darstellt.

Für den Fall des Hardy-Raums auf dem Shilov-Rand S von G/K ist in [Upmeier 4] eine Strukturtheorie der Toeplitz-C^*-Algebra mit einer Klassifikation aller irreduziblen Darstellungen auf Rand-Facetten sowie den ersten Schritten für eine Index- und eine K-Theorie entwickelt worden. Die Hauptschwierigkeit besteht in der Tatsache, dass der Rand von G/K nicht glatt ist, sondern eine Stratifizierung in G-Bahnen besitzt, welche sich in der Darstellungstheorie der Toeplitz-C^*-Algebra widerspiegelt. Andererseits trägt der Shilov-Rand eine transitive Wirkung der kompakten Lie-Gruppe K, und die zugehörige Darstellungstheorie sowie die Struktur der Gruppen-C^*-Algebra erlauben es als entscheidenden Schritt, die Hardy-Toeplitz-C^*-Algebra als Kreuzprodukt einer Koaktion zu realisieren.

Versucht man nun wie in dieser Arbeit, eine entsprechende Strukturtheorie für Bergman-Toeplitz-Operatoren zu entwickeln, so liegt es nahe, die nicht-kompakte Lie-Gruppe G als Symmetriegruppe in den Mittelpunkt zu stellen und die im Fall des Hardy-Raums erfolgreiche Methodik auch auf G anzuwenden. Hier stellt sich etwas überraschend heraus, dass die im kompakten Fall relevanten Koaktionen nicht angewandt werden können, sondern durch das duale Konzept der Gruppenaktionen zu ersetzen sind. Daher liegt es nahe, die nicht-kommutative Dualität von Gruppen-C^*-Algebren in einem allgemeinen Rahmen zu entwickeln und den inneren Bezug der verschiedenen Konzepte deutlich zu machen, wobei als zentrales Ergebnis stets ein Bidualitäts-Satz (Katayama) steht. Die vorliegende Arbeit ist im 4. Kapitel genau diesem Projekt gewidmet.

Des Weiteren besteht bei der nicht-kompakten Gruppe G das Problem darin, eine für eine stark stetige Gruppenaktion geeignete C^*-Algebra beschränkter Funktionen auf G/K zu konstruieren, deren Darstellungen in den Toeplitz-Operatoren reflektiert werden. Diese Konstruktion gelingt mit Hilfe der Karpelevič-Kompaktifizierung symmetrischer Räume, wobei die Rand-Facetten durch Limiten geodätischer Kurven beschrieben werden. Diese Idee könnte auch als Ausgangspunkt für weitergehende Untersuchungen im nicht-symmetrischen Fall dienen. Als Folge können nun ein Bidualitäts-Satz vom Katayama-Typ sowie einige bekannte Resultate zum unitären Dual halbeinfacher Lie-Gruppen benutzt werden, um analog zum Hardy-Raum-Fall die Bergman-Toeplitz-C^*-Algebra in ein C^*-Kreuzprodukt einzubetten, aber für eine Aktion statt einer Koaktion. Diese Untersuchungen in Kapitel 6 und 7 können als Hauptergebnis der Arbeit bezeichnet werden.

Neben diesen spezifischen Forschungsthemen bietet die vorliegende Arbeit aber auch Interessantes für einen breiteren Leserkreis, insbesondere einen recht umfassenden Überblick über die bestehenden Quantisierungsmethoden. Dabei wird neben dem analytischen Zugang mittels C^*-Algebren und nicht-kommutativer Dualität auch der mehr algebraische Zugang über Hopf-Algebren und Quantengruppen (Kapitel 2 und 3) beschrieben, um die Ähnlichkeiten und charakteristischen Unterschiede deutlich zu machen. Schließlich gibt Kapitel 5 eine Einführung in die Geometrie symmetrischer Gebiete sowie ihre Jordan-theoretische Beschreibung.

Insgesamt handelt es sich um einen aktuellen und zukunftsweisenden Beitrag zur geometrischen Quantisierung im Rahmen der komplexen Analysis.

Marburg, im Januar 2011   Harald Upmeier

Vorwort

Wenn ein Vorhaben erfolgreich beendet ist, gebührt vielen Menschen, die dabei mitgeholfen haben, Anerkennung. Bedanken möchte mich für den Zuspruch meines Doktorvaters, Herrn Prof. Dr. Harald Upmeier, der nicht nur in fachlichen, sondern auch in privaten Gesprächen immer dafür gesorgt hat, dass ich meinen Geist anstrenge. Seine außergewöhnliche und positive Art hat mich stets ermutigt und bestärkt, mein Vorhaben zum Ende zu bringen.

Bedanken möchte ich mich auch bei Herrn Prof. Dr. Markus Pflaum (University of Colorado at Boulder) für die Übernahme des Zweitgutachtens. Sein besonderer Einsatz zeigte sich nicht zuletzt darin, dass er den Weg nach Marburg für die Disputation auf sich genommen hat.

Frau Dipl.-Math. (FH) Regine Stefanie Martschiske danke ich für die Unterstützung beim Setzen in TeX. Frau Ingrid Furchner hat mit großer Sorgfalt Korrektur gelesen, wofür ich ihr dankbar bin.

Dem Vieweg + Teubner Verlag gilt mein Dank für die Aufnahme in die Edition *Vieweg + Teubner Research*. Insbesondere danke ich den Lektorinnen des Verlags, Frau Ute Wrasmann und Frau Sabine Schöller.

Nicht zuletzt geht mein Dank an meine Eltern Inge und Sigurd Skill sowie an meine Frau Anja Traum, die mich stets aufgebaut haben, wenn ich an mir gezweifelt habe. Meine Frau hat mir mit viel Verständnis immer den Rücken frei gehalten, mich motiviert fertig zu werden und mir geholfen, mein Vorhaben in den Fokus meiner vielfältigen Interessen zu stellen. Daher widme ich ihr diese Arbeit.

Frankfurt, im Januar 2011   Thomas Skill

Symbolverzeichnis

Inhaltsverzeichnis

Kapitel 1

Einführung

Diese Arbeit ist ein Beitrag zur *Quantisierung* im Rahmen der nicht-kommutativen Dualitätstheorie von Gruppen und C^*-Algebren, d. h. der „nicht-kommutativen" Verallgemeinerung der Pontryagin-Dualität. Dieser Zugang ist besonders geeignet für Systeme mit hohem Symmetriegrad, wie zum Beispiel Quantengruppen oder symmetrische Räume, weil die Eigenschaften zueinander dualer Strukturen genutzt werden können, wobei die Symmetrie in der jeweiligen Struktur als Relation bzw. Gruppenoperation eingeht. Die beiden Hauptaufgaben der Arbeit sind daher

1. die umfassende Darstellung der Quantisierung mittels Dualitätstheorie sowohl im algebraischen Rahmen der Hopf-Algebren als auch im analytischen Kontext der Hopf-C^*-Algebren und

2. die Untersuchung der Situation komplex-symmetrischer Gebiete, in denen die Bergman-Räume als Hilbert-Zustandsräume und die Toeplitz-Operatoren als quantisierte Observablen die entscheidenden Rollen spielen.

Der Schwerpunkt der ersten Aufgabe liegt in der Herausarbeitung der jeweils spezifischen Methoden zur Dualitätstheorie, nämlich die Drinfel'd-Doppelkonstruktion im algebraischen Teil und die Anwendung der Katayama-Dualität für C^*-Algebren im analytischen Teil. Im letzteren Fall hat Upmeier bereits eine Strukturtheorie für Toeplitz-C^*-Algebren auf dem *Hardy-Raum* entwickelt [Upmeier 1], [Upmeier 3], [Upmeier 4], bei der allerdings keine eigentliche Quantisierung vorliegt. Diese ergibt sich erst bei den (gewichteten) *Bergman-Räumen.* Als Hauptergebnis der Arbeit wird gezeigt, dass die Bergman-Toeplitz-C^*-Algebra ebenfalls mittels C^*-Dualität beschrieben werden kann. Interessanterweise tritt aber im Bergman-Fall das Kreuzprodukt von C^*-Algebren auf, während im Hardy-Fall das Kokreuzprodukt die entscheidende Rolle spielt. Dieser Zusammenhang bleibt für den allgemeinen Fall der diskreten Reihe gültig, auf den im Abschnitt 7.1 der Arbeit eingegangen wird. In den darauf folgenden Abschnitten wird dann der spezielle Fall der gewichteten Bergman-Räume betrachtet und damit auch die Verbindung zur Quantisierung hergestellt.

Im algebraischen Teil werden *Quantengruppen* skizziert. Ihr Ursprung liegt in der Quantum-Inverse-Scattering-Methode, die durch L. D. Faddeev und der „Leningrader Schule" der mathematischen Physik entwickelt wurde und darauf abzielt, bestimmte integrierbare Quantensysteme zu lösen. Diese Methode basiert im Wesentlichen auf der Quantum Yang-Baxter Gleichung, deren Lösung mit R bezeichnet wurde und den Namen R-Matrix erhalten hat. In den 1980er Jahren entdeckte man, dass Lösungen konstruiert werden können, indem man Darstellungen bestimmter Algebren verwendet, die Deformationen einhüllender Algebren von halbeinfachen Lie-Algebren ähneln.

Ein weiterer Weg, zu Quantengruppen zu gelangen, ist, Funktionenalgebren und ihre Deformation zu studieren. Mit dieser Philosophie stößt man auch auf natürliche Weise auf Hopf-Algebren. Betrachten wir eine diskrete, topologische, Lie- oder algebraische Gruppe G, dann untersuchen wir die Algebra der stetigen, C^∞ oder Polynom-Funktionen von G in den zugrundeliegenden Körper $\mathbb{K}$. Diese Denkweise hat Drinfel'd auf Quantengruppen erweitert, indem er klassische Koordinatenringe durch Deformation zu nicht-kommutativen und nicht-kokommutativen Hopf-Algebren quantisierte und ihre Darstellungstheorie untersuchte. Diese Hopf-Algebren bestehen aus nicht-kommutativen Funktionen auf einem nicht-existierenden Objekt, nämlich einer zu G gehörenden „Quantengruppe". Somit ist klar, dass Quantengruppen an sich nicht existieren, aber ihre Funktionenalgebren, die bequemlichkeitshalber selbst als Quantengruppen bezeichnet werden.

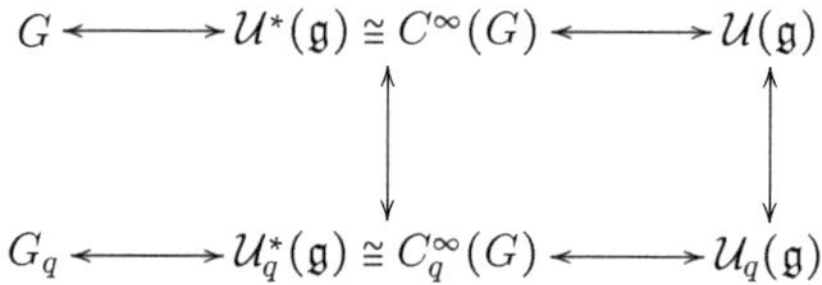

Im Diagramm nehmen wir nun G als Lie-Gruppe an, dann gibt es eine nicht-entartete duale Paarung zwischen den glatten Funktionen $C^\infty(G)$ auf G und dem Dual $\mathcal{U}^*(\mathfrak{g})$ der universell einhüllenden Algebra $\mathcal{U}(\mathfrak{g})$. Wir erhalten also $C^\infty(G) \cong \mathcal{U}^*(\mathfrak{g})$. Damit haben wir die obere Zeile der Beziehungen erklärt. Es ist zu unterstreichen, dass die Bedeutung der Quantengruppe G_q nicht als Quantisierung von G aufgefasst werden kann. Diese fehlende Korrespondenz stellt aber kein Problem dar, denn jede Fragestellung kann als eine von $C_q^\infty(G)$ ausgedrückt werden.

Eine Möglichkeit, eine Quantengruppe zu konstruieren, ist, sie aus der quantisierten universellen Einhüllenden und deren Dual, einer quantisierten Funktionenalgebra, als Doppel zu erzeugen. Dieses Doppel ist eine quasi-trianguläre Hopf-Algebra, womit im quantisierten Fall ihre Nicht-Kommutativität und ihre Nicht-Kokommutativität einhergeht. Diese ebenfalls auf Drinfel'd zurückgehende Idee bildet die algebraische Grundlage für unseren analytischen Teil. Wir arbeiten beispielhaft die Dualität der quantisierten universellen Einhüllenden $\mathcal{U}_q(\mathfrak{sl}(2,\mathbb{C}))$ und der (quantisierten) Koordinatenfunktionenalgebren $K(SL_q(2,\mathbb{C}))$ explizit heraus. Die Einzelergebnisse der Berechnungen zur Dualität werden im Anhang aufgeführt. Anschließend erörtern wir detailliert die Doppelkonstruktion. Dabei verwenden wir im Abschnitt 3.2.2 eine neue Notation für die Koassoziativität, die die Einsteinsche Summenkonvention berücksichtigt und die Rechenoperationen der Elemente im Tensorprodukt verdeutlicht. Auch die Schreibweise für die Aktion im Abschnitt 3.2.1 ist neu und hilft, die Rechnungen übersichtlich zu gestalten. Diese beiden Arten der Notation sind sehr nützlich, um die Bedingungen für verträgliche Paare zu beweisen, die die Grundlage der Doppelkonstruktion bilden.

In der Dualitätstheorie im analytischen Kontext der C^*-Algebren stehen natürlicherweise andere Methoden im Vordergrund. Um die nicht-kommutative Dualität lokalkompakter Gruppen herauszuarbeiten, sind Hopf-C^*-Algebren und Aktionen bzw. Koaktionen auf ihnen erforderlich. Um die Einsabbildungen in der Hopf-C^*-Algebra überhaupt bilden zu können, muss zunächst die C^*-Algebra als Ideal in eine unitale C^*-Algebra eingebettet werden. Diese unitale C^*-Algebra ist bis auf Isomorphismen eindeutig: es ist die Multplier-Algebra. Die Aktion einer Gruppe, aufgefasst als Algebraautomorphismus, kommt hinzu und führt zu einer größeren C^*-Algebra, genauer einer Multiplier-Algebra: dem Kreuzprodukt. Dann benötigen wir noch die Aktion auf der dualen Gruppe und kommen so zur Koaktion einer Gruppe auf einer C^*-Algebra. Damit sind wir vorbereitet, die nicht-kommutative Dualität zu untersuchen. Hierfür arbeiten wir den Dualitätssatz von Katayama aus, d. h. die Kreuzproduktdualität von (reduzierten) Koaktionen und und die Kokreuzproduktdualität von (reduzierten) Aktionen. Außerdem geben wir den Beweis explizit mit dem entsprechenden Kac-Takesaki-Operator, und damit ist die Darstellung für Kreuz- und Kokreuzprodukt einheitlich.

Nun kommen wir zum zweiten Teil der Arbeit. Im Jahre 1935 gab É. Cartan eine vollständige Klassifikation Hermitescher symmetrischer Räume an. Er bewies, dass jeder Hermitesche symmetrische Raum ein Produkt irreduzibler Hermitescher symmetrischer Räume ist und es exakt vier Klassen und zwei Ausnahmefälle irreduzibler Hermitescher symmetrischer Räume gibt. Harish-Chandra bewies 1956, dass jede Hermitesche symmetrische Mannigfaltigkeit holomorph äquivalent zu einem komplex symmetrischen beschränkten Gebiet ist. M. Koecher zeigte 1969, dass Jordan-Algebren und Jordan-Tripelsysteme in der komplexen Analysis angewandt werden können, um insbesondere die beschränkten symmetrischen Gebiete algebraisch zu beschreiben. Toeplitz-Operatoren und Toeplitz-C^*-Algebren auf symmetrischen Gebieten sind mit der Jordan-algebraischen Struktur der zugrundeliegenden Gebiete über die Szegö-Projektion auf dem Hardy-Raum $H^2(S)$ und die Bergman-Projektion auf dem Bergman-Raum $H^2(B)$ eng verbunden.

Nach einer Darstellung der wesentlichen Ergebnisse aus der Theorie der Jordan-Algebren und der Hilbert-Räume holomorpher Funktionen wird zunächst der Hardy-Raum-Fall für die Toeplitz-C^*-Algebra $\mathcal{T}(S)$ mit $S = K/L$ detailliert ausgeführt. Zunächst wird im Abschnitt 6.1 gezeigt, dass die Szegö-Projektion als Linksfaltungsoperator aufgefasst werden kann. Im anschließenden Abschnitt 6.2 verwenden wir diese Projektion zur Definition des Toeplitz-Operators. Dann zeigen wir in Abschnitt 6.3 die Realisierung der Toeplitz-C^*-Algebra als Unteralgebra eines Kokreuzprodukts einer passenden (Hopf-C^*-Algebra-) Koaktion. Dabei verbessern wir Upmeiers Argument beim Beweis der C^*-Koaktion an der Stelle, an der die Dichtheit des algebraischen Tensorprodukts in der Fourier-Algebra verwendet wird (Proposition 6.3.5).

Bei der Bergman-Raum-Theorie gibt es eine Reihe von Parallelen, aber auch Unterschiede zur Hardy-Raum-Theorie. Wir zeigen in Abschnitt 7.1, dass die Bergman-Projektion ein Linksfaltungsoperator ist, allerdings nicht auf der kompakten Gruppe K, sondern auf der nicht-kompakten Gruppe G. Dabei wird die holomorphe diskrete Reihe als Prototyp für die gewichteten Bergman-Räume verwendet; hier sei betont, dass die Konstruktion auch für die volle diskrete Reihe gilt. Anschließend konstruieren wir in Abschnitt 7.2 den Bergman-Toeplitz-Operator und realisieren die Bergman-Toeplitz-C^*-Algebra als Unteralgebra eines Kreuzprodukts im Abschnitt 7.4. Um dieses Kreuzprodukt überhaupt definieren zu können, benötigen wir eine nicht offensichtliche Funktionenalgebra gleichmäßig stetiger Funktionen; diese entwickeln wir in den Abschnitten 7.3.1 und 7.3.2. Dafür wenden wir einige Ergebnisse der komplexen Analysis an. Bei der Realisierung als Kreuzprodukt werden neben der Katayama-Dualität tiefe Sätze der Topologie des unitären Duals angewandt, mit deren Hilfe der Nachweis gelingt, dass die Bergman-Toeplitz-C^*-Algebra eine Unteralgebra des Kreuzprodukts ist. Mit diesem Ergebnis könnte im Prinzip die Darstellungstheorie des Bergman-Raum-Falls bestimmt werden, wie es im Hardy-Raum-Fall [Upmeier 3], [Upmeier 4] erfolgt ist, aber darauf werden wir nicht mehr eingehen.

Nun ist noch die Frage offen, warum dies ein Beitrag zur Quantisisierung ist. Dazu erläutern wir zunächst kurz die Quantisierung.

Quantisierung ist ein mathematisches Konzept dafür, etwas „Stetiges" auf eine diskrete Menge von Werten einzuschränken. Das einfachste Beispiel ist eine Einschränkung von $\mathbb{R}$ auf $\mathbb{N}$. In der Physik bedeutet Quantisierung, aus einem klassischen System $((\mathcal{M}, \omega), \{,\}, H_{klass.})$ mit einer $2n$-dimensionalen symplektischen Mannigfaltigkeit $(\mathcal{M}, \omega)$

als Phasenraum, der Poisson-Klammer $\{,\}$ auf der Observablenalgebra $A = C^\infty(\mathcal{M})$ und der Hamilton-Funktion $H_{klass.}$ (glatte reellwertige Funktion auf $\mathcal{M}$) als klassischer Bewegungsgleichung, einen korrespondierenden Hilbert-Raum $\mathcal{H}$ zu konstruieren. Genauer heißt Quantisierung, eine bijektive Abbildung

$$q_h : A \to \mathcal{A}$$

von der Menge der klassischen Observablen A in die Menge der Quantenobservablen $\mathcal{A}$ (Menge der selbstadjungierten Operatoren auf einem Hilbert-Raum $\mathcal{H}$) zu definieren. Die Abbildung q_h hängt vom Parameter $\hbar$ (reduzierte Plancksche Konstante[1]) ab. Die Einschränkung der Abbildung q_h auf den Unterraum der beschränkten klassischen Observablen A_0 ist ein Homomorphismus auf den Unterraum der beschränkten Quantenobservablen $\mathcal{A}_0 = \mathcal{A} \cap \mathcal{L}(\mathcal{H})$, die die Eigenschaft

$$\lim_{h \to 0} \frac{1}{2} q_h^{-1}(q_h(f_1)q_h(f_2) + q_h(f_2)q_h(f_1)) = f_1 f_2$$

und das (Bohrsche) **Korrespondenzprinzip**

$$\lim_{h \to 0} q_h^{-1}(\{q_h(f_1), q_h(f_2)\}_h) = \{f_1, f_2\}$$

für alle $f_1, f_2 \in A_0$ erfüllen. Der Isomorphismus zwischen der Lie-Algebra beschränkter klassischer Observablen und der Lie-Algebra beschränkter Quantenobservablen besteht aber nicht grundsätlich, sondern nur im Limes.

Physikalisch bedeutet dies, dass stetige Zustände und Übergänge durch ganz bestimmte (nämlich diskrete) ersetzt werden, d. h. zwischen diesen bestimmten Zuständen und Übergängen sind keine anderen erlaubt. Damit ist der Übergang von der *klassischen Mechanik* zur *Quantenmechanik* beschrieben, in dem die stetigen klassischen Größen durch diskrete Größen der Quantenmechanik ersetzt werden. In der *klassischen* Mechanik hingegen werden die beobachtbaren physikalischen Bestimmungsgrößen durch reelle, in den meisten Fällen auch glatte Funktionen $F(q,p)$ auf dem Phasenraum dargestellt.

Für die Untersuchung von C^*-Algebren, die vom Deformationsparameter $\hbar$ abhängen und sich dem klassischen Limes annähern, gibt es zwei Untersuchungsrichtungen: Erstens, kann man den Kommutator zweier quantisierter Funktionen betrachten, der durch eine Korrektur der Poisson-Klammer auf der Mannigfaltigkeit gegen null geht (semiklassischer Limes). Zweitens, einen nicht-störungstheoretischen Ansatz (s. [Borthwick/Lesniewski/Upmeier])

---

[1] Das Plancksche Wirkungsquantum h ist eine fundamentale Naturkonstante der Quantenphysik. Es ist nach Max Planck (23. April 1858, Kiel - 4. Oktober 1947, Göttingen) benannt, einem deutschen Physiker und Nobelpreisträger für Physik 1918. Man bezeichnet mit $\hbar = \frac{h}{2\pi}$ das *reduzierte* Plancksche Wirkungsquantum.

zu wählen, in dem Toeplitz-Operatoren als Quantisierungsabbildungen genutzt werden[2]. Die Idee, Toeplitz-Operatoren zur Quantisierung zu nutzen, ist in Berezin[3] ([Berezin]) zu finden. Eine physikalische Interpretation ist hingegen spekulativ. Im zweiten Ansatz wird die transitive Aktion einer biholomorphen Gruppe verwendet, die in allen Hermiteschen symmetrischen Räumen vom nicht-kompakten Typ enthalten ist und diese Räume mit der Planckschen Konstante h verbindet. Ausgehend von komplexen Hermiteschen Räumen kompakten und nicht-kompakten Typs, die als beschränkte symmetrische Gebiete $S = K/L$ bzw. $B = G/K \subset \mathbb{C}^n$ realisiert sind, wird die Quantisierungsabbildung

$$A : C^\infty(B) \quad \rightarrow \quad \mathcal{L}(H)$$
$$f \quad \mapsto \quad A_f,$$

realisiert durch (unbeschränkte) Operatoren auf einem komplexen Hilbert-Raum H, die die Kovarianzbedingung

$$A_{f \circ g^{-1}} = U(g) A_f U(g^{-1})$$

für alle $g \in G$ und irreduzible (projektive) Darstellungen U von G, die auf H wirken. Die Sichtweise, dass die holomorphe Reihe ein Prototyp für Bergman-Räume ist, stellt die Verbindung von einem parameterabhängigen Maß zu einem symmetrischen Raum her. Dieser Parameter ergibt im Verhältnis zum Geschlecht des Gebiets die inverse Plancksche Konstante, also

$$\frac{\nu}{p} = \frac{1}{h}.$$

Somit sehen wir, dass jeder Toeplitz-Operator T_ν zu einem gewichteten Bergman-Raum gehört, wobei eben dieses ν eine Verbindung zur Planckschen Konstante hat.

---

[2]Hier wird auf die (Berezin-)Toeplitz-Quantisierung als eine Form der Deformationsquantisierung Bezug genommen. Rieffel ([Rieffel], S. 91) sieht dies nicht als Deformationsquantisierung, weil nicht ein deformiertes Produkt gesucht wird, sondern die Quantisierung durch die Korrespondenz einer beschränkten messbaren Funktion zum Toeplitz-Operator besteht, wenn das Maß eine Funktion der Planckschen Konstante ist. Dafür spricht, dass die Konstruktion des Toeplitz-Operators auf die (Ko-)Kreuzproduktbildung zurückzuführen ist, und somit die zu erfüllenden Bedingungen gleich sind.

[3]Felix Alexandrovich Berezin (25. April 1931 in Moskau - 14. Juli 1980 im Kolyma-Gebiet) war ein russischer Mathematiker und theoretischer Physiker. Er begründete die sog. Supermathematik.

Teil I

Dualität im algebraischen und analytischen Kontext

Im ersten Teil werden detailliert die grundlegenden Konzepte der Dualitätstheorie (bspw. Quantendoppel) dargestellt, und zwar sowohl im algebraischen Rahmen der Hopf-Algebren als auch im funktionalanalytischen Kontext der W^*- und C^*-Algebren. Das Ziel ist, die enge Beziehung zwischen dem algebraischen und dem funktionalanalytischen Zugang aufzuzeigen und für Operatoralgebren eine einheitliche Beweisführung der Katayama-Dualitätssätze zu erreichen, d. h. simultan für Aktionen und Koaktionen auf C^*-Algebren. Diese Beweisführung kann als relativ elementar und dennoch vollständig bezeichnet werden und stellt gegenüber den Originalarbeiten, in denen Aktionen und Koaktionen durchaus unterschiedlich behandelt werden, eine Präzisierung und Vereinheitlichung dar.

Im zweiten Teil werden die Katayama-Sätze auf eine konkrete Quantisierungsmethode angewandt, wobei erstaunlicherweise sowohl Aktionen als auch Koaktionen eine wichtige Rolle spielen und die C^*-Dualitätstheorie benutzt wird.

Kapitel 2

Hopf-Algebren

Der Begriff Hopf-Algebra ist aus Hopfs[1] Beschäftigung mit der Kohomologie kompakter Lie-Gruppen und ihrer homogenen Räume entstanden (s. [Hopf], § 3, Randziffer 19, S. 37). Die dort noch verwendeten Restriktionen (wie die Existenz einer Graduierung), um die topologischen Anforderungen erfüllen zu können, konnten durch die Verwendung von Hopf-Algebren in anderen Gebieten immer mehr wegfallen. Chevalley erweiterte die Lie-Theorie auf algebraische Gruppen, aber dort ist die Beziehung zwischen Lie-Gruppen und Lie-Algebren (im Falle der Charakteristik $p \neq 0$) nicht gültig. Um diese Schwierigkeiten zu umgehen, führten Cartier, Manin, Grothendieck et al. Hopf-Algebren in der algebraischen Geometrie ein. Dort entsteht ihre doppelte Rolle: Zum einen sind die linksinvarianten Differentialoperatoren einer algebraischen Gruppe eine kokommutative Lie-Algebra, die mit der einhüllenden Lie-Algebra der Charakteristik 0 koinzidiert. Zum anderen bilden die regulären Funktionen einer affinen algebraischen Gruppe (mit gewöhnlicher Multiplikation) eine kommutative Hopf-Algebra.

Diese beiden Situationen beschreiben ein generelles Phänomen der Dualität von Algebren. So besteht für eine endliche Gruppe G, einen Körper $\mathbb{K}$, die dazugehörige Gruppenalgebra $\mathbb{K}[G]$ und die Algebra $\mathbb{K}(G)$ der $\mathbb{K}$-wertigen Abbildungen von G die natürliche Dualität der Vektorräume durch

$$\left\langle \sum_{g \in G} a_g \cdot g, f \right\rangle = \sum_{g \in G} a_g \cdot f(g)$$

für $\sum_{g \in G} a_g \cdot g \in \mathbb{K}[G]$ und $f \in \mathbb{K}(G)$. Die beiden Betrachtungen im nächsten Beispiel stellen die Verbindung zum zweiten Abschnitt dieser Arbeit her.

---

[1]Heinz Hopf (19. November 1894 in Gräbschen bei Breslau - 03. Juni 1971 in Zollikon, Schweiz) war deutsch-schweizerischer Mathematiker.

Beispiel 2.0.1.   *1. Für eine lokalkompakte Gruppe G ist die Algebra $L^1(G)$ der integrierbaren Funktionen mit Faltungsprodukt dual zur Algebra $L^\infty(G)$ der beschränkten messbaren Funktionen (mit punktweiser Multiplikation).*

2. Ist G eine Lie-Gruppe, so ersetzt man im vorangegangenen Beispiel $L^1(G)$ durch die Faltungsalgebra $C_0(G)$ von Distributionen mit kompaktem Träger und $L^\infty(G)$ durch die Algebra $C^\infty(G)$ der glatten Funktionen: Die Algebra $C_0(G)$ ist dual zu $C^\infty(G)$.

Hier weisen wir darauf hin, dass jeweils mindestens eine der zueinander dualen Algebren eine graduierte Algebra[2] über einem kommutativen Ring ist. Dies ändert sich mit dem Auftreten von Quantengruppen[3].

2.1   Algebrastruktur

Eine (nicht notwendigerweise assoziative) Algebra über dem Ring $\mathcal{R}$ ist ein $\mathcal{R}$-Modul $\mathcal{A}$ mit einer Verknüpfungsabbildung

$$\cdot : \mathcal{A} \times \mathcal{A} \ \rightarrow \ \mathcal{A}$$
$$(x, y) \ \mapsto \ xy$$

für alle $x, y \in M$, so dass für alle $x, y, z \in \mathcal{A}$ und $a \in \mathcal{R}$ gilt:

1. $x(y + z) = xy + xz$,

2. $(x + y)z = xz + yz$,

3. $(ax)y = a(xy) = x(ay)$.

---

[2]Eine $\mathbb{N}$-Graduierung $\mathfrak{Gr}$ einer Algebra A ist eine Familie $(\mathfrak{Gr}(A))_{n \in \mathbb{N}}$ von $\mathcal{R}$-Untermoduln mit den Eigenschaften, dass

1. die durch Einbettungen $\mathfrak{Gr}_n(A) \hookrightarrow A$ induzierte kanonische Abbildung
$$\bigoplus_{n=0}^{\infty} \mathfrak{Gr}_n(A) \rightarrow A$$
ein $\mathcal{R}$-Modulisomorphismus ist und

2. $\mathfrak{Gr}_n(A) \cdot \mathfrak{Gr}_m(A) \subset \mathfrak{Gr}_{n+m}(A)$ für alle $n, m \in \mathbb{N}$ gilt.

Eine $\mathcal{R}$-Algebra zusammen mit einer $\mathbb{N}$-Graduierung heißt $(\mathbb{N}\text{-})$**graduierte Algebra**.

[3]Zu Quantengruppen sind zahlreiche Bücher erschienen. Wir nennen hier auszugsweise [Chari/Pressley], [Klimyk/Schmüdgen] und [Majid 2].

Fassen wir nun diese Verknüpfung als eine Abbildung $m : \mathcal{A} \times \mathcal{A} \to \mathcal{A}$ auf und schreiben sie um in die Abbildungsvorschrift:

1. $m(x, y + z) = m(x, y) + m(x, z)$,

2. $m(x + y, z) = m(x, y) + m(x, z)$,

3. $m(ax, y) = a \cdot m(x, y) = m(x, ay)$,

so erkennen wir klarer, dass die Multiplikation eine bilineare Abbildung ist. Das Tensorprodukt von $\mathcal{R}$-Moduln ermöglicht es, die bilineare Abbildung als lineare Abbildung (als Modulhomomorphismus) auszuführen. Diese lineare Sichtweise ermöglicht zum einen, auf Erzeugern zu rechnen, weil lineare Abbildungen durch ihre Werte auf den Erzeugern eindeutig bestimmt sind, und zum anderen, Dualität zu beschreiben, indem die Modulhomomorphismen kategorientheoretisch als Morphismen der Kategorie *Modul* verstanden werden und die duale Kategorie betrachtet wird. Daher definieren wir die Algebra mit Hilfe von $\mathcal{R}$-Modulhomomorphismen.

Definition 2.1.1. *Es seien $\mathcal{A}$ ein $\mathcal{R}$-Modul, $m : \mathcal{A} \otimes \mathcal{A} \to \mathcal{A}$ und $\eta : \mathcal{R} \to \mathcal{A}$ ($\mathcal{R}$-Modul-) Homomorphismen. Dann heißt $\mathcal{A}$ eine unitale assoziative $\mathcal{R}$-**Algebra**, wenn*
1. die Multiplikation assoziativ ist, d. h. $m \circ (m \otimes id_{\mathcal{A}}) = m \circ (id_{\mathcal{A}} \otimes m)$,
und
2. die Eigenschaft des Einselements gilt, d. h. $m \circ (\eta \otimes id_{\mathcal{A}}) = m \circ (id_{\mathcal{A}} \otimes \eta)$.
Das bedeutet, dass folgende Diagramme kommutativ sind:

$$
\begin{array}{ccc}
\mathcal{A} \otimes \mathcal{A} \otimes \mathcal{A} & \xrightarrow{m \otimes id_{\mathcal{A}}} & \mathcal{A} \otimes \mathcal{A} \\
\downarrow{\scriptstyle id_{\mathcal{A}} \otimes m} & & \downarrow{\scriptstyle m} \\
\mathcal{A} \otimes \mathcal{A} & \xrightarrow{m} & \mathcal{A}
\end{array}
$$

$$
\begin{array}{ccccc}
\mathbb{K} \otimes \mathcal{A} & \xrightarrow{\eta \otimes id_{\mathcal{A}}} & \mathcal{A} \otimes \mathcal{A} & \xleftarrow{id_{\mathcal{A}} \otimes \eta} & \mathcal{A} \otimes \mathbb{K} \\
\downarrow{\scriptstyle \simeq} & & \downarrow{\scriptstyle m} & & \downarrow{\scriptstyle \simeq} \\
\mathcal{A} & \xrightarrow{id_{\mathcal{A}}} & \mathcal{A} & \xleftarrow{id_{\mathcal{A}}} & \mathcal{A}
\end{array}
$$

Ein **Algebramorphismus** $f : \mathcal{A} \to \mathcal{B}$, wobei $(\mathcal{A}, m, \eta)$ und $(\mathcal{B}, \tilde{m}, \tilde{\eta})$ $\mathcal{R}$-Algebren sind, ist ein Modulmorphismus, der folgende Bedingungen erfüllt:

1. $\tilde{m} \circ (f \otimes f) = f \circ m$, das bedeutet als Diagramm:

$$
\begin{array}{ccc}
\mathcal{A} \otimes \mathcal{A} & \xrightarrow{f \otimes f} & \mathcal{B} \otimes \mathcal{B} \\
\downarrow{\scriptstyle m} & & \downarrow{\scriptstyle \tilde{m}} \\
\mathcal{A} & \xrightarrow{f} & \mathcal{B}
\end{array}
$$

2. $\eta \circ f = \tilde{\eta}$, als Diagramm geschrieben:

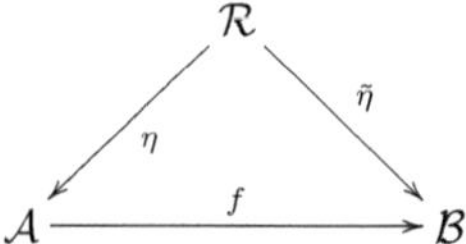

Definition 2.1.2. *Gegeben sei eine Algebra $\mathcal{A}$ mit Multiplikation m_A. Eine **entgegengesetzte Algebra** $\mathcal{A}^{op}$ ist eine Algebra mit demselben zugrundeliegenden Modul $\mathcal{R}$, bei der aber die Multiplikation $m_{A^{op}}$ durch*

$$m_{A^{op}} = m_A \circ \tau_{A,A}$$

definiert ist, wobei $\tau_{A,A}$ die Vertauschungsabbildung der beiden Faktoren von $A \times A$ ist.

Diese Definition bedeutet in anderen Worten: $m_{A^{op}}(a, a') = a'a$. Eine Algebra ist genau dann kommutativ, wenn für die Multiplikation $m_{A^{op}} = m_A$ gilt.

Im Weiteren wird die folgende Struktur eine Rolle spielen: Eine $\mathcal{R}$-**Lie-Algebra** ist ein $\mathcal{R}$-Modul $\mathcal{L}$ mit einem Modulmorphismus

$$\beta : \mathcal{L} \times \mathcal{L} \to \mathcal{L},$$

so dass

1. $\beta(x, x) = 0$ und

2. $\beta(\beta(x, y), z) + \beta(\beta(z, x), y) + \beta(\beta(y, z), x) = 0$ (Jacobi-Identität)

erfüllt sind. Dabei wird β als **Lie-Klammer** auf dem Modul $\mathcal{L}$ bezeichnet.

Beispiel 2.1.3. *Für jede $\mathcal{R}$-Algebra $\mathcal{A}$ definiert der Kommutator $[x, y] = xy - yx$ auf dem darunterliegenden $\mathcal{R}$-Modul von $\mathcal{A}$ eine Lie-Klammer. So wird die Algebra $\mathcal{A}$ zu einer Lie-Algebra, die wir mit $\mathcal{A}_L$ bezeichnen.*

Liegen zwei Lie-Algebren $(\mathcal{L}, m, \eta, \beta), (\tilde{\mathcal{L}}, \tilde{m}, \tilde{\eta}, \tilde{\beta})$ mit einem $\mathcal{R}$-Modulmorphismus $f : \mathcal{L} \to \tilde{\mathcal{L}}$ vor, dann ist f ein Lie-Algebramorphismus, wenn $f(\beta(x, y)) = \tilde{\beta}(f(x), f(y))$ erfüllt ist:

$$
\begin{array}{ccc}
\mathcal{L} \otimes \mathcal{L} & \xrightarrow{f \otimes f} & \tilde{\mathcal{L}} \otimes \tilde{\mathcal{L}} \\
\downarrow{\scriptstyle \beta} & & \downarrow{\scriptstyle \tilde{\beta}} \\
\mathcal{L} & \xrightarrow{f} & \tilde{\mathcal{L}}
\end{array}
$$

Die universelle einhüllende Algebra einer Lie-Algebra $\mathcal{L}$ ist die Konstruktion einer assoziativen Algebra $\mathcal{U}(\mathcal{L})$, die $\mathcal{L}$ als Unterraum enthält, auf dem der Kommutator (bzgl. des Algebraprodukts) die Lie-Klammer von $\mathcal{L}$ (die bilineare Abbildung $[,] : \mathcal{L} \times \mathcal{L} \to \mathcal{L}$) ist. Dies bedeutet konkret, dass das ursprüngliche Algebraprodukt eine Lie-Struktur erhalten muss. Der erste Schritt dazu ist, eine direkte Summe der zugrundeliegenden Moduln zu bilden.

2.1.1 Die Tensoralgebra $\mathcal{T}(\mathcal{L})$

Wir beginnen mit dem Modul $\mathcal{L}$, der der Lie-Algebra $\mathfrak{l}$ zugrundeliegt, und definieren darauf die direkte Summe $T(\mathcal{L})$ aller Moduln $\mathcal{L}^n$, wobei $\mathcal{L}^n := \overset{n}{\underset{j=1}{\bigotimes}} \mathcal{L}$ das n-te Tensorprodukt von $\mathcal{L}$ ist. Das bedeutet:

$$T(\mathcal{L}) := \bigoplus_{n=0}^{\infty} \mathcal{L}^n = \bigoplus_{n=0}^{\infty} \left(\bigotimes_{k=1}^{n} \mathcal{L} \right),$$

wobei wir den eindimensionalen Modul $\mathcal{L}^0 = \mathcal{R}$ setzen.

Nun definieren wir auf den homogenen Elementen (Element aus $\mathcal{L}^n$) eine bilineare Multiplikation

$$\mathcal{L}^m \times \mathcal{L}^n \to \mathcal{L}^{m+n}$$

als Einschränkung des kanonischen Isomorphismus (des algebraischen Tensorprodukts)

$$\mathcal{L}^m \otimes \mathcal{L}^n \to \mathcal{L}^{m+n}.$$

Mit dieser assoziativen Multiplikation wird $T(\mathcal{L})$ eine unitale assoziative Algebra, die als **Tensoralgebra** bezeichnet wird.

Man kann zeigen, dass $T(\mathcal{L})$ folgende universelle Eigenschaft hat: Es sei i die Einbettung von $\mathcal{L}$ als $\mathcal{L}^1 \subseteq T(\mathcal{L})$. Falls nun $i_0 : \mathcal{L} \to \mathcal{U}(\mathfrak{l})$ ein Algebrahomomorphismus von $\mathcal{L}$ in eine unitale assoziative Algebra ist, dann gibt es einen eindeutigen Algebrahomomorphismus $l : T(\mathcal{L}) \to \mathcal{U}(\mathfrak{l})$ mit $l(1) = 1$, so dass folgendes Diagramm kommutiert:

$$
\begin{array}{ccc}
T(\mathcal{L}) & & \\
\uparrow{\scriptstyle i} & \searrow^{l} & \\
\mathcal{L} & \xrightarrow{i_0} & \mathcal{U}(\mathfrak{l}).
\end{array}
$$

Allerdings fehlt der Tensoralgebra die Lie-Struktur, d. h. der Kommutator des Tensorproduktes, der hier in $\mathcal{L}^2$ liegt, muss der bilinearen Abbildung in $\mathcal{L}$ entsprechen, also bspw.

$$x_1 \otimes x_2 - x_2 \otimes x_1 = [x_1, x_2],$$

was allgemein bedeutet, dass in $\mathcal{L}^n$ ein Element der Form

$$x_1 \otimes x_2 \ldots \otimes x_i \otimes x_{i+1} \otimes x_{i+2} \otimes \ldots \otimes x_n - x_1 \otimes x_2 \ldots \otimes x_{i+1} \otimes x_i \otimes x_{i+2} \otimes \ldots \otimes x_n$$

mit

$$x_1 \otimes x_2 \ldots \otimes [x_i, x_{i+1}] \otimes x_{i+2} \ldots x_n \in \mathcal{L}^{n-1}$$

identifiziert werden kann. Dies gelingt dadurch, dass die Tensoralgebra $T(\mathcal{L})$ durch das zweiseitige Ideal $I = x \otimes y - y \otimes x - [x, y]$ dividiert wird, wobei $x, y \in \mathcal{L}^1$ gilt. Der Quotient

$$\mathcal{U}(\mathfrak{l}) = T(\mathcal{L})/I$$

ist die **universelle einhüllende Algebra** einer Lie-Algebra $\mathfrak{l}$.

Um die universelle einhüllende Algebra analytisch zu interpretieren, betrachten wir eine Algebra von Differentialoperatoren. Sei $G_{\mathbb{R}}$ eine topologische Gruppe mit glatter Mannigfaltigkeit und $\mathfrak{g}_{\mathbb{R}}$ ihre Lie-Algebra. Für $X \in \mathfrak{g}_{\mathbb{R}}$ ist das linksinvariante Vektorfeld $\tilde{X}$ der Endomorphismus der Menge $C^{\infty}(G_{\mathbb{R}})$ der komplexwertigen glatten Funktionen auf $G_{\mathbb{R}}$, der durch

$$\tilde{X}f(x) = \frac{d}{dt}f(x\exp(tX))|_{t=0}$$

gegeben ist. Der Operator $\tilde{X}$ ist ein Beispiel für einen linksinvarianten Differentialoperator auf $G_{\mathbb{R}}$, der wie jeder Endomorphismus D auf $C^{\infty}(G_{\mathbb{R}})$ mit den folgenden Eigenschaften definiert ist:

1. D kommutiert mit allen Linkstranslationen durch Elemente von $G_{\mathbb{R}}$.

2. Für jedes $g \in G_{\mathbb{R}}$ gibt es eine Karte (ϕ, S) um g mit $\phi = (x_1, \ldots, x_n)$ und Funktionen $a_{k_1}, \ldots, a_{k_n} \in C^{\infty}(S)$, so dass

$$Df(x) = \sum a_{k_1} \ldots a_{k_n}(x) \frac{\partial^{k_1 + \ldots + k_n} f}{\partial x_1^{k_1} \ldots \partial x_n^{k_n}}(x)$$

   für alle $x \in S$ und $f \in C^{\infty}(G_{\mathbb{R}})$.

Solche Operatoren bilden eine Unteralgebra $D(G_{\mathbb{R}}) \subset End_{\mathbb{C}}(C^{\infty}(G_{\mathbb{R}}))$ mit Einselement ([Knapp 1], S. 48). Eine nützliche Beschreibung der universellen einhüllenden Algebra bietet folgender Satz von Laurent Schwartz ([Kirillov], S. 80):

Theorem 1. *Sei G eine Lie-Gruppe und $\mathfrak{g}$ deren Lie-Algebra. Dann ist die Algebra $\mathcal{U}(\mathfrak{g})$ isomorph*

1. *zur Algebra aller Differentialoperatoren auf G, die mit der Linkstranslation kommutieren, und*

2. *zur Algebra der Distributionen auf G mit kompaktem Träger in $\{e\}$ unter Faltungsoperation, wobei $e \in G$ das Einselement der Gruppe ist.*

2.1.2 Die Poincaré-Birkhoff-Witt-Basis von $\mathcal{U}(\mathfrak{g})$

Bevor wir auf die Poincaré-Birkhoff-Witt-Basis kommen, gehen wir auf die Graduierung der universellen einhüllenden Algebra ein. Dazu betrachten wir zunächst die Symmetrisierung, die wir für den Satz von Poincaré, Birkhoff und Witt benötigen. Hierzu sei S_n

die symmetrische Gruppe in n Buchstaben, d. h. die Permutationsgruppe von $\{1,\ldots,n\}$.
Die lineare Abbildung

$$s : x_1 \otimes x_2 \otimes \ldots \otimes x_n \mapsto \frac{1}{n!} \sum_{\sigma \in S_n} x_{\sigma(1)} \otimes \ldots \otimes x_{\sigma(n)}$$

erweitert den wohldefinierten Symmetrisierungs-Endomorphismus $s : \mathcal{T}(\mathfrak{g}) \to \mathcal{T}(\mathfrak{g})$ mit der Eigenschaft $s^2 = s$. Das Bild $Im(s)$ besteht aus den symmetrischen Tensoren und ist ein Vektorraumkomplement zum Ideal $\mathcal{J}$, das durch $\langle x \otimes y - y \otimes x | x, y \in \mathfrak{g} \rangle$ erzeugt wird. Diese symmetrische Algebra $\mathcal{S}(\mathfrak{g}) = \mathcal{T}(\mathfrak{g})/\mathcal{J}$ identifizieren wir mit den symmetrischen Tensoren durch die Quotientenabbildung, so dass die Symmetrisierung als eine Projektion

$$s : \mathcal{T}(\mathfrak{g}) \to \mathcal{S}(\mathfrak{g})$$

betrachtet werden kann.

Der Schnitt

$$\tau : \mathcal{S}(\mathfrak{g}) \to \mathcal{T}(\mathfrak{g})$$
$$x_1 \ldots x_n \quad \mapsto \quad s(x_1 \otimes \ldots \otimes x_n)$$

ist eine lineare Abbildung, aber kein Algebrahomomorphismus, weil das Produkt zweier symmetrischer Tensoren im Allgemeinen kein symmetrischer Tensor ist.

Die universelle einhüllende Algebra $\mathcal{U}(\mathfrak{g})$ ist keine graduierte Algebra, aber wir können sie als Vektorraum graduieren. Dazu betrachten wir die natürliche Graduierung von $\mathcal{T}(\mathfrak{g})$:

$$\mathcal{T}(\mathfrak{g}) = \bigoplus_{k=0}^{\infty} \mathcal{T}^k(\mathfrak{g}),$$

wobei $\mathcal{T}^k(\mathfrak{g}) = \bigotimes_{l=0}^{k} \mathfrak{g}$ ist. Die Projektion von $\mathcal{T}(\mathfrak{g})$ auf $\mathcal{U}(\mathfrak{g})$ induziert keine Graduierung, weil die definierenden Relationen von $\mathcal{U}(\mathfrak{g})$ bis auf den Fall $[,] = 0$ nicht homogen sind. Andererseits erhält die Symmetrisierung $s : \mathcal{T}(\mathfrak{g}) \to \mathcal{S}(\mathfrak{g})$ die Graduierung.

Die zur Graduierung von $\mathcal{T}(\mathfrak{g})$ gehörige Filtration ist

$$\mathcal{T}^{(k)}(\mathfrak{g}) = \bigoplus_{j=0}^{k} \mathcal{T}^j(\mathfrak{g}),$$

so dass

$$\mathcal{T}^{(0)}(\mathfrak{g}) \subseteq \mathcal{T}^{(1)}(\mathfrak{g}) \subseteq \mathcal{T}^{(2)}(\mathfrak{g}) \subseteq \ldots$$

und

$$\mathcal{T}^{(i)}(\mathfrak{g}) \otimes \mathcal{T}^{(j)}(\mathfrak{g}) \subseteq \mathcal{T}^{(i+j)}(\mathfrak{g})$$

gilt. Durch Quotientenbildung kann auf $\mathcal{T}^k(\mathfrak{g}) = \mathcal{T}^{(k)}(\mathfrak{g})/\mathcal{T}^{(k-1)}(\mathfrak{g})$ zurückgegangen werden.

Ist nun $\mathcal{U}^{(k)}(\mathfrak{g})$ das Bild von $\mathcal{T}^{(k)}(\mathfrak{g})$ unter der Projektionsabbildung, dann haben wir die Relation

$$\mathcal{U}^{(k)}(\mathfrak{g}) \cdot \mathcal{U}^{(l)}(\mathfrak{g}) \subseteq \mathcal{U}^{(k+l)}(\mathfrak{g}),$$

so dass die universelle einhüllende Algebra $\mathcal{U}(\mathfrak{g})$ eine im folgenden Sinne natürliche Filtration hat: Für jede Abbildung $\mathfrak{g} \to \mathfrak{h}$ erhält das Diagramm

$$\begin{array}{ccc} \mathfrak{g} & \longrightarrow & \mathfrak{h} \\ \downarrow & & \downarrow \\ \mathcal{U}(\mathfrak{g}) & \longrightarrow & \mathcal{U}(\mathfrak{h}) \end{array}$$

die Filtration. Um nun eine graduierte Algebra zu konstruieren, definieren wir

$$\mathcal{U}^{k}(\mathfrak{g}) = \mathcal{U}^{(k)}(\mathfrak{g})/\mathcal{U}^{(k-1)}(\mathfrak{g})$$

mit der wohldefinierten Multiplikation

$$\mathcal{U}^{k}(\mathfrak{g}) \otimes \mathcal{U}^{l}(\mathfrak{g}) \;\to\; \mathcal{U}^{k+l}(\mathfrak{g})$$
$$[u] \otimes [v] \;\mapsto\; [uv],$$

die eine assoziative Operation bildet. Diese bezeichnet man mit der zu $\mathcal{U}(\mathfrak{g})$ gehörenden graduierten Algebra $\mathfrak{Gr}(\mathcal{U}(\mathfrak{g}))$:

$$\mathfrak{Gr}(\mathcal{U}(\mathfrak{g})) := \bigoplus_{j=0}^{\infty} \mathcal{U}^{k}(\mathfrak{g}).$$

Um später auf den Erzeugern einer universellen einhüllenden Algebra rechnen zu können, legen wir die Poincaré-Birkhoff-Witt-Basis als ein Korollar aus dem folgenden Satz zugrunde:

Theorem 2. *(Satz von Poincaré-Birkhoff-Witt)* *Der Homomorphismus*

$$\omega : \mathfrak{S} \to \mathfrak{Gr}$$

ist ein Algebrenisomorphismus.

Einen Beweis dazu findet man in [Humphrey] (Abschnitt 17.4, S. 93f). Betrachten wir eine Basis $(X_i)_{i \in I}$ einer Lie-Algebra $\mathfrak{g}$ und nehmen außerdem an, dass diese Basis abzählbar ist und durch eine geeignete Indexmenge $I \subset \mathbb{N}$ bezeichnet wird. Dann folgt mit dem Satz von Poincaré-Birkhoff-Witt, dass die Menge aller Monome der universellen einhüllenden Algebra $\mathcal{U}(\mathfrak{g})$ die Form

$$X_{i_1} X_{i_2} \cdots X_{i_k}$$

hat, wobei i_k eine monoton wachsende Folge von k Elementen in I ist, d. h.

$$i_1 \leq i_2 \leq \ldots \leq i_{k-1} \leq i_k$$

mit k nichtnegativen ganzen Zahlen ist eine Basis von $\mathcal{U}(\mathfrak{g})$. Diese Basis wird als **Poincaré-Birkhoff-Witt-Basis** bezeichnet.

2.2 Bi- und Hopf-Algebrastruktur

Wie schon zu Beginn dargestellt wurde, ist die Definition der Algebra bereits so angelegt, dass wir diese kategorientheoretisch dualisieren können, d. h. wir können die duale Kategorie bilden, bei der die Objekte der Kategorien erhalten bleiben, aber die Quelle und das Ziel der Morphismen vertauscht sind. Dies bedeutet, dass sich die Pfeile der Diagramme in der voranstehenden Definition der Algebra umkehren.

Definition 2.2.1. *Es seien C ein $\mathcal{R}$-Modul, $\Delta : C \to C \otimes C$ und $\epsilon : C \to \mathcal{R}$ ($\mathcal{R}$-Modul)-Homomorphismen. Dann heißt C eine unitale assoziative $\mathcal{R}$-Koalgebra, wenn*

1. $(\Delta \otimes id_C) \circ \Delta = (id_C \otimes \Delta) \circ \Delta$ (Koassoziativität)

und

2. $(\epsilon \otimes id_C) \circ \Delta = (id_C \otimes \epsilon) \circ \Delta$

gilt. Das bedeutet, dass folgende Diagramme kommutativ sind:

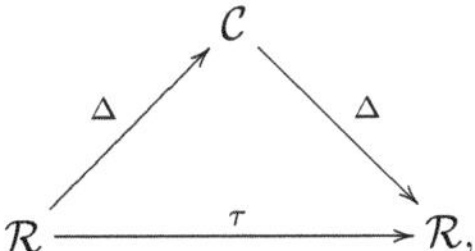

*Der $\mathcal{R}$-Modul-Homomorphismus Δ wird als **Komultiplikation**[4] und ϵ als **Koeins** bezeichnet.*

Gilt zudem die Kommutativität des Diagramms

$$\begin{array}{ccc} & C & \\ {}^{\Delta}\nearrow & & \searrow^{\Delta} \\ \mathcal{R} & \xrightarrow{\tau} & \mathcal{R}, \end{array}$$

*wobei $\tau(c \otimes c') = c' \otimes c$, dann wird die Koalgebra als **kokommutativ** bezeichnet.*

Die **entgegengesetzte Koalgebra** ist eine Koalgebra mit der entgegengesetzten Komultiplikation

$$\Delta^{op} = \tau_{C,C} \circ \Delta.$$

Die entgegengesetzte Koalgebra $C^{cop} = (C, \Delta^{op}, \epsilon)$ ist selbst eine Koalgebra.

---

[4]In diesem Zusammenhang wird auch der Begriff Koprodukt verwendet, der allerdings wegen seiner Bedeutung in der Kategorientheorie missverständlich ist. Er entspricht dem der Komultiplikation in der Kategorie der Moduln.

Definition 2.2.2. *Sei (C, Δ, ϵ) eine $(\mathcal{R}-)$Koalgebra. Dann nennt man einen Unterraum I ein (zweiseitiges)* **Koideal***, falls*

1. *$\Delta(I) \subseteq I \otimes C + C \otimes I$ und*

2. *$\epsilon(I) = 0$.*

Falls die zweite Bedingung wegfällt und die erste durch $\Delta(I) \subseteq I \otimes C$ (bzw. $\Delta(I) \subseteq C \otimes I$) ersetzt wird, heißt I ein Rechtskoideal (bzw. Linkskoideal).

Ein Koideal I muss weder ein Links- noch ein Rechtskoideal sein. Falls I ein Links- und ein Rechtskoideal ist, dann ist I eine Unterkoalgebra und kein Koideal (ausgenommen $I = \{0\}$), weil

$$I \otimes C \cap C \otimes I = I \otimes I$$

gilt. Damit ist aber erreicht, dass man I herausfaktorisieren kann und dann C/I eine Quotientenkoalgebra[5] wird. Somit können wir diese Erkenntnis nun auf $\mathcal{U}(\mathcal{L}) = T(\mathcal{L})/I$ anwenden.

Proposition 2.2.3. *Jede universelle einhüllende Algebra $\mathcal{U}(\mathcal{L})$ einer Lie-Algebra $\mathcal{L}$ ist eine $\mathcal{R}$-Koalgebra. Die Komultiplikation ist definiert durch*

$$\begin{aligned} \mathcal{L} &\to \mathcal{U}(\mathcal{L}) \to \mathcal{U}(\mathcal{L}) \otimes \mathcal{U}(\mathcal{L}) \\ x &\mapsto x \otimes 1 + 1 \otimes x \end{aligned}$$

und das Koeins-Element durch $\epsilon(1) = 1, \epsilon(x) = 0$ für $x \in \mathcal{L}$.

Beweis:

Es ist zu zeigen, dass

$$I = x \otimes y - y \otimes x - [x, y]$$

in

$$\Delta(I) \subset I \otimes \mathcal{U} + \mathcal{U} \otimes I$$

---

[5]Wenn I ein Koideal ist, dann wird Δ durch eine Abbildung

$$\overline{\Delta} : C/I \to C \otimes C/(I \otimes C + C \otimes I) = C/I \otimes C/I$$

herausfaktorisiert. Genauso kann die Koeins ϵ durch eine Abbildung $\overline{\epsilon} : C/I \to \mathcal{R}$ herausfaktorisiert werden. Dann ist das Tripel $(C/I, \overline{\Delta}, \overline{\epsilon})$ eine Koalgebra, die als **Quotientenkoalgebra** bezeichnet wird.

liegt. Dies sehen wir mit folgender Rechnung:

$$
\begin{aligned}
\Delta(I) \;=\;& \Delta(x \otimes y) - \Delta(y \otimes x) - \Delta([x,y]) \\
=\;& \Delta(x) \otimes \Delta(y) - \Delta(y) \otimes \Delta(x) - (\Delta(xy) - \Delta(yx)) \\
=\;& (x \otimes 1 + 1 \otimes x) \otimes (y \otimes 1 + 1 \otimes y) \\
& -(y \otimes 1 + 1 \otimes y) \otimes (x \otimes 1 + 1 \otimes x) \\
& -((xy \otimes 1 + 1 \otimes xy) - (yx \otimes 1 + 1 \otimes yx)) \\
=\;& (x \otimes 1) \otimes (y \otimes 1) + (x \otimes 1) \otimes (1 \otimes y) \\
& +(1 \otimes x) \otimes (y \otimes 1) + (1 \otimes x) \otimes (1 \otimes y) \\
& -(y \otimes 1) \otimes (x \otimes 1) - (y \otimes 1) \otimes (1 \otimes x) \\
& -(1 \otimes y) \otimes (x \otimes 1) - (1 \otimes y) \otimes (1 \otimes x) \\
& -((xy \otimes 1 + 1 \otimes xy) - (yx \otimes 1 + 1 \otimes yx)) \\
=\;& xy \otimes 1 + x \otimes y + y \otimes x + 1 \otimes xy \\
& -yx \otimes 1 - y \otimes x - x \otimes y - 1 \otimes yx \\
& -((xy \otimes 1 + 1 \otimes xy) - (yx \otimes 1 + 1 \otimes yx)) \\
=\;& (xy - yx - [x,y]) \otimes 1 + 1 \otimes (yx - xy - [y,x]).
\end{aligned}
$$

Damit ist die Behauptung bewiesen. $\qquad\square$

Proposition 2.2.4. *Sei $(\mathcal{L}, [\,,], \eta)$ eine Lie-Algebra und $(\mathcal{L}, \Delta, \epsilon)$ eine $\mathcal{L}$-Koalgebra. Dann sind Δ und ϵ Lie-Algebrahomomorphismen.*

Beweis:

Wir zeigen, dass Δ und ϵ Lie-Algebramorphismen sind, indem wir zunächst $\Delta([x,y]) = [\Delta(x), \Delta(y)]$ und dann $\epsilon([x,y]) = [\epsilon(x), \epsilon(y)]$ nachweisen.

$$
\begin{aligned}
\Delta([x,y]) \;=\;& [x,y] \otimes 1 + 1 \otimes [x,y] \\
=\;& (xy - yx) \otimes 1 + 1 \otimes (xy - yx) \\
=\;& xy \otimes 1 - yx \otimes 1 + 1 \otimes xy - 1 \otimes yx \\
=\;& xy \otimes 1 - 1 \otimes yx - (yx \otimes 11 \otimes xy - yx \otimes 1) \\
=\;& \Delta(xy) - \Delta(yx) = [\Delta(x), \Delta(y)]
\end{aligned}
$$

Nun zeigen wir noch die zweite Behauptung:

$$
\epsilon([x,y]) = \epsilon(xy - yx) = \epsilon(x)\epsilon(y) - \epsilon(y)\epsilon(x) = [\epsilon(x), \epsilon(y)].
$$

$\qquad\square$

Ist nun $\mathcal{B}$ ein $\mathcal{R}$-Modul, der gleichzeitig mit einer Algebra- und einer Koalgebrastruktur ausgestattet ist, so entsteht bei Kompatibilität der beiden Strukturen eine neue.

Definition 2.2.5. *Gegeben sei ein kommutativer Ring $\mathcal{R}$. Eine **Bialgebra** ist ein $\mathcal{R}$-Modul $\mathcal{B}$ mit einer Algebrastruktur $(\mathcal{B}, m, \eta)$ und einer Koalgebrastruktur $(\mathcal{B}, \Delta, \epsilon)$, so dass folgende Diagramme kommutativ sind:*

1.

$$
\begin{array}{ccc}
\mathcal{B} \otimes \mathcal{B} & \xrightarrow{\;\;m\;\;} & \mathcal{B} \\
{\scriptstyle \Delta \otimes \Delta} \downarrow & & \downarrow {\scriptstyle \Delta} \\
\mathcal{B} \otimes \mathcal{B} \otimes \mathcal{B} \otimes \mathcal{B} \xrightarrow{id_{\mathcal{B}} \otimes \tau \otimes id_{\mathcal{B}}} \mathcal{B} \otimes \mathcal{B} \otimes \mathcal{B} \otimes \mathcal{B} \xrightarrow{m \otimes m} & & \mathcal{B} \otimes \mathcal{B}
\end{array}
$$

2.

$$
\begin{array}{ccccc}
\mathcal{B} \otimes \mathcal{B} & \xrightarrow{\epsilon \otimes \epsilon} & \mathcal{R} \otimes \mathcal{R} & \xrightarrow{\eta \otimes \eta} & \mathcal{B} \otimes \mathcal{B} \\
{\scriptstyle m} \downarrow & & {\scriptstyle \cong} \downarrow & & \uparrow {\scriptstyle \Delta} \\
\mathcal{B} & \xrightarrow{\;\epsilon\;} & \mathcal{R} & \xrightarrow{\;\eta\;} & \mathcal{B}
\end{array}
$$

3.

$$
\begin{array}{ccc}
 & \mathcal{B} & \\
{\scriptstyle \eta} \nearrow & & \searrow {\scriptstyle \epsilon} \\
\mathcal{R} & \xrightarrow{\;1_{\mathcal{R}}\;} & \mathcal{R}
\end{array}
$$

*Ist die Koalgebrastruktur kokommutativ, so nennt man auch die Bialgebra **kokommutativ**.*

Durch die Diagramme sieht man die vollkommene Dualität von $(\mathcal{B}, m, \eta)$ und $(\mathcal{B}, \Delta, \epsilon)$. Dadurch erkennt man die Gültigkeit der folgenden Behauptung.

Proposition 2.2.6. *Es sei (B, m, η) eine Algebrastruktur und (B, Δ, ϵ) eine Koalgebrastruktur auf dem $\mathcal{R}$-Modul $\mathcal{B}$. Dann sind folgende Aussagen äquivalent:*

1. *$\mathcal{B}$ ist eine Bialgebra.*

2. *m, η sind Koalgebramorphismen.*

3. *Δ, ϵ sind Algebramorphismen.*

Damit genügt es künftig, entweder die zweite oder die dritte Aussage zu zeigen, um die Bialgebrastruktur nachzuweisen.

Beispiel 2.2.7. *Man kann leicht zeigen, dass für eine Bialgebra $(B, m, \eta, \Delta, \epsilon)$ sowohl $B^{op} = (B, m^{op}, \eta, \Delta, \epsilon)$ als auch $B^{cop} = (B, m, \eta, \Delta^{op}, \epsilon)$ und auch $B^{op,cop} = (B, m^{op}, \eta, \Delta^{op}, \epsilon)$ Bialgebren sind.*

In den vorangegangenen Abschnitten haben wir gesehen, dass es korrespondierende $\mathcal{R}$-Modulhomomorphismen zur Algebrastruktur gibt (Komultiplikation und Koeins). Nun wollen wir das Inverse in einer Gruppe durch einen weiteren $\mathcal{R}$-Modulmorphismus darstellen. Damit ergibt sich eine neue Struktur.

Definition 2.2.8. *H heißt eine **Hopf-Algebra**, wenn*

1. *$(H, m, \eta, \Delta, \epsilon)$ eine Bialgebra ist und*

2. *eine lineare Abbildung $S : H \to H$ existiert, so dass*

$$m \circ (S \otimes id) \circ \Delta = \eta \circ \epsilon = m \circ (id \otimes S) \circ \Delta$$

gilt.

*Diese lineare Abbildung heißt der **Antipode**. Die zweite Bedingung sieht im Diagramm folgendermaßen aus:*

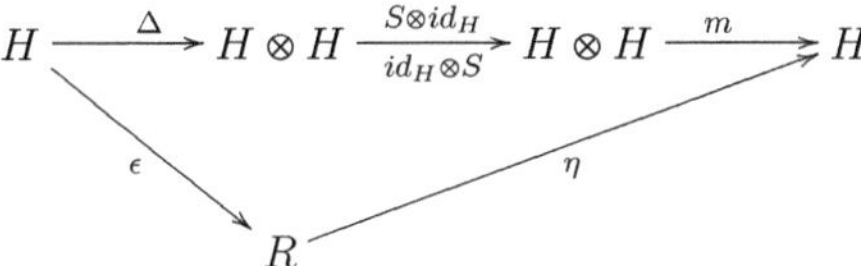

Beispiel 2.2.9. *Sei G eine endliche Gruppe.*

1. *Die Gruppenalgebra $K[G]$ von G über einem kommutativen Ring $\mathcal{R}$ ist ein freier $\mathcal{R}$-Modul mit Basis G, ihre Algebrastruktur entsteht durch lineare Erweiterung der Multiplikation auf G. Die Hopf-Algebrastruktur auf $K[G]$ erhalten wir durch lineare Erweiterung der Formeln $\eta(1) = e$, wobei e das neutrale Element von G ist, $\epsilon(g) = 1$, $\Delta(g) = g \otimes g$ und $S(g) = g^{-1}$. (Die Gruppenalgebra ist stets kokommutativ, aber nur dann kommutativ, wenn G kommutativ ist.)*

2. *Die Menge der $\mathcal{R}$-wertigen Funktionen $K(G)$ auf G wird ein $\mathcal{R}$-Modul und eine Algebra durch Definition der punktweisen Operation. Die Hopf-Algebrastruktur erhalten wir durch Definition der Koeins $\epsilon(f) = f(e)$ und $S(f(g)) = f(g^{-1})$. Um die Komultiplikation zu definieren, berücksichtigen wir, dass $K(G \times G) \cong K(G) \otimes K(G)$ ist.*

Denn für $f_1, f_2 \in K(G)$ gibt es einen Isomorphismus von $K(G \otimes G) \to K(G) \otimes K(G)$, indem wir $f_1 \otimes f_2 \in K(G) \otimes K(G)$ durch

$$(f_1 \otimes f_2)(g_1, g_2) := f_1(g_1) f_2(g_2)$$

identifizieren. Dann können wir die Komultiplikation durch

$$\Delta(f)(g_1, g_2) := f(g_1 g_2)$$

definieren. (Die Funktionenalgebra ist stets kommutativ, aber nur dann kokommutativ, wenn G kommutativ ist.)

Definition 2.2.10. *Ein Element $a \neq 0$ einer Koalgebra (C, Δ, ϵ) heißt **gruppenähnlich**[6], falls*

$$\Delta(a) = a \otimes a.$$

Um die Antipodeneigenschaft nachzuweisen, bezeichnen wir die Multiplikation in der entgegengesetzten universellen einhüllenden Algebra $\mathcal{U}^{op}(\mathfrak{g})$ mit $\cdot : x \cdot y = yx$. Zudem wollen wir festhalten, dass $S : \mathfrak{g} \to \mathcal{U}^{op}(\mathfrak{g})$ ein Lie-Algebramorphismus ist; denn es gilt für $x, y \in \mathfrak{g}$:

$$S([x,y]) = -[y,x] = -xy + yx = x \cdot y - y \cdot x = [x,y]^{op}.$$

Daraus erhält man wegen der Existenz der universellen einhüllenden Algebra einen eindeutig bestimmten Algebrahomomorphismus $S : \mathcal{U}(\mathfrak{g}) \to \mathcal{U}^{op}(\mathfrak{g})$, der eine Poincaré-Birkhoff-Witt-Basis auf eine Poincaré-Birkhoff-Witt-Basis bis auf Vorzeichen abbildet. Die Abbildung S ist also insbesondere ein Isomorphismus. Somit muss nur noch die Antipoden-Eigenschaft nachgewiesen werden. Hierzu nehmen wir $x \in \mathfrak{g}$, für das

$$(m \circ (S \otimes id) \circ \Delta)(x) = S(x)1 + xS(1) = 0 = (\eta \circ \epsilon)(x) = xS(1) + S(x)1 = (m \circ (id \otimes S) \circ \Delta)(x)$$

gilt. Alle Teilaspekte können wir nun in folgendem Satz zusammenfassen:

Proposition 2.2.11. *Sei $\mathfrak{g}$ eine endlichdimensionale Lie-Algebra und $\mathcal{U}(\mathfrak{g})$ die universelle einhüllende Algebra. Dann ist $(\mathcal{U}(\mathfrak{g}), m, \eta, \Delta, \epsilon, S)$ eine kokommutative Hopf-Algebra. Dabei ist η der Isomorphismus $\eta : \mathbb{K} \to \mathcal{U}(\mathfrak{g})$, m die übliche Multiplikation $m : \mathcal{U}(\mathfrak{g}) \otimes \mathcal{U}(\mathfrak{g}) \to \mathcal{U}(\mathfrak{g})$ und S der Antipode.*

Zudem ist die Komultiplikation $\Delta : \mathcal{U}(\mathfrak{g}) \to \mathcal{U}(\mathfrak{g}) \otimes \mathcal{U}(\mathfrak{g})$ durch den Algebrahomomorphismus

$$\Delta : \mathfrak{g} \to \mathcal{U}(\mathfrak{g}) \otimes \mathcal{U}(\mathfrak{g})$$
$$x \mapsto x \otimes 1 + 1 \otimes x$$

---

[6] Die Bezeichnung *gruppenähnlich* ist mit dem ersten Beispiel in 2.2.9. verbunden, denn die Menge aller gruppenähnlichen Elemente bildet eine Gruppe mit der Multiplikation, die auf Gruppenalgebra $K[G]$ definiert ist.

induziert und die Koeins durch

$$
\begin{aligned}
\epsilon : \mathcal{U}(\mathfrak{g}) &\to \mathbb{K} \\
\epsilon(x) &= 0 \quad \textit{für alle } x \in \mathfrak{g} \\
\epsilon(1) &= 1
\end{aligned}
$$

definiert.

2.3 Dualität von Gruppenalgebren

Bevor wir zu den Quantengruppen kommen, betrachten wir zunächst die universelle einhüllende Lie-Algebra $\mathcal{U}(\mathfrak{sl}(2,\mathbb{C}))$ der 2×2-Matrizen mit Spur 0, d. h. als Vektorraum haben wir

$$
\mathfrak{sl}(2,\mathbb{C}) = \left\{ A = \begin{pmatrix} a & b \\ c & d \end{pmatrix} \in GL(2,\mathbb{C}) \,|\, a + d = 0 \right\}
$$

und als Lie-Klammer $[A, B] = AB - BA$.

2.3.1 Die universelle einhüllende Algebra von $\mathfrak{sl}(2,\mathbb{C})$

Als Vektorraumbasis von $\mathfrak{sl}(2,\mathbb{C})$ wählen wir folgende Matrizen:

$$
X_+ = \begin{pmatrix} 0 & 1 \\ 0 & 0 \end{pmatrix}, \quad
X_- = \begin{pmatrix} 0 & 0 \\ 1 & 0 \end{pmatrix}, \quad
H = \begin{pmatrix} 1 & 0 \\ 0 & -1 \end{pmatrix}, \quad
I = \begin{pmatrix} 1 & 0 \\ 0 & 1 \end{pmatrix},
$$

weil diese Basiselemente unter einer endlichdimensionalen Darstellung mit dem Erzeugungsoperator (X_+), dem Vernichtungsoperator (X_-) und dem Gewichtsvektor (H) korrespondieren. Die Relationen der universellen Einhüllenden sind

$$
[X_+, X_-] = H, \quad [H, X_+] = 2X_+, \quad [H, X_-] = -2X_-,
$$

womit die Lie-Algebra $\mathfrak{sl}(2,\mathbb{C})$ im folgenden Sinne vollständig beschrieben ist: Liegt eine Lie-Algebra $\mathfrak{l}$ mit drei nichtverschwindenden Elementen u, v, w vor, für die

$$
[u, w] = v, \quad [v, u] = 2u, \quad [v, w] = -2w
$$

gilt, dann ist das Erzeugnis $\langle u, v, w \rangle$ eine Unter-Lie-Algebra von $\mathfrak{l}$, weil $[l_1, l_2] \in \langle u, v, w \rangle$ für alle $l_1, l_2 \in \langle u, v, w \rangle$ gilt. Die lineare Abbildung

$$
\begin{aligned}
\psi : \mathfrak{sl}(2,\mathbb{C}) &\to \mathfrak{l} \\
X_+ &\mapsto u \\
X_- &\mapsto v \\
H &\mapsto w
\end{aligned}
$$

ist ein Lie-Algebraisomorphismus, weil sie offensichtlich ein Vektorraumisomorphismus ist und $\psi([A,B]) = [\psi(A), \psi(B)]$ für die Elemente der Basis (also für alle Elemente in $\mathfrak{sl}(2,\mathbb{C})$) gilt.

Beispiel 2.3.1. *Sei $End(\mathbb{C}[x,y])$ die Algebra der Endomorphismen des unendlichdimensionalen Vektorraums der Polynome in zwei Variablen. Die partiellen Ableitungen $f \mapsto \frac{\partial}{\partial x} f$ und $f \mapsto \frac{\partial}{\partial y} f$ definieren Elemente aus $End(\mathbb{C}[x,y])$. Die Multiplikation $M_x : f \mapsto xf$ bildet ebensfalls eine lineare Abbildung von $\mathbb{C}[x,y]$ in sich.*

Zunächst zeigen wir, dass die geordneten Monome $B = \{X_+^k X_-^l H^m : k,l,m \geq 0\}$ eine Basis von $\mathcal{U}(\mathfrak{sl}(2,\mathbb{C}))$ sind. Dies ist eine direkte Folge aus dem Satz von Poincaré-Birkhoff-Witt. So ist bspw.

$$\begin{aligned} X_+ X_- X_+ H = X_+(X_- X_+ - X_+ X_-)H + X_+^2 X_- H \ &= \ X_+ H^2 + X_+^2(X_- H - H X_-) + X_+^2 H X_- \\ &= \ X_+ H^2 - 2X_+^2 X_- + X_+^2 H X_- \end{aligned}$$

die Summe geordneter Monome.

Es gilt für die Komultiplikation:

$$\Delta(H) = H \otimes 1 + 1 \otimes H, \quad \Delta(X_+) = X_+ \otimes 1 + 1 \otimes X_+, \quad \Delta(X_-) = X_- \otimes 1 + 1 \otimes X_-.$$

Nun weisen wir wieder die Relationen nach:

$$\begin{aligned} \Delta([X_+, X_-] - H) \ &= \ \Delta(X_+)\Delta(X_-) - \Delta(X_-)\Delta(X_+) - \Delta(H) \\ &= \ (X_+ \otimes 1 + 1 \otimes X_+)(X_- \otimes 1 + 1 \otimes X_-) \\ &\quad -(X_- \otimes 1 + 1 \otimes X_-)(X_+ \otimes 1 + 1 \otimes X_+) - (H \otimes 1 + 1 \otimes H) \\ &= \ X_+ X_- \otimes 1 + X_+ \otimes X_- + X_- \otimes X_+ + H \otimes X_+ X_- \\ &\quad - X_- X_+ \otimes 1 - X_- \otimes X_+ - X_+ \otimes X_- - 1 \otimes X_- X_+ - H \otimes 1 - 1 \otimes H \\ &= \ (X_+ X_- - X_- X_+ - H) \otimes H + H \otimes (X_+ X_- - X_- X_+ - H) \\ &= \ ([X_+, X_-] - H) \otimes 1 + 1 \otimes ([X_+, X_-] - H) \end{aligned}$$

$$\begin{aligned} \Delta([H, X_+] - 2X_+) \ &= \ \Delta(H)\Delta(X_+) - \Delta(X_+)\Delta(H) - 2\Delta(X_+) \\ &= \ (H \otimes 1 + 1 \otimes H)(X_+ \otimes 1 + 1 \otimes X_+) \\ &\quad -(X_+ \otimes 1 + 1 \otimes X_+)(H \otimes 1 + 1 \otimes H) - 2(X_+ \otimes 1 + 1 \otimes X_+) \\ &= \ (H X_+ \otimes 1 + H \otimes X_+ + X_+ \otimes H + 1 \otimes H X_+) \\ &\quad -(X_+ H \otimes 1 + X_+ \otimes H + H \otimes X_+ + 1 \otimes X_+ H) - 2(X_+ \otimes 1 + 1 \otimes X_+) \\ &= \ (H X_+ - X_+ H - 2X_+) \otimes 1 - 1 \otimes (H X_+ - X_+ H - 2X_+) \\ &= \ ([H, X_+] - 2X_+) \otimes 1 + 1 \otimes ([H, X_+] - 2X_+). \end{aligned}$$

Der Fall $\Delta([H, X_-] - 2X_-)$ verläuft analog dem zuletzt behandelten. Für die Koeins gilt

$$\epsilon(X_+) = \epsilon \begin{pmatrix} 0 & 1 \\ 0 & 0 \end{pmatrix} = \begin{pmatrix} 0 & 0 \\ 0 & 0 \end{pmatrix}, \quad \epsilon(X_-) = \epsilon \begin{pmatrix} 0 & 0 \\ 1 & 0 \end{pmatrix} = \begin{pmatrix} 0 & 0 \\ 0 & 0 \end{pmatrix},$$

$$\epsilon(H) = \epsilon \begin{pmatrix} 1 & 0 \\ 0 & -1 \end{pmatrix} = \begin{pmatrix} 0 & 0 \\ 0 & 0 \end{pmatrix}, \quad \epsilon(I) = \epsilon \begin{pmatrix} 1 & 0 \\ 0 & 1 \end{pmatrix} = \begin{pmatrix} 1 & 0 \\ 0 & 1 \end{pmatrix}.$$

Der Antipode ist bestimmt durch $S(X) = -X$ für alle $X \in \mathfrak{sl}(2, \mathbb{C})$, d. h.

$$S(X_+) = S \begin{pmatrix} 0 & 1 \\ 0 & 0 \end{pmatrix} = \begin{pmatrix} 0 & -1 \\ 0 & 0 \end{pmatrix}, \quad S(X_-) = S \begin{pmatrix} 0 & 0 \\ 1 & 0 \end{pmatrix} = \begin{pmatrix} 0 & 0 \\ -1 & 0 \end{pmatrix},$$

$$S(H) = S \begin{pmatrix} 1 & 0 \\ 0 & 1 \end{pmatrix} = \begin{pmatrix} -1 & 0 \\ 0 & -1 \end{pmatrix}.$$

2.3.2 Die Funktionen-Algebra $K(SL(2, \mathbb{C}))$

Es sei G eine beliebige (Unter-)Gruppe der Gruppe $M(n, \mathbb{C})$ und $K(G)$ die Algebra der reell- bzw. komplexwertigen Funktionen auf G mit punktweiser algebraischer Operation. Für $g = (a_{ij}) \in G$ mit $i, j = 1, \ldots, n$ sei

$$g_{ij} : G \rightarrow \mathbb{C}$$
$$g \mapsto g_{ij}$$

die (i, j)-te Koeffizientenfunktion auf G. Dazu sei $K(G)$ die von den Funktionen g_{ij} und der Funktion 1 erzeugte Funktionenalgebra. Die Algebramultiplikation ist definiert durch die Matrixmultiplikation

$$g_{ij}(ab) = \sum_{k=1}^{n} g_{ik}(a) g_{ki}(b),$$

so dass wir die Algebrastruktur beschrieben haben. Für die Koalgebrastruktur definieren wir für die Komultiplikation

$$\Delta g_{ij}(a) = \sum_{k=1}^{n} g_{ik}(a) \otimes g_{kj}(a)$$

und für die Koeins

$$\epsilon(g_{ij}(a)) = \delta_{ij}$$

mit $i, j = 1, \ldots, n$ und dem Kronecker-Symbol δ_{ij}. Man kann leicht nachrechnen, dass Δ und ϵ Algebrenhomomorphismen sind, also ist $(K(G), m, 1, \Delta, \epsilon)$ auch eine Bialgebra. Für die Hopf-Algebra benötigen wir noch den Antipoden, den wir durch

$$S(g_{ij}(a)) = g_{ij}(a^{-1})$$

definieren. Somit haben wir $K(G)$ als Hopf-Algebra beschrieben.

Beispiel 2.3.2. *1. Für die Funktionenalgebra $K(M(2,\mathbb{K}))$ betrachten wir die Gruppe $M(2,\mathbb{K})$ und bezeichnen mit*

$$g = \begin{pmatrix} a & b \\ c & d \end{pmatrix} \in M(2,\mathbb{K})$$

ein allgemeines Element. Dazu nehmen wir die übliche Matrizenmultiplikation. Für die Komultiplikation ergibt sich dann

$$\Delta(f_{11}(g)) = \sum_{k=1}^{2} f_{ik}(g) \otimes f_{kj}(g) = f_{11}(g) \otimes f_{11}(g) + f_{12}(g) \otimes f_{21}(g) = a \otimes a + b \otimes c,$$

$$\Delta(f_{12}(g)) = \sum_{k=1}^{2} f_{ik}(g) \otimes f_{ki}(g) = f_{11}(g) \otimes f_{21}(g) + f_{12}(g) \otimes f_{22}(g) = a \otimes b + b \otimes d,$$

$$\Delta(f_{21}(g)) = \sum_{k=1}^{2} f_{ik}(g) \otimes f_{kj}(g) = f_{21}(g) \otimes f_{11}(g) + f_{22}(g) \otimes f_{21}(g) = c \otimes a + d \otimes c,$$

$$\Delta(f_{22}(g)) = \sum_{k=1}^{2} f_{ik}(g) \otimes f_{kj}(g) = f_{21}(g) \otimes f_{12}(g) + f_{22}(g) \otimes f_{22}(g) = c \otimes b + d \otimes d.$$

Die Koeins ergibt sich aus

$$\epsilon(f_{11}(g)) = \epsilon(f_{22}(g)) = 1, \quad \epsilon(f_{12}(g)) = \epsilon(f_{21}(g)) = 0.$$

Die Hopf-Struktur der Gruppe $M(2,\mathbb{K})$ erhalten wir durch Lokalisierung der Determinante, die durch Adjunktion ihrer Inversen erfolgt, d. h. die erzeugende Relation ist

$$\det{}^{-1}(g) \cdot \det(g) = 1.$$

Somit ist $\Delta(\det^{-1}(g)) = \det^{-1}(g) \otimes \det^{-1}(g)$ ein gruppenähnliches Element und $\epsilon(\det^{-1}(g)) = \mathrm{Id}$. Der Antipode ist definiert durch $S(f_{ij}(g)) = f_{ij}(g^{-1})$, d. h. $S(f_{11}(g)) = \det^{-1}(g)d$, $S(f_{11}(g)) = -\det^{-1}(g)b, S(f_{11}(g)) = -\det^{-1}(g)c$, $S(f_{11}(g)) = \det^{-1}(g)a$ und $S(\det(g)) = \det^{-1}(g)$.

2. Die Funktionenalgebra $K(SL(2,\mathbb{C}))$ der Funktionen auf $SL(2,\mathbb{C})$ ist der Quotient

$$K(SL(2,\mathbb{C})) = K(M(2,\mathbb{C}))/(\det(g) - 1).$$

Wir haben damit für die Inverse der Determinante

$$\Delta(\det(g) - 1) = (\det(g) - 1) \otimes 1 + \det(g) \otimes (\det(g) - 1)$$

und $\epsilon(\det(g) - 1) = 0$ und $S(\det(g) - 1) = -\det^{-1}(g)(\det(g) - 1)$.

2.3.3 Das duale Paar $(\mathcal{U}(\mathfrak{sl}(2,\mathbb{C})), K(SL(2,\mathbb{C})))$

Wir beginnen den Abschnitt mit der Definition des dualen Paares nach Takeuchi ([Takeuchi]).

Definition 2.3.3. *Gegeben seien die Hopf-Algebren $(U, m, \eta, \Delta, \epsilon, S_U)$ und $(H, m, \eta, \Delta, \epsilon, S_U)$ und eine Bilinearform $\langle \cdot, \cdot \rangle : U \times H \to \mathbb{C}$. Die Bilinearform **realisiert eine Dualität**, wenn für alle $u, v \in U$ und $x, y \in H$ gilt:*

1. *$\langle uv, x \rangle = \langle u, x_i \rangle \langle v, x^i \rangle = \langle u \otimes v, \Delta_H(x) \rangle$,*

2. *$\langle u, xy \rangle = \langle u_i, x \rangle \langle u^i, y \rangle = \langle \Delta_U(u), x \otimes y \rangle$,*

3. *$\epsilon_H(x) = \langle 1_U, x \rangle$ und $\epsilon_U(u) = \langle u, 1_H \rangle$ sowie*

4. *$\langle S_U(u), x \rangle = \langle u, S_H(x) \rangle$.*

Für den Nachweis einer Dualität verwenden wir folgende

Proposition 2.3.4. [7] *Seien $(U, m, \eta, \Delta, \epsilon, S_U)$ und $(H, m, \eta, \Delta, \epsilon, S_U)$ Hopf-Algebren und eine Bilinearform $\langle \cdot, \cdot \rangle : U \times H \to \mathbb{C}$ gegeben. Die Bilinearform realisiert genau dann eine Dualität zwischen U und H, wenn die lineare Abbildung $\phi : U \to H^*$ und die lineare Abbildung $\psi : H \to U^*$ Algebramorphismen sind.*
Ist zudem H endlichdimensional, dann realisiert die Bilinearform eine Dualität genau dann, wenn ϕ ein Bialgebramorphismus ist.

Wir skizzieren den Weg, um die Dualität der universellen einhüllenden Algebra $\mathcal{U}(\mathfrak{sl}(2,\mathbb{C}))$ zur Hopf-Algebra $K(SL(2,\mathbb{C}))$ zu beweisen. Hierzu wird ein Algebrenmorphismus konstruiert, der $M(2,\mathbb{C})$ (verstanden als Polynomalgebra $K[a,b,c,d]$) in die duale Algebra $\mathcal{U}^*(\mathfrak{sl}(2,\mathbb{C}))$ abbildet. Dafür benötigen wir eine Bilinearform auf $\mathcal{U}(\mathfrak{sl}(2,\mathbb{C})) \times M(2,\mathbb{C})$ definiert durch $\langle u, x \rangle = \psi(x)(u)$, die Ziffer 2 bis 4 aus Definition 2.3.3 erfüllt. Die Konstruktion von ψ ist äquivalent dazu, die vier paarweise kommutierenden Elemente A, B, C, D auf $\mathcal{U}^*(\mathfrak{sl}(2,\mathbb{C}))$ anzugeben. Wir nehmen ein Element u aus $\mathcal{U}(\mathfrak{sl}(2,\mathbb{C}))$ und setzen

$$\rho(u) = \begin{pmatrix} A(u) & B(u) \\ C(u) & D(u) \end{pmatrix},$$

wobei ρ die zum Höchstgewichtsmodul $V(1)$ korrespondierende Darstellung $\rho(1)$ ist. Dies definiert vier lineare Formen auf $U(\mathfrak{sl}(2,\mathbb{C}))$, somit vier Elemente A, B, C, D des dualen Raums $\mathcal{U}^*(\mathfrak{sl}(2,\mathbb{C}))$. Wegen der Kokommutativität von $\mathcal{U}(\mathfrak{sl}(2,\mathbb{C}))$ und der Kommutativität der dualen Algebra $\mathcal{U}^*(\mathfrak{sl}(2,\mathbb{C}))$ wird durch

$$\psi(a) = A, \quad \psi(b) = B, \quad \psi(c) = C, \quad \psi(d) = D$$

---

[7]S. [Kassel], Proposition V.7.2., S. 110

ein eindeutiger Algebrenmorphismus definiert. Nun müssen die obigen Bedingungen nachgewiesen werden. Bspw. bedeutet die erste Bedingung:

$$\rho(u) = \begin{pmatrix} A(u) & B(u) \\ C(u) & D(u) \end{pmatrix} = \begin{pmatrix} \langle u,a \rangle & \langle u,b \rangle \\ \langle u,c \rangle & \langle u,d \rangle \end{pmatrix}.$$

Wegen $\rho(uv) = \rho(u)\rho(v)$ ist

$$\begin{pmatrix} \langle uv,a \rangle & \langle uv,b \rangle \\ \langle uv,c \rangle & \langle uv,d \rangle \end{pmatrix} = \begin{pmatrix} \langle u,a \rangle & \langle u,b \rangle \\ \langle u,c \rangle & \langle u,d \rangle \end{pmatrix} \begin{pmatrix} \langle v,a \rangle & \langle v,b \rangle \\ \langle v,c \rangle & \langle v,d \rangle \end{pmatrix},$$

so dass nach Ausrechnen des Matrixprodukts die Bedingung erfüllt ist.
Kommen wir zur dritten Bedingung, die folgendermaßen lautet:

$$\begin{pmatrix} \langle 1,a \rangle & \langle 1,b \rangle \\ \langle 1,c \rangle & \langle 1,d \rangle \end{pmatrix} = \begin{pmatrix} A(1) & B(1) \\ C(1) & D(1) \end{pmatrix} = \begin{pmatrix} 1 & 0 \\ 0 & 1 \end{pmatrix} = \begin{pmatrix} \epsilon(a) & \epsilon(b) \\ \epsilon(c) & \epsilon(d) \end{pmatrix}.$$

Für den Antipoden betrachten wir bspw. den Erzeuger X_+ und erhalten

$$\left\langle S(X_+), \begin{pmatrix} a & b \\ c & d \end{pmatrix} \right\rangle = \rho(S(X_+)) = -\rho(X)$$
$$= \begin{pmatrix} 0 & -1 \\ 0 & 0 \end{pmatrix}$$
$$= \left\langle X_+, \begin{pmatrix} d & -b \\ -c & a \end{pmatrix} \right\rangle$$
$$= \left\langle X_+, \begin{pmatrix} S(a) & S(b) \\ S(c) & S(d) \end{pmatrix} \right\rangle.$$

Somit haben wir die Realisierung einer Dualität zwischen den Hopf-Algebren $\mathcal{U}(\mathfrak{sl}(2,\mathbb{C}))$ und $K(SL(2,\mathbb{C}))$ angedeutet. Näheres dazu findet man in [Kassel], S. 112-115, und zum Höchstgewichtsmodul ebenso in [Kassel], S. 101-103.

2.4 Dualität von q-deformierten Gruppenalgebren

In der Einleitung wurde bereits festgehalten, dass zwischen Gruppe und (eigentlicher) Quantengruppe keine Quantisierungsvorschrift existiert, insbesondere weil die Quantengruppe nicht existiert. Eine Beschreibung der Quantisierung ist nur auf der Funktionenalgebra möglich. Im Falle von Matrizengruppen hingegen gibt es Möglichkeiten der Beschreibung der Deformation sowohl für die universelle einhüllende Algebra wie auch für die Funktionenalgebra.
Zunächst ist unklar, warum bei einer Quantisierung etwas mit der Zahl q zusammenhängt,

da tatsächlich eine Quantisierung vom Parameter h (Plancksche Konstante) abhängt. Die Deformation einer Hopf-Algebra ist in dieser Betrachtung isomorph zur Algebra der formalen Potenzreihenentwicklung in h. Zum Beispiel wird die universelle einhüllende Algebra einer Lie-Algebra $\mathfrak{g}$ mit $\mathcal{U}_h(\mathfrak{g})$ bezeichnet. Diese Variante von Hopf-Algebren erfordert allerdings, dass die zu den Algebren gehörenden Tensorprodukte vollständig in der h-adischen Topologie liegen. Diese Schwierigkeit kann umgangen werden, indem man eine Algebra über dem Körper $\mathbb{Q}(q)$ rationaler Funktionen in der Variablen q definiert. Dieser *rationale* Gegenspieler, der dann als $\mathcal{U}_q(\mathfrak{g})$ bezeichnet wird, steht dem *formalen* Objekt $\mathcal{U}_h(\mathfrak{g})$ gegenüber. Der Hauptvorteil dieser Betrachtung ist, dass q zu jeder transzendentalen komplexen Zahl spezialisiert werden kann, während dies im vorherigen Fall nur für $h = 0$ gilt. Einschränkend nehmen wir $q \neq 0$ und $q^2 \neq 1$ an.

Man kommt von der deformierten universellen einhüllenden Algebra $\mathcal{U}_h(\mathfrak{g})$ in die q-deformierte universelle einhüllende Algebra $\mathcal{U}_q(\mathfrak{g})$ durch $q^H = \exp\left(-\frac{h}{4}H\right)$[8].

2.4.1 Die q-deformierte universelle einhüllende Algebra von $\mathfrak{sl}(2, \mathbb{K})$

Als Erstes bilden wir die Matrizen

$$E = X_+ K^{\frac{1}{2}} = \begin{pmatrix} 0 & q^{\frac{1}{2}} \\ 0 & 0 \end{pmatrix}, \quad F = K^{-\frac{1}{2}} X_- = \begin{pmatrix} 0 & 0 \\ q^{-\frac{1}{2}} & 0 \end{pmatrix}, \quad K^{\pm 1} = q^{\mp H} = \begin{pmatrix} q^{\mp 1} & 0 \\ 0 & q^{\mp 1} \end{pmatrix}.$$

Diese vier Variablen erzeugen mit den Relationen[9]

$$KK^{-1} = K^{-1}K = 1 \tag{2.1}$$

$$KEK^{-1} = q^2 E, \quad KFK^{-1} = q^{-2}F \tag{2.2}$$

und

$$[E, F] = \frac{K - K^{-1}}{q - q^{-1}} \tag{2.3}$$

eine Algebra – die quantisierte universelle einhüllende Algebra $\mathcal{U}_q(\mathfrak{sl}(2, \mathbb{C}))$. Man kann zeigen, dass die drei Matrizen E, F und K eine Poincaré-Birkhoff-Witt-Basis von $\mathcal{U}_q(\mathfrak{sl}(2, \mathbb{C}))$ bilden; für den Beweis verweisen wir auf [Kassel], Proposition VI.1.4, S. 123. Diese Tatsache wird als Begründung für das Rechnen auf Erzeugern der Algebra $\mathcal{U}_q(\mathfrak{sl}(2, \mathbb{C}))$ benötigt. Nun ergänzen wir die Algebra zu einer Koalgebra, indem wir die Strukturabbildungen Δ, ϵ

---

[8]Die entstehenden Relationen hängen von der Definition von q ab, lassen sich aber ineinander überführen.

[9]Diese Relationen hängen von der Wahl der Zahl q ab, die durch die Cartan-Matrix bestimmt ist.

und S angeben:

$$\begin{aligned}
\Delta(E) &= \Delta(X_+ K^{\frac{1}{2}}) = \Delta(X_+ q^{-\frac{H}{2}}) = \Delta(X_+)\Delta(q^{-\frac{H}{2}}) \\
&= (X_+ \otimes q^{\frac{H}{2}} + q^{-\frac{H}{2}} \otimes X_+)(q^{-\frac{H}{2}} \otimes q^{-\frac{H}{2}}) \\
&= X_+ q^{-\frac{H}{2}} \otimes 1 + q^{-\frac{H}{2}} \otimes X_+ q^{\frac{H}{2}} \\
&= E \otimes 1 + K \otimes E
\end{aligned}$$

und

$$\begin{aligned}
\Delta(F) &= \Delta(K^{-\frac{1}{2}} X_-) = \Delta(q^{\frac{H}{2}})\Delta(X_-) \\
&= (q^{\frac{H}{2}} \otimes q^{\frac{H}{2}})(X_- \otimes q^{\frac{H}{2}} + q^{-\frac{H}{2}} \otimes X_-) \\
&= q^{\frac{H}{2}} X_- \otimes q^H + 1 \otimes q^{\frac{H}{2}} X_- \\
&= F \otimes K^{-1} + 1 \otimes F.
\end{aligned}$$

Allgemein gilt

Lemma 2.4.1. *Die Elemente von $\mathcal{U}_q(\mathfrak{g})$ der Form $q^H = \exp(\mp\frac{h}{4}H)$ sind gruppenähnlich.*

Beweis:

Man kann $\Delta(q^H)$ in eine Potenzreihe entwickeln. Das bedeutet:

$$\begin{aligned}
\Delta(q^H) = \Delta(\exp(-\frac{h}{4}H)) &= \sum_{k=0}^{\infty} \frac{(-\frac{h}{4})^k}{k!}(H \otimes 1 + 1 \otimes H)^k \\
&= \sum_{k=0}^{\infty} \sum_{l=0}^{k} \binom{k}{l} \frac{(-\frac{h}{4})^k}{k!} H^l \otimes H^{k-l} \\
&= \sum_{l=0}^{\infty} \sum_{m=0}^{\infty} \frac{(-\frac{h}{4})^{l+m}}{l!k!} H^l \otimes H^m \\
&= q^H \otimes q^H \\
&= K \otimes K.
\end{aligned}$$

Damit ist die Gruppenähnlichkeit gezeigt. $\qquad\square$

Die Koeins ist durch $\epsilon(E) = \epsilon(F) = 0$ und $\epsilon(K) = \epsilon(K^{-1}) = 1$ definiert. Für den Antipoden gilt

$$S(E) = -K^{-1}E, \quad S(F) = -FK, \quad S(K) = K^{-1}.$$

Nun zeigen wir, dass Δ, ϵ und S Algebrenhomomorphismen sind, indem wir die Relationen für die Strukturabbildungen auf den Erzeugern E, F, K zeigen. Dabei erweitern wir Δ zu einem Algebrahomomorphismus von der freien Algebra $\mathbb{C}\langle E, F, K, K^{-1}\rangle$ in $\mathcal{U}_q(\mathfrak{sl}(2,\mathbb{C})) \otimes \mathcal{U}_q(\mathfrak{sl}(2,\mathbb{C}))$. Dafür genügt es zu zeigen, dass die Relationen 2.1, 2.2 und 2.3 erhalten bleiben. Wir führen dies beispielhaft für die Komultiplikation durch. Die Koeins- und die Antipodenabbildungen sind leicht nachzurechnen.

$$\Delta(EF - FE - \frac{K - K^{-1}}{q - q^{-1}}) \ = \ \Delta(E)\Delta(F) - \Delta(F)\Delta(E) - \frac{\Delta(K) - \Delta(K^{-1})}{q - q^{-1}}$$

$$= \ (E \otimes 1 + K \otimes E)(F \otimes K^{-1} + 1 \otimes F)$$
$$-(F \otimes K^{-1} + 1 \otimes F)(E \otimes 1 + K \otimes E)$$
$$-\frac{1}{q - q^{-1}}(K \otimes K - K^{-1} \otimes K^{-1})$$

$$= \ EF \otimes K^{-1} + E \otimes F + KF \otimes EK^{-1} + K \otimes EF$$
$$-(FE \otimes K^{-1} + FK \otimes K^{-1} + E \otimes F + K \otimes FE)$$
$$-\frac{1}{q - q^{-1}}(K \otimes K - K^{-1} \otimes K^{-1})$$

$$= \ (EF - FE) \otimes K^{-1} + K \otimes (EF - FE)$$
$$-\frac{1}{q - q^{-1}}(K \otimes K - K^{-1} \otimes K^{-1})$$
$$+q^{-2}FK \otimes EK^{-1} - q^2 FK \otimes EK^{-1}$$

$$= \ (EF - FE) \otimes K^{-1} + K \otimes (EF - FE)$$
$$-\frac{1}{q - q^{-1}}(K \otimes K - K^{-1} \otimes K^{-1})$$

$$= \ (EF - FE) \otimes K^{-1} + K \otimes (EF - FE)$$
$$-\frac{1}{q - q^{-1}}(K \otimes K - K \otimes K^{-1} + K \otimes K^{-1} - K^{-1} \otimes K^{-1})$$

$$= \ (EF - FE) \otimes K^{-1} + K \otimes (EF - FE)$$
$$-\frac{1}{q - q^{-1}}(K \otimes (K - K^{-1}) + (K - K^{-1}) \otimes K^{-1})$$

$$= \ (EF - FE - \frac{1}{q - q^{-1}}(K - K^{-1})) \otimes K^{-1}$$
$$+K \otimes (EF - FE - \frac{1}{q - q^{-1}}(K - K^{-1}))$$

$$\Delta(KE - q^2 EK) \ = \ \Delta(KE) - q^2\Delta(EK) = \Delta(K)\Delta(E) - q^2\Delta(E)\Delta(K)$$
$$= \ (K \otimes K)(E \otimes 1 + K \otimes E) - q^2(E \otimes 1 + K \otimes E)(K \otimes K)$$
$$= \ KE \otimes K + K^2 \otimes KE - q^2(EK \otimes K + K^2 \otimes EK)$$
$$= \ (KE - q^2 EK) \otimes K + K^2 \otimes (KE - q^2 EK)$$

$$\Delta(KF - q^{-2}FK) \ = \ \Delta(KF) - q^{-2}\Delta(FK) = \Delta(K)\Delta(F) - q^{-2}\Delta(F)\Delta(K)$$
$$= \ (K \otimes K)(F \otimes K^{-1} + 1 \otimes F) - q^{-2}(F \otimes K^{-1} + 1 \otimes F)(K \otimes K)$$
$$= \ KF \otimes 1 + K \otimes KF - q^{-2}(FK \otimes 1 + K \otimes FK)$$
$$= \ (KF - q^{-2}FK) \otimes 1 + K \otimes (KF - q^{-2}FK)$$

Damit sind die Relationen für die Komultiplikation als Algebrahomomorphismus nachgewiesen.

2.4.2 Die q-deformierte Funktionenalgebra $K_q(SL(2,\mathbb{C}))$

Zunächst soll die q-Deformation der Funktionenalgebra geometrisch gedeutet werden. Komplexe 2×2-Quantenmatrizen wirken als Lineartransformationen auf die *Quantenebene* $\mathbb{C}_q^2$. Nehmen wir $K(\mathbb{C}_q^2)$ als Algebra mit den Erzeugern x und y, die die Bedingung

$$xy = qyx$$

erfüllen. Das bedeutet, die Quantenebene ist die Quotientenalgebra einer freien Algebra $\mathbb{C}\langle x, y\rangle$ mit einem zweiseitigen Ideal, das durch $xy - qyx$ erzeugt wird. Berechnen wir dann die Links- bzw. Rechtstransformation durch

$$\begin{pmatrix} a & b \\ c & d \end{pmatrix} \otimes \begin{pmatrix} x \\ y \end{pmatrix} = \begin{pmatrix} a \otimes x + b \otimes y \\ c \otimes x + d \otimes y \end{pmatrix} =: \begin{pmatrix} x' \\ y' \end{pmatrix},$$

$$(x, y) \otimes \begin{pmatrix} a & b \\ c & d \end{pmatrix} = (x \otimes a + y \otimes c, \, x \otimes b + y \otimes d) =: (x'', y''),$$

dann sehen wir, dass aus den Relationen $x'y' = qy'x'$ und $x''y'' = qy''x''$ die Elemente a, b, c, d die Relationen 2.4 und 2.5 erfüllen. Die Hauptidee ist, eine Deformation von $K(SL(2,\mathbb{C}))$ zu finden, die für $q = 1$ gerade deren Relationen entspricht. Hier beginnen wir mit $K_q(M(2,\mathbb{C}))$, deren Erzeugende a, b, c, d die folgenden Relationen

$$ab = qba, \quad ac = qca, \quad bd = qdb, \quad cd = qdc, \quad bc = cb \tag{2.4}$$

und

$$ad - da = (q - q^{-1})bc \tag{2.5}$$

erfüllen. Dabei benutzen wir die abkürzende Schreibweise für die Koordinatenfunktionen

$$g_{11}(g) = a, \quad g_{12}(g) = b, \quad g_{21}(g) = c, \quad g_{22}(g) = a.$$

Diese Relationen kann man sich mit dem folgenden Diagramm merken. Dabei gibt die Richtung der äußeren Pfeile die Reihenfolge der Multiplikation an, die Pfeilüberschrift den Faktor für die umgekehrte Multiplikation. Im Diagramminneren sind Doppelpfeile nicht gekennzeichnet, weil kein q-Faktor hinzukommt.

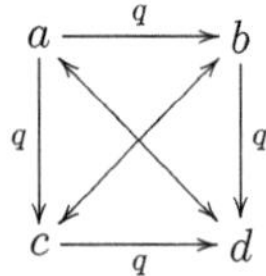

Bemerkung 2.4.2. *Die Relation 2.5 können wir auch als $ad - qbc = da - q^{-1}bc$ umschreiben. Dieses Element wird* **Quantendeterminante** *genannt, wir bezeichnen es mit* $\det_q$.

Mit 2.4 und 2.5 kann man zeigen, dass Folgendes gilt:

Proposition 2.4.3. *Gegeben sei $K_q(M(2,\mathbb{C}))$. Dann existiert die Komultiplikation*
$\Delta : K_q(M(2,\mathbb{C})) \to K_q(M(2,\mathbb{C})) \otimes K_q(M(2,\mathbb{C}))$ *mit*

$$\Delta(a) = a \otimes a + b \otimes c, \quad \Delta(b) = a \otimes b + b \otimes d \tag{2.6}$$

$$\Delta(c) = c \otimes a + d \otimes c, \quad \Delta(d) = c \otimes b + d \otimes d \tag{2.7}$$

und die Koeins $\epsilon : K_q(M(2,\mathbb{C})) \to \mathbb{C}$ mit

$$\epsilon(a) = \epsilon(d) = 1, \quad \epsilon(b) = \epsilon(c) = 0, \tag{2.8}$$

so dass $(K_q(M(2,\mathbb{C})), m, 1, \Delta, \epsilon)$ eine nicht-kommutative und nicht-kokommutative Bialgebra ist. Zudem gilt für die Quantendeterminante

$$\Delta(\det_q) = \det_q \otimes \det_q, \quad \epsilon(\det_q) = 1.$$

Beweis:

Die Algebra $K_q(M(2,\mathbb{C}))$ ist der Quotient der freien Algebra $\mathbb{C}\langle a,b,c,d\rangle$ mit den Erzeugern a,b,c,d und des zweiseitigen Ideals, das durch diese Elemente mit den Relationen 2.4 und 2.5 erzeugt wird. Daher existieren Algebrahomomorphismen

$$\Delta : \mathbb{C}\langle a,b,c,d\rangle \to \mathbb{C}\langle a,b,c,d\rangle \otimes \mathbb{C}\langle a,b,c,d\rangle$$

und $\epsilon : \mathbb{C}\langle a,b,c,d\rangle \to \mathbb{C}$,

so dass 2.6, 2.7 und 2.8 gelten. Um zu zeigen, dass Δ und ϵ Algebrahomomorphismen von $K_q(M(2,\mathbb{C}))$ sind, genügt es nachzuweisen, dass Δ und ϵ die Relationen 2.4 und 2.5 erhalten. Wir führen die Berechnungen nur für die Komultiplikation Δ durch. Gezeigt werden muss im Einzelnen:

$\Delta(ab - qba)$, $\Delta(ac - qca)$, $\Delta(ad - da - (q - q^{-1})bc)$, $\Delta(bc - cb)$, $\Delta(bd - qdb)$, $\Delta(cd - qcd)$

für $K_q(SL(2;\mathbb{C}))$.

$$
\begin{aligned}
\Delta(ab - qba) &= \Delta(a)\Delta(b) - q\Delta(b)\Delta(a) \\
&= (a \otimes a + b \otimes c)(a \otimes b + b \otimes d) - q(a \otimes b + b \otimes d)(a \otimes a + b \otimes c) \\
&= aa \otimes ab + ab \otimes ad + ba \otimes cb + bb \otimes cd - qaa \otimes ba - qab \otimes bc - qba \otimes da \\
&\quad - qbb \otimes dc \\
&= aa \otimes (ab - qba) + bb \otimes (cd - qdc) + ab \otimes (ad - qbc) + ba \otimes (cb - qda) \\
&= aa \otimes (ab - qba) + bb \otimes (cd - qdc) + ab \otimes (ad - qbc - da + q^{-1}cb) \\
&\quad + ab \otimes (da - q^{-1}cb) - qba \otimes (da - q^{-1}cb) \\
&= aa \otimes (ab - qba) + bb \otimes (cd - qdc) + ab \otimes (ad - qbc - da + q^{-1}cb) \\
&\quad + (ab - qba) \otimes (da - q^{-1}cb)
\end{aligned}
$$

Völlig analog zeigt man die Relationen $ac - qca, bd - qdb$ und $cd - qdc$:

$$
\begin{aligned}
\Delta(ac - qca) &= \Delta(a)\Delta(c) - q\Delta(c)\Delta(a) \\
&= (a \otimes a + b \otimes c)(c \otimes a + d \otimes c) - q(c \otimes a + d \otimes c)(a \otimes a + b \otimes c) \\
&= ac \otimes aa + ad \otimes ac + bc \otimes ca + bd \otimes cc - qca \otimes aa - qcb \otimes ac - qda \otimes ca \\
&\quad - qdb \otimes cc \\
&= (ac - qca) \otimes aa + (bd - qdb) \otimes cc + (ad - qbc) \otimes ac + (bc - qda) \otimes ca \\
&= (ac - qca) \otimes aa + (bd - qdb) \otimes cc + (ad - qbc + (da - q^{-1}bc) \\
&\quad -(da - q^{-1}bc)) \otimes ac + (bc - qda) \otimes ca \\
&= (ac - qca) \otimes aa + (bd - qdb) \otimes cc + (ad - da - (q - q^{-1})bc) \otimes ac \\
&\quad +(da - q^{-1}bc) \otimes ac - q(da - q^{-1}bc) \otimes ca \\
&= (ac - qca) \otimes aa + (bd - qdb) \otimes cc + (ad - da - (q - q^{-1})bc) \otimes ac \\
&\quad (da - q{-}1bc) \otimes (ac - qca) \\[2mm]
\Delta(bd - qdb) &= (a \otimes b + b \otimes d)(c \otimes b + d \otimes d) - q(c \otimes b + d \otimes d)(a \otimes b + b \otimes d) \\
&= ac \otimes bb + ad \otimes bd + bc \otimes db + bd \otimes dd - q(ca \otimes bb + cb \otimes bd + da \otimes db \\
&\quad + db \otimes dd) \\
&= (ac - qca) \otimes bb + (bd - qdb) \otimes dd + (ad - qcb) \otimes bd + (bc - qda) \otimes db \\
&= (ac - qca) \otimes bb + (bd - qdb) \otimes dd + (ad - qbc + (da - q^{-1}bc) \\
&\quad -(da - q^{-1}bc)) \otimes bd + (bc - qda) \otimes db \\
&= (ac - qca) \otimes aa + (bd - qdb) \otimes cc + (ad - da - (q - q^{-1})bc) \otimes bd \\
&\quad +(da - q^{-1}bc) \otimes bd - q(da - q^{-1}) \otimes db \\
&= (ac - qca) \otimes aa + (bd - qdb) \otimes cc + (ad - da - (q - q^{-1})bc) \otimes bd \\
&\quad +(da - q^{-1}bc) \otimes (bd - qdb) \\[2mm]
\Delta(cd - qdc) &= (c \otimes a + d \otimes c)(c \otimes b + d \otimes d) - q(c \otimes b + d \otimes d)(c \otimes a + d \otimes c) \\
&= cc \otimes ab + cd \otimes ad + dc \otimes cb + dd \otimes cd - q(cc \otimes ba + cd \otimes bc + dc \otimes da \\
&\quad + dd \otimes dc) \\
&= cc \otimes (ab - qba) + dd \otimes (cd - qdc) + cd \otimes (ad - qbc) + dc \otimes (cb - qda) \\
&= cc \otimes (ab - qba) + dd \otimes (cd - qdc) + cd \otimes (ad - qbc + da - q^{-1}bc - da + q^{-1}bc) \\
&\quad + dc \otimes (cb - qda) \\
&= cc \otimes (ab - qba) + dd \otimes (cd - qdc) + cd \otimes (ad - da - (q - q^{-1})bc) \\
&\quad +cd \otimes (da - q^{-1}bc) - dc \otimes q(da - q^{-1}) \\
&= cc \otimes (ab - qba) + dd \otimes (cd - qdc) + cd \otimes (ad - da - (q - q^{-1})bc) \\
&\quad +(cd - qdc) \otimes (da - q^{-1}bc)
\end{aligned}
$$

$$\Delta(bc - cb) \;=\; (a \otimes b + b \otimes d)(c \otimes a + d \otimes c) - (c \otimes a + d \otimes c)(a \otimes b + b \otimes d)$$

$$= ac \otimes ba + ad \otimes bc + bc \otimes da + bd \otimes dc - ca \otimes ab - cb \otimes ad - da \otimes cb$$

$$-db \otimes cd$$

Wir betrachten der Übersichtlichkeit halber zusammengehörige Summanden der letzten Gleichung einzeln:

$$ac \otimes ba - ca \otimes ab \;=\; ac \otimes ba - ca \otimes (ab - qba + qba)$$

$$= (ac - qba) \otimes ba - ca \otimes (ab - qba)$$

$$bd \otimes dc - db \otimes cd \;=\; bd \otimes dc - db \otimes (cd - qdc + qdc)$$

$$= (bd - qdc) \otimes dc - db \otimes (cd - qdc)$$

$$ad \otimes bc + bc \otimes da - cb \otimes ad - da \otimes cd \;=\; ad \otimes bc + bc \otimes da - (cb + bc - bc) \otimes ad - da \otimes (cb$$

$$+bc - bc)$$

$$= (ad + (-da - (q - q^{-1})bc) - (-da - (q - q^{-1})bc) \otimes bc$$

$$+da \otimes (bc - cb) - da \otimes bc + bc \otimes da - (cb + bc - bc)$$

$$\otimes ad$$

$$= (ad - da - (q - q^{-1})bc) \otimes bc + da \otimes bc + (q - q^{-1})bc$$

$$\otimes bc$$

$$+da \otimes (bc - cb) - da \otimes bc + bc \otimes da - (cb + bc - bc)$$

$$\otimes ad$$

$$= (ad - da - (q - q^{-1})bc) \otimes bc + (q - q^{-1})bc \otimes bc$$

$$+da \otimes (bc - cb) + bc \otimes da - (cb + bc - bc) \otimes ad$$

$$= (ad - da - (q - q^{-1})bc) \otimes bc + (q - q^{-1})bc \otimes bc$$

$$+da \otimes (bc - cb) + bc \otimes da + (bc - cb) \otimes ad - bc \otimes ad$$

$$= (ad - da - (q - q^{-1})bc) \otimes bc$$

$$+da \otimes (bc - cb) - bc \otimes (ad - da - (q - q^{-1})bc)$$

Dies ergibt zusammengefasst:

$$\Delta(bc - cb) \;=\; (ac - qba) \otimes ba - ca \otimes (ab - qba) + (bd - qdc) \otimes dc - db \otimes (cd - qdc)$$

$$+(ad - da - (q - q^{-1})bc) \otimes bc + da \otimes (bc - cb) - bc \otimes (ad - da - (q - q^{-1})bc)$$

Nun zeigen wir die letzte Relation.

$$\begin{aligned}
\Delta(ad - da - (q - q^{-1})bc) \;=\;& \Delta(a)\Delta(d) - \Delta(d)\Delta(a) - (q - q^{-1})\Delta(b)\Delta(c) \\
=\;& (a \otimes a + b \otimes c)(c \otimes b + d \otimes d) - (c \otimes b + d \otimes d)(a \otimes a + b \otimes c) \\
& -(q - q^{-1})(a \otimes b + b \otimes d)(c \otimes a + d \otimes c) \\
=\;& ac \otimes ab + ad \otimes ad + bc \otimes cb + bd \otimes cd \\
& -ca \otimes ba - cb \otimes bc - da \otimes da - db \otimes dc \\
& -(q - q^{-1})(ac \otimes ba + ad \otimes bc + bc \otimes da + bd \otimes dc)
\end{aligned}$$

Wir führen die Berechnung wieder in einzelnen Schritten aus.

$$\begin{aligned}
ac \otimes ab - ca \otimes ba - (q - q^{-1})ac \otimes ba \;=\;& ac \otimes (ab - qba + qba) - ca \otimes ba - (q - q^{-1})ac \otimes ba \\
=\;& ac \otimes (ab - qba) + qac \otimes ba - ca \otimes ba - qac \otimes ba \\
& +q^{-1}ac \otimes ba \\
=\;& ac \otimes (ab - qba) + (q^{-1}ac - ca) \otimes ba \\
=\;& ac \otimes (ab - qba) + q^{-1}(ac - qca) \otimes ba
\end{aligned}$$

$$\begin{aligned}
bd \otimes cd - db \otimes dc - (q - q^{-1})bd \otimes dc \;=\;& bd \otimes (cd - qdc + qdc) - db \otimes dc - (q - q^{-1})bd \otimes dc \\
=\;& bd \otimes (cd - qdc) + qbd \otimes dc - db \otimes dc - qbd \otimes dc \\
& +q^{-1}bd \otimes dc \\
=\;& bd \otimes (cd - qdc) + (q^{-1}bd - db) \otimes dc \\
=\;& bd \otimes (cd - qdc) + q^{-1}(bd - qdb) \otimes dc
\end{aligned}$$

$$\begin{aligned}
bc \otimes cb - cb \otimes bc \;=\;& bc \otimes (cb + bc - bc) - (cb + bc - bc) \otimes bc \\
=\;& (bc - cb) \otimes bc - bc \otimes bc - bc \otimes (bc - cb) + bc \otimes bc \\
=\;& (bc - cb) \otimes bc - bc \otimes (bc - cb)
\end{aligned}$$

$$\begin{aligned}
ad \otimes ad - da \otimes da \;-\;& (q - q^{-1})(ad \otimes bc + bc \otimes da) = \\
=\;& ad \otimes ad - (da + (ad - (q - q^{-1})bc) - (ad - (q - q^{-1})bc)) \otimes da \\
& -(q - q^{-1})(ad \otimes bc + bc \otimes da) \\
=\;& ad \otimes ad + (ad - da - (q - q^{-1})bc) \otimes da - ad \otimes da \\
& +(q - q^{-1})bc \otimes da - (q - q^{-1})ad \otimes bc - (q - q^{-1})bc \otimes da \\
=\;& ad \otimes (ad - da - (q - q^{-1})bc) + (ad - da - (q - q^{-1})bc) \otimes da
\end{aligned}$$

Zusammen ergibt sich:

$$\begin{aligned}
\Delta(ad - da - (q - q^{-1})bc) \;=\;& ac \otimes (ab - qba) + bd \otimes (cd - qdc) + q^{-1}(ac - qca) \otimes ba \\
& +q^{-1}(bd - qdb) \otimes dc + (bc - cb) \otimes bc - bc \otimes (bc - cb) \\
& +ad \otimes (ad - da - (q - q^{-1})bc) + (ad - da - (q - q^{-1})bc) \otimes da.
\end{aligned}$$

Die Ausführungen zur Koeins sind einfach nachzurechnen. $\qquad\square$

Bilden wir den Quotienten $K_q(M(2,\mathbb{C}))/(\det_q -1)$, erhalten wir die Bialgebra $K_q(SL(2,\mathbb{C}))$, die wir durch den Antipoden

$$S(a) = d, \quad S(b) = -qb, \quad S(c) = -q^{-1}b, \quad S(d) = a$$

zur Hopf-Algebra ergänzen können. In der Hopf-Algebra $K_q(SL(2,\mathbb{C}))$ gilt für die Quantendeterminante

$$\Delta(\det_q -1) = (\det_q -1) \otimes \det_q +1 \otimes (\det_q -1).$$

Dies beweist man, indem man die Algebraantihomomorphismuseigenschaft durch das Antipodenaxiom auf den Erzeugern verifiziert.

2.4.3 Das duale Paar $(\mathcal{U}_q(\mathfrak{sl}(2,\mathbb{C})), K_q(SL(2,\mathbb{C})))$

Wir rechnen nun die duale Paarung der universellen einhüllenden Algebra (verstanden als Vektorfelder) $\mathcal{U}_q^*(\mathfrak{sl}_2(2,\mathbb{C}))$ aus, indem wir den Homomorphismus Φ auf die Quantenebene $K_q(SL(2;\mathbb{C}))$ angewenden; den dazu benötigten unitalen $*$-Homomorphismus haben wir im Abschnitt 2.3.3 festgelegt. Hierzu müssen wir zunächst die Wirkung der Erzeuger der universellen Einhüllenden auf die Erzeuger der Quantenebene ermitteln.
Im ersten Schritt ist nachzuweisen, dass durch die Lokalisierung die Koalgebrastruktur erhalten bleibt. Für die universelle Einhüllende haben wir das bereits im Abschnitt 2.3.3. getan und führen es nun für die Hopf-Algebra $K_q(SL(2,\mathbb{C}))$ durch:

Die Abbildung $\mathcal{U}_q(\mathfrak{sl}(2,\mathbb{C})) \times K_q(SL(2,\mathbb{C})) \to \mathbb{C}$ definieren wir folgendermaßen

$$\left\langle E, \begin{pmatrix} a & b \\ c & d \end{pmatrix} \right\rangle = \begin{pmatrix} 0 & q^{\frac{1}{4}} \\ 0 & 0 \end{pmatrix},$$

$$\left\langle F, \begin{pmatrix} a & b \\ c & d \end{pmatrix} \right\rangle = \begin{pmatrix} 0 & 0 \\ q^{-\frac{1}{4}} & 0 \end{pmatrix},$$

$$\left\langle K^{\pm}, \begin{pmatrix} a & b \\ c & d \end{pmatrix} \right\rangle = \begin{pmatrix} q^{\mp 1} & 0 \\ 0 & q^{\pm 1} \end{pmatrix}.$$

Wir berechnen nun die Dualität auf den Erzeugern der Algebra $\mathcal{U}_q(\mathfrak{sl}(2,\mathbb{C}))$ und den Produkten des Ideals der Kommutationsrelationen von $K_q(SL(2,\mathbb{C}))$. Wir führen hier eine beispielhafte Rechnung durch und füllen eine Tabelle mit den Ergebnissen der Berechnungen der dualen Paarung aus. So ist zum Beispiel $\langle E|a \rangle = 0$ etc. Die übrigen Berechnungen ergeben:

	a	b	c	d
E	0	$q^{\frac{1}{2}}$	0	0
F	0	0	$q^{-\frac{1}{2}}$	0
K	q^{-1}	0	0	q^{1}

Im Weiteren sind die Produkte $E^i F^j K^l$ zu berechnen. Denn wir wissen, dass E, F, K eine Poincaré-Birkhoff-Witt-Basis ist. Somit können wir auf den Erzeugern rechnen. Allerdings gelingt uns dies nur, wenn wir sukzessiv die Produkte in der Algebra $\mathcal{U}_q(\mathfrak{sl}(2, \mathbb{C}))$ berechnen. Wir beginnen mit

$$
\begin{aligned}
\langle E^2 | a \rangle &= \langle E \otimes E | \Delta(a) \rangle = \langle E \otimes E | a \otimes a + b \otimes c \rangle \\
&= \langle E|a \rangle \langle E|a \rangle + \langle E|b \rangle \langle E|c \rangle \\
&= 0 \cdot 0 + q^{\frac{1}{2}} \cdot 0 = 0.
\end{aligned}
$$

Die folgende Tabelle gibt die Ergebnisse sämtlicher Berechnungen für $\langle \cdot\cdot, a \rangle$ an.

a	E	F	K
E	0	1	0
F	0	0	0
K	0	0	q^{-2}

Alle weiteren Berechnungen findet man im Anhang. Für die Ergebnisse dort ist es leicht zu sehen, dass die Kommutationsrelationen erfüllt sind. Somit ist gezeigt, dass ein eindeutiger Algebrenhomomorphismus $\psi : K_q(M(2, \mathbb{C})) \to \mathcal{U}_q^*(\mathfrak{sl}(2, \mathbb{C}))$ mit

$$
\psi(a) = A, \quad \psi(b) = B, \quad \psi(c) = C, \quad \psi(d) = D
$$

existiert. Der restliche Beweis verläuft wie im Abschnitt 2.3.3. Die Argumentation für den Höchstgewichtsmodul V, der hier als $\mathcal{U}_q$-Modul benötigt wird, findet man in [Kassel], Abschnitt VI.3., S. 127ff.

Kapitel 3

Die Quantendoppelkonstruktion

Die Quantendoppelkonstruktion geht auf Drinfel'd ([Drinfel'd], Abschnitt 13, S. 816f) zurück, und man findet diese Idee in der Literatur auch unter Drinfel'd-(Quanten-)Doppel. Durch sie wird eine Hopf-Algebra H mit einer quasi-triangulären Hopf-Algebra $D(H)$ verbunden. Wir zeigen hier die allgemeine Doppelkonstruktion auf, d. h. wir betrachten das Quantendoppel als eine Verallgemeinerung des klassischen Doppels in dem Sinne, dass die klassische Doppelkonstruktion gerade der Grenzwert für $q \to 1$ der Quantendoppelkonstruktion ist.

Der einfachste Fall eines Quantendoppels $D(G)$ einer Gruppenalgebra $\mathbb{K}[G]$ ist das Kreuzprodukt

$$D(G) = \mathbb{K}(G) \rtimes K[G]$$

mit der Funktionenalgebra $\mathbb{K}(G)$. Genau diese Kreuzproduktbildung auf C^*-Algebra-Ebene wird im zweiten Abschnitt behandelt. Die Eigenschaft einer quasi-triangulären Hopf-Algebra wird durch die sog. R-Matrix bestimmt, die die Nicht-Kokommutativität steuert.

3.1 Quantendoppel

Im ersten Kapitel haben wir eine Hopf-Algebra als kokommutativ bezeichnet, wenn mit der Transpositionsabbildung τ die Beziehung $\tau \circ \Delta = \Delta'$ gilt. Man kann nun Hopf-Algebren betrachten, die bis auf Konjugation mit einem Element $R \in H \otimes H$ kokommutativ sind. Dieses Element R wird **universelle R-Matrix** (oder auch quasi-trianguläre Struktur) genannt.

Definition 3.1.1. *Es sei H eine Hopf-Algebra über $\mathbb{K}$ mit Charakteristik 0 und $R \in H \otimes H$ ein invertierbares Element.*

1. Eine **fast-kokommutative Hopf-Algebra** *ist ein Paar* (H, R), *so dass*

$$R\Delta(h) = \Delta'(h)R$$

für alle $h \in H$, Δ *die Komultiplikation und* $\Delta' = \tau\Delta$ *die vertauschte Komultiplikation ist.*

2. *Eine fast-kokommutative Hopf-Algebra* (H, R) *wird* **Korand-Hopf-Algebra** *genannt, wenn folgende Bedingungen erfüllt sind:*

$$R^{21}R^{12} = 1, \qquad (\epsilon \otimes \epsilon) = 1,$$
$$R^{12}(\Delta \otimes id)(R) \;=\; R^{23}(id \otimes \Delta)(R).$$

3. *Eine* **quasi-trianguläre Hopf-Algebra** *ist eine fast-kokommutative Hopf-Algebra* (H, R), *wenn folgende Bedingungen gelten:*

$$(\Delta \otimes id)(R) \;=\; R^{13}R^{23},$$
$$(id \otimes \Delta)(R) \;=\; R^{13}R^{12}.$$

4. *Eine* **trianguläre Hopf-Algebra** *ist eine quasi-trianguläre Hopf-Algebra* (H, R), *für die*
$$R^{12}R^{21} = 1$$
gilt.

Hierbei bezeichnet $R^{12} = r_k \otimes s^k \otimes 1$, $R^{23} = 1 \otimes r_k \otimes s^k$ *und* $R^{13} = r_k \otimes 1 \otimes s^k$, *wobei* $R = r_k \otimes s^k$.

Bemerkung 3.1.2. *Mathematisch bedeutet die Fast-Kokommutativität, dass eine nicht-kokommutative Hopf-Algebra vorliegt, bei der die Nicht-Kokommutativität „unter Kontrolle“ der universellen R-Matrix ist.*

Diese universelle R-Matrix hat eine in der Physik und der Knotentheorie wichtige Eigenschaft. Denn es gilt

Proposition 3.1.3. *Sei* (H, R) *eine quasi-trianguläre Hopf-Algebra, dann gilt in* $H \otimes H \otimes H$
$$R^{12}R^{13}R^{23} = R^{23}R^{13}R^{12}.$$

Die Gleichung in dieser Proposition wird **(Quanten-)Yang-Baxter-Gleichung** genannt. Nun kann man zeigen, dass eine eindeutige quasi-trianguläre Hopf-Algebra existiert, in die es Einbettungen von einer endlichdimensionalen Hopf-Algebra und deren entgegengesetzter Hopf-Algebra gibt.

Definition 3.1.4. *([Korogodski/Soibelman], Definition 2.2.2, S. 64) Sei H eine endlich-dimensionale Hopf-Algebra über einem Körper $\mathbb{K}$ mit Charakteristik 0 (damit trägt der duale Raum A^* die Hopf-Algebrastruktur). Ferner sei A^o eine Hopf-Algebra, die isomorph zur Algebra A^* ist und deren Komultiplikation die entgegengesetzte Komultiplikation in A^* ist.*

Eine quasi-trianguläre Hopf-Algebra $(D(A), R)$ heißt **Doppel-Hopf-Algebra**, *falls*

1. *die Hopf-Algebraeinbettungen $i_1 : A \hookrightarrow D(A)$ und $i_2 : A^o \hookrightarrow D(A)$ existieren,*

2. *die durch die Multiplikation in $D(A)$ gegebene lineare Abbildung $A \otimes A^o \to D(A)$ bijektiv ist und*

3. *R das Bild des kanonischen Elements von $A \otimes A^o$ durch die Einbettung*

$$i_1 \otimes i_2 : A \otimes A^o \to D(A) \otimes D(A)$$

gegeben ist.

Für das Quantendoppel skizzieren wir nur die Konstruktion. Zunächst ist die (formale) Quantisierung eine Hopf-Algebra U über den formalen Potenzreihen $\mathbb{C}[[h]]$, die isomorph zur sog. co-Poisson-Hopf-Algebra formaler Potenzreihen als topologischem $\mathbb{C}[[h]]$-Modul ist, vollständig in der h-adischen Topologie und der Quotient U/hU isomorph zur co-Poisson-Hopf-Algebra ist. Eine quantisierte Lie-Bialgebra $\mathfrak{g}$ ist eine Quantisierung der dazugehörigen co-Poisson-Hopf-Algebra von $\mathfrak{g}$. Dann ist das Quantendoppel ähnlich wie die Doppel-Hopf-Algebra definiert.

Definition 3.1.5. *Das* **Quantendoppel** *$D(A)$ einer quantisierten universellen einhüllenden Algebra A ist analog zu 3.1.4. definiert, wobei A^o durch $A^\natural$ ersetzt wird. $A^\natural$ ist eine Quantisierung der dualen Lie-Bialgebra $\mathfrak{g}$.*

3.2 Kreuzprodukte

Zum Verständnis des Quantendoppels gehen wir zunächst auf die Konstruktion von Kreuzprodukten bzw. verschränkter Produkte (crossed products) bzw. halbdirekter Produkte (semidirect products) ein. Der Begriff des verschränkten Produkts geht auf Emil Artin ([Artin], S. 79ff) zurück, der des halbdirekten Produkts auf Saunders Mac Lane ([Mac Lane], S. 105). Moss Sweedler verallgemeinerte die beiden Begriffe durch die Konstruktion des „smash"-Produkts ([Sweedler], S. 153).

3.2.1 Kreuzprodukt von Gruppen

Dieser Abschnitt geht im Wesentlichen auf Takeuchi ([Takeuchi], Kap. 2, S. 849-851) zurück. Es sei G eine Gruppe, und H, K seien Untergruppen. Angenommen, jedes Element $g \in G$ kann eindeutig durch ein Tupel $(h, k) \in H \times K$ ausgedrückt werden, das die Bedingung

$$g = hk$$

erfüllt. Dann gibt es eine Abbildung

$$
\begin{aligned}
K \times H &\;\to\; H \times K \\
(k, h) &\;\mapsto\; ({}_k\underline{h}, \underline{k}_h),
\end{aligned}
$$

die durch

$$kh = {}_k\underline{h}\,\underline{k}_h$$

für alle $k \in K$ und $h \in H$ bestimmt ist. Sie heißt **(doppeltes) Kreuzprodukt**. Auf die Besonderheit dieser Notation wollen wir hinweisen, die sowohl von der Literatur abweicht als auch sehr einsichtig ist. Denn die Linksaktion ist durch ${}_k\underline{h}$ und die Rechtsaktion durch $\underline{k}_h$ dargestellt, das jeweils operierende Element steht also als Subskript auf der jeweils wirkenden Seite des Elements, auf das es wirkt. Ferner ist die Konstruktion des Tupels zu Fragen der Kommutativität offensichtlich.

Aus der Assoziativität der Gruppenoperation folgt, dass für $k, k' \in K$ und $h \in H$ wegen $(kk')h = k(k'h)$ folgt:

$$
{}_{(kk')}\underline{h} \;=\; {}_k\big({}_{k'}\underline{h}\big) \tag{3.1}
$$

$$
(\underline{kk'})_h \;=\; \underline{k}_{{}_{k'}h}\,\underline{k}'_h. \tag{3.2}
$$

Denn wir haben einerseits $(kk')h = {}_{(kk')}\underline{h}(\underline{kk'})_h$ und andererseits
$k(k'h) = k({}_{k'}\underline{h})\underline{k}'_h = {}_k({}_{k'}\underline{h})\underline{k}_{{}_{k'}h}\underline{k}'_h.$

Analog folgt für $k \in K$ und $h, h' \in H$ wegen $k(hh') = (kh)h'$

$$
{}_k(\underline{hh'}) \;=\; ({}_k\underline{h})({}_{k_h}\underline{h}') \tag{3.3}
$$

$$
\underline{k}_{(hh')} \;=\; (\underline{k}_h)_{h'}. \tag{3.4}
$$

Auf der einen Seite steht $k(hh') = {}_k(\underline{hh'})\underline{k}_{(hh')}$ und auf der anderen Seite steht
$(kh)h' = ({}_k\underline{h})\underline{k}_{hh'} = ({}_k\underline{h})({}_{k_h}\underline{h}')(\underline{k}_h)_{h'}.$

Mit einer ähnlichen Argumentation folgt wegen der Existenz eines neutralen Elements in der Gruppe, dass für $1h = h, h \in H$ folgt

$$
{}_1\underline{h} \;=\; h \tag{3.5}
$$

$$
\underline{1}_h \;=\; 1, \tag{3.6}
$$

denn $1h = ({}_1\underline{h})\underline{1}_h = 1$. Analog ergibt sich für $k \in K$ wegen $k = k1$

$$\underline{k}_1 \;=\; k \tag{3.7}$$

$$_k\underline{1} \;=\; 1, \tag{3.8}$$

denn $k1 = ({}_k\underline{1})\underline{k}_1 = k$.

Die Relationen 3.2 und 3.6 bedeuten, dass eine Gruppe K auf einer Menge H wirkt, also die Abbildung

$$\alpha : K \times H \;\twoheadrightarrow\; H$$
$$\alpha(k, h) \;=\; {}_k\underline{h}$$

eine Linksaktion der Gruppe K auf der Menge H ist. Die Relationen 3.5 und 3.7 stehen dafür, dass eine Gruppe H auf einer Menge K wirkt, d. h. die Abbildung

$$\beta : K \times H \;\twoheadrightarrow\; K$$
$$\beta(k, h) \;=\; \underline{k}_h$$

ist eine Rechtsaktion der Gruppe H auf der Menge K. Diese Gedanken fassen wir nun in die folgende

Definition 3.2.1. *Seien H und K Gruppen. Das Paar (H, K) bezeichnet man als **verträgliches Paar**, falls es die Linksaktion $\alpha : K \times H \to H$ der Gruppe K auf die Menge H mit $\alpha(k, h) = {}_k\underline{h}$ und die Rechtsaktion $\beta : K \times H \to K$ der Gruppe H auf die Menge K mit $\beta(k, h) = \underline{k}_h$ gibt, so dass für alle $h, h' \in H$ und $k, k' \in K$ gilt:*

$$(\underline{kk'})_h \;=\; \underline{k}_{k'h}\,\underline{k'}_h \tag{3.9}$$

$$_k(\underline{hh'}) \;=\; {}_k\underline{h}_{k_h}\,\underline{h'} \tag{3.10}$$

$$_k\underline{1} \;=\; 1 \tag{3.11}$$

$$\underline{1}_h \;=\; 1. \tag{3.12}$$

Bemerkung 3.2.2. *Das verträgliche Paar heißt im Englischen „**matched pair**"*[1].

Theorem 3. *Sei (X, Y) ein verträgliches Paar von Gruppen. Dann gibt es eine eindeutige Gruppenstruktur auf dem mengentheoretischen Produkt $X \times Y$ mit Einselement $(1, 1)$, so dass*

$$(x, y)(x', y') = (x\,{}_y\underline{x'},\, \underline{y}_{x'}\,y')$$

für alle $x, x' \in X$ und $y, y' \in Y$.

---

[1]Historisch gesehen hat William M. Singer ([Singer], Definition 3.1., S. 8) im Jahre 1972 für graduierte Hopf-Algebren den Begriff „matched pair" eingeführt, der 1982 von Mitsuhiro Takeuchi [Takeuchi] auf nichtgraduierte Hopf-Algebren übertragen wurde.

Beweis:

Es sind die Gruppeneigenschaften nachzuweisen.

1. Um die **Wohldefiniertheit** zu zeigen, wählen wir zwei weitere Repräsentanten $\tilde{x} \in X, \tilde{y} \in Y$ und sehen, dass

$$(\tilde{x}, \tilde{y})(x', y') = (\tilde{x}\,_{\tilde{y}}\underline{x}', \underline{y}\,_{x'}y') \in X \times Y.$$

2. Zum Nachweis der **Assoziativität** nutzen wir die Eigenschaften 3.2 und 3.3.

$$\begin{aligned}
((x,y)(x',y'))(\tilde{x}, \tilde{y}) \quad &= \quad (x\,_{y}\underline{x}', \underline{y}\,_{x'}y')(\tilde{x}, \tilde{y}) = (x\,_{y}\underline{x}'\,_{y_{x'}y'}\tilde{x}, (\underline{y}\,_{x'}y')\,_{\tilde{x}}\tilde{y})\\[4pt]
&\overset{=}{\underset{3.2}{}} \quad (x\,_{y}\underline{x}'\,_{y_{x'}y'}\underline{\tilde{x}}, \underline{y}\,_{x'\,_{y'}\tilde{x}}\underline{y}'_{\tilde{x}}\tilde{y})
\end{aligned}$$

$$\begin{aligned}
(x,y)((x',y')(\tilde{x}, \tilde{y})) \quad &= \quad (x,y)(x'\,_{y'}\underline{\tilde{x}}, \underline{y}'_{\tilde{x}}\tilde{y}) = (x\,_{y}(x'_{y'}\underline{\tilde{x}}), \underline{y}\,_{x'\,_{y'}\tilde{x}}\underline{y}'_{\tilde{x}}\tilde{y})\\[4pt]
&\overset{=}{\underset{3.3}{}} \quad (x\,_{y}\underline{x}'\,_{y_{x'}y'}\underline{\tilde{x}}, \underline{y}\,_{x'\,_{y'}\tilde{x}}\underline{y}'_{\tilde{x}}\tilde{y})
\end{aligned}$$

3. Jetzt zeigen wir die Existenz des **Inversen**. Zunächst wählen wir ein Element $(x', y') \in X \times Y$, für das

$$(x, y)(x', y') = (1, 1)$$

gilt. Rechnen wir das Produkt aus, so erhalten wir

$$(x, y)(x', y') = (x\,_{y}\underline{x}', \underline{y}\,_{x'}y') \overset{!}{=} (1, 1).$$

Aus der ersten Komponente $x\,_{y}x' = 1$ und $x' =\,_{y^{-1}y}\underline{x}'$ ergibt sich

$$x' =\,_{y^{-1}}\underline{x}^{-1}.$$

Die zweite Komponente ergibt sich direkt aus:

$$y' = (\underline{y}\,_{x'})^{-1} = (\underline{y}\,_{y^{-1}x^{-1}})^{-1}.$$

Nun rechnen wir noch

$$\begin{aligned}
(x', y')(x, y) \quad &= \quad (x'_{y'}\underline{x}, \underline{y}'_{x}y) = \left(_{y^{-1}}\underline{x}^{-1}\,_{(y_{\,y^{-1}x^{-1}})^{-1}x}, (\underline{y}^{-1}_{\,y^{-1}x^{-1}})_{x}y\right)\\[4pt]
&= \quad \left(_{y^{-1}}(\underline{x^{-1}x}), 1\right)\\[4pt]
&= \quad \left(_{y^{-1}}\underline{1}, 1\right) = (1, 1)
\end{aligned}$$

Hier ist nur anzumerken, dass für die zweite Komponente die Forderung der Gleichung $(\underline{y}^{-1}_{\,y^{-1}x^{-1}})_{x}y = 1$ verwendet wird.

□

3.2.2 Kreuzprodukte von Bi- und Hopf-Algebren

Diesem Abschnitt liegen vor allem ein Artikel von Majid ([Majid 1]) und Kassels Buch ([Kassel], Kapitel 9) zugrunde. In diesem Abschnitt entfaltet die bereits im letzten Abschnitt verwendete Notation ihre größte Wirkung. Mit ihr wird klar, über welche Elemente summiert wird und in welcher Algebra man sich schlussendlich befindet. Zuvor führen wir folgende Konvention für die Notation ein: $\Delta(x) = x_i \otimes x^i$, Dabei wird die Einsteinsche Summationskonvention verwendet. Für die Koassoziativität gilt:

$$(\Delta \otimes id) \circ \Delta = (id \otimes \Delta) \circ \Delta.$$

Diese Bedingung bedeutet mit unserer Notation einerseits

$$
\begin{aligned}
(\Delta \otimes id) \circ \Delta(x) &= (\Delta \otimes id)(x_i \otimes x^i) \\
&= x_{ii'} \otimes x_i^{i'} \otimes x^i
\end{aligned}
$$

und andererseits

$$(id \otimes \Delta) \circ \Delta(x) = x_i \otimes x_{i'}^i \otimes x^{ii'}.$$

Gehen wir nun eine Stufe höher, so erhalten wir für die Koassoziativität die Bedingungen

$$(\Delta \otimes id \otimes id) \circ \Delta^{(2)} = (id \otimes \Delta \otimes id) \circ \Delta^{(2)} = (id \otimes id \otimes \Delta) \circ \Delta^{(2)},$$

wobei $\Delta^{(2)} = (\Delta \otimes id) \circ \Delta = (id \otimes \Delta) \circ \Delta$ gilt. Damit erhält man

$$
\begin{aligned}
(\Delta \otimes id \otimes id)(x_{ii'} \otimes x_i^{i'} \otimes x^i) &= x_{ii'i''} \otimes x_{ii'}^{i''} \otimes x_i^{i'} \otimes x^i \\
(id \otimes \Delta \otimes id)(x_{ii'} \otimes x_i^{i'} \otimes x^i) &= x_{ii'} \otimes x_{ii''}^{i'} \otimes x_i^{i'i''} \otimes x^i \\
(id \otimes id \otimes \Delta)(x_{ii'} \otimes x_i^{i'} \otimes x^i) &= x_{ii'} \otimes x_i^{i'} \otimes x_{i'}^i \otimes x^{ii'}
\end{aligned}
$$

und

$$
\begin{aligned}
(\Delta \otimes id \otimes id)(x_i \otimes x_{i'}^i \otimes x^{ii'}) &= x_{ii'} \otimes x_i^{i'} \otimes x_{i'}^i \otimes x^{ii'} \\
(id \otimes \Delta \otimes id)(x_i \otimes x_{i'}^i \otimes x^{ii'}) &= x_i \otimes x_{i'i''}^i \otimes x_{i'}^{ii''} \otimes x^{ii'} \\
(id \otimes id \otimes \Delta)(x_i \otimes x_{i'}^i \otimes x^{ii'}) &= x_i \otimes x_{i'}^i \otimes x_{i''}^{ii'} \otimes x^{ii'i''}.
\end{aligned}
$$

In der nächsten Stufe bedeutet Koassoziativität

$$(\Delta \otimes id \otimes id \otimes id) \circ \Delta^{(3)} = (id \otimes \Delta \otimes id \otimes id) \circ \Delta^{(3)} = (id \otimes id \otimes \Delta \otimes id) \circ \Delta^{(3)} = (id \otimes id \otimes id \otimes \Delta) \circ \Delta^{(3)},$$

wobei $\Delta^{(3)} = (\Delta \otimes id \otimes id) \circ \Delta^{(2)} = (id \otimes \Delta \otimes id) \circ \Delta^{(2)} = (id \otimes id \otimes \Delta) \circ \Delta^{(2)}$ ist.

$$
\begin{aligned}
(\Delta \otimes id \otimes id \otimes id)(x_{ii'i''} \otimes x_{ii'}^{i''} \otimes x_i^{i'} \otimes x^i) &= x_{ii'i''i^{(3)}} \otimes x_{ii'i''}^{i^{(3)}} \otimes x_{ii'}^{i''} \otimes x_i^{i'} \otimes x^i \\
(id \otimes \Delta \otimes id \otimes id)(x_{ii'i''} \otimes x_{ii'}^{i''} \otimes x_i^{i'} \otimes x^i) &= x_{ii'i''} \otimes x_{ii'i^{(3)}}^{i''} \otimes x_{ii'}^{i''i^{(3)}} \otimes x_i^{i'} \otimes x^i \\
(id \otimes id \otimes \Delta \otimes id)(x_{ii'i''} \otimes x_{ii'}^{i''} \otimes x_i^{i'} \otimes x^i) &= x_{ii'i''} \otimes x_{ii'}^{i''} \otimes x_{ii''}^{i'} \otimes x_i^{i'i''} \otimes x^i \\
(id \otimes id \otimes id \otimes \Delta)(x_{ii'i''} \otimes x_{ii'}^{i''} \otimes x_i^{i'} \otimes x^i) &= x_{ii'i''} \otimes x_{ii'}^{i''} \otimes x_i^{i'} \otimes x_{i'}^i \otimes x^{ii'}
\end{aligned}
$$

Wir dürfen

$$x_i = x_{ii'} = x_{i,\ldots i^{(n)}},\, x^i = x^{ii'} = x^{i,\ldots i^{(n)}}\ \text{und}\ x_i^{i'} = x_{i'}^i,$$

setzen. Im Wesentlichen bedeutet Koassoziativität, dass wir stets den Ausdruck

$$x_i \otimes x_i^{i'} \ldots \otimes x_i^{i'} \otimes x^i$$

haben, weil in folgenden Ausdrücken gekürzt werden kann:

$$x_{ii'\ldots i^{(n)}} \otimes x_{ii'\ldots i^{(n-1)}}^{i^{(n)}} \otimes x_{ii'\ldots i^{(n-2)}}^{i^{(n-1)}} \otimes \ldots \otimes x_{ii'}^{i''} \otimes x_i^{i'} \otimes x^i$$

$$x_i \otimes x_{i'}^i \otimes x_{i''}^{ii'} \otimes \ldots \otimes x_{i^{(n-1)}}^{ii'\ldots i^{(n-2)}} \otimes x_{i^{(n)}}^{ii'\ldots i^{(n-1)}} \otimes x^{ii'\ldots i^{(n)}}.$$

Um die Bedeutung der Koassoziativität in der n-ten Komultiplikation zu verstehen, müssen wir erst aufschreiben, was wir unter n-ten Komultiplikation verstehen wollen. Es ist

$$(id_{C^{\otimes k}} \otimes \Delta_k \otimes id_{C^{\otimes n-k-1}}) \circ \Delta^{n-1} \;=\; (id_{C^{\otimes n-k-1}} \otimes \Delta_k \otimes id_{C^{\otimes n-k}}) \circ \Delta^{n-1}$$

für alle $k \le n-1,\, k,n \in \mathbb{N}$. Wir müssen nun noch solche Regeln übertragen, bei denen mit und ohne Summierung zusammengefasst werden kann. Diese sind $S(x)x = xS(x) = \epsilon(x)x = 1$ und $S(x^i)x_i = \epsilon(x)1$, $x^iS(x_i) = \epsilon(x)1$ bzw. $\epsilon(x_i)x^i = x$. Für diese Regeln *ohne Summierung* gilt:

Definition 3.2.3. *Eine Darstellung einer Algebra $\mathcal{A}$ oder eine Linkswirkung einer Algebra $\mathcal{A}$ auf einen Vektorraum V ist ein Tupel (α, V) mit einer linearen Abbildung*

$$\alpha : \mathcal{A} \otimes V \;\to\; V$$
$$(a \otimes v) \;\mapsto\; \alpha(a \otimes v) \equiv \alpha_a(v) \equiv {}_a\underline{v},$$

für die gilt

1. ${}_{(a \cdot_{\mathcal{A}} b)}\underline{v} = {}_a\!\left({}_b\underline{v}\right)$

2. ${}_{1_{\mathcal{A}}}\underline{v} = v$

für alle $a, b \in \mathcal{A},\quad v \in V$.

Natürlich kann man diese Definition auch darstellungstheoretisch formulieren, also im Sinne der Darstellung als Zuordnung einer Abbildung:

$$\tilde{\alpha} : \mathcal{A} \;\to\; End(V)$$
$$a \;\mapsto\; \tilde{\alpha}(a)$$

mit

$$\tilde{\alpha}(a) : V \;\to\; V$$
$$v \;\mapsto\; \tilde{\alpha}(a)(v) := \alpha(a \otimes v) \equiv {}_a\underline{v}.$$

Wir können auch sagen, dass V ein $\mathcal{A}$-Modul ist. Die unterschiedlichen Sprechweisen implizieren die verschiedenen Sichtweisen: Betrachtet man den Vektorraum (also die Struktur, auf die die Wirkung zielt), dann spricht man von V als Links-$\mathcal{A}$-Modul. Interessiert man sich für die wirkende Struktur, dann sagt man, dass $\mathcal{A}$ von links auf V wirke oder $\mathcal{A}$ eine Darstellung sei.

Unser Ziel ist, die Wirkung einer Algebra auf Strukturen wie Algebren und Koalgebren zu beschreiben. Dafür ist bereits erforderlich, dass die wirkende Struktur eine Bi- oder Hopf-Algebra ist. Nun sind noch die Regeln *mit Summierung* zu nennen.

Definition 3.2.4. *Sei $\mathcal{H}$ eine Bi- oder Hopf-Algebra. Eine Algebra $\mathcal{A}$ ist eine Links-H-Modul-Algebra, falls*

1. der der Algebra $\mathcal{H}$ zugrundeliegende Vektorraum A ein Links-H-Modul ist und

2. $\mathcal{H}$ auf $\mathcal{A}$ von links wirkt, d. h.

$$_h(\underline{ab}) = {}_{h_i}\underline{a}\,{}_{h^i}\underline{b},$$

als kommutatives Diagramm:

$$
\begin{array}{ccccccc}
\mathcal{H} \otimes \mathcal{A} \otimes \mathcal{A} & \xrightarrow{\;id_{\mathcal{H}} \otimes m_{\mathcal{A}}\;} & \mathcal{H} \otimes \mathcal{A} & \xrightarrow{\;\alpha\;} & \mathcal{A} & \xleftarrow{\;m_{\mathcal{A}}\;} & \mathcal{A} \otimes \mathcal{A} \\
{\scriptstyle \Delta_{\mathcal{H}} \otimes id_{\mathcal{A}} \otimes id_{\mathcal{A}}} \downarrow & & & & & & \uparrow {\scriptstyle \alpha \otimes \alpha} \\
\mathcal{H} \otimes \mathcal{H} \otimes \mathcal{A} \otimes \mathcal{A} & & \xrightarrow{\qquad\qquad id_{\mathcal{H}} \otimes \sigma \otimes id_{\mathcal{A}}\qquad\qquad} & & & & \mathcal{H} \otimes \mathcal{A} \otimes \mathcal{H} \otimes \mathcal{A},
\end{array}
$$

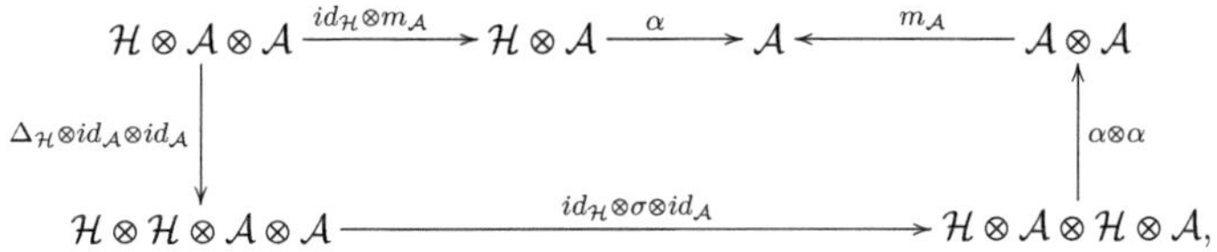

sowie

3. ${}_h\underline{1}_A = \epsilon(h)1_A$ gilt, als kommutatives Diagramm:

$$
\begin{array}{ccc}
\mathcal{H} & \xrightarrow{\;\epsilon_{\mathcal{H}} \otimes id_{\mathbb{K}}\;} \mathbb{K} \xrightarrow{\;\eta_{\mathcal{A}}\;} & \mathcal{A} \;. \\
{\scriptstyle id_{\mathcal{H}} \otimes \eta_{\mathcal{A}}} \downarrow & \nearrow {\scriptstyle \alpha} & \\
\mathcal{H} \otimes \mathcal{A} & &
\end{array}
$$

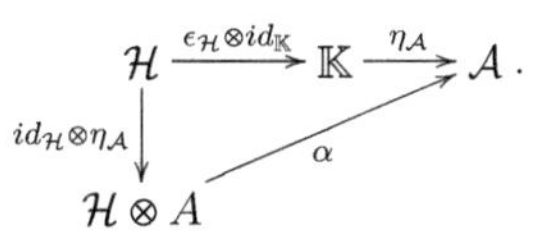

Also wirkt das Element h der Bialgebra H auf das Algebraprodukt, indem die Komultiplikation h aufspaltet und die aufgespaltenen Teile jeweils auf die Faktoren des Algebraprodukts wirken. Abschließend wird mit dem Algebraprodukt multipliziert. Die zweite Bedingung sorgt für die Verträglichkeit mit dem Einselement der Algebra:

$$_h(\underline{a1}_A) = {}_{h_i}\underline{a}\,{}_{h^i}\underline{1}_A = {}_{h_i}a\epsilon(h^i)1_A = {}_{h_i\epsilon(h^i)}\underline{a1}_A = {}_h\underline{a}.$$

Durch den Ansatz $\alpha(h \otimes (ab)) = {}_h(\underline{ab}) = {}_h\underline{a}\,{}_h\underline{b}$ erkennt man, dass die Wirkung α nicht mehr linear wäre. Somit ergibt sich die Forderung der zweiten Bedingung in der voranstehenden Definition durch die Linearität der Wirkung. Ihre Erfüllung wird durch die Komultiplikation ermöglicht.

Definition 3.2.5. *Sei $\mathcal{H}$ eine Bi- oder Hopf-Algebra. Eine Koalgebra $\mathcal{C}$ ist eine Links-$\mathcal{H}$-Modul-Koalgebra, falls*

1. *der der Koalgebra $\mathcal{C}$ zugrundeliegende Vektorraum C ein Links-H-Modul ist und*

2. *$\mathcal{H}$ auf $\mathcal{C}$ von links wirkt, d. h.*

$$\Delta({}_h\underline{c}) = {}_{h_i}\underline{c}_j \otimes {}_{h^i}\underline{c}^j,$$

als Diagramm geschrieben:

$$
\begin{array}{ccccc}
\mathcal{H} \otimes \mathcal{C} & \xrightarrow{\ \alpha\ } & \mathcal{C} & \xrightarrow{\ \Delta_{\mathcal{C}}\ } & \mathcal{C} \otimes \mathcal{C} \\
{\scriptstyle \Delta_{\mathcal{H}} \otimes \Delta_{\mathcal{C}}}\big\downarrow & & & & \big\uparrow{\scriptstyle \alpha \otimes \alpha} \\
\mathcal{H} \otimes \mathcal{H} \otimes \mathcal{C} \otimes \mathcal{C} & \xrightarrow{\ id_{\mathcal{H}} \otimes \sigma \otimes id_{\mathcal{C}}\ } & & & \mathcal{H} \otimes \mathcal{C} \otimes \mathcal{H} \otimes \mathcal{C}
\end{array}
$$

sowie

3. *$\epsilon({}_h c) = \epsilon(h)\epsilon(c)$ gilt, als kommutatives Diagramm geschrieben:*

$$
\begin{array}{ccc}
\mathcal{C} & \xrightarrow{\ \epsilon_{\mathcal{C}}\ } & \mathbb{K} \ . \\
{\scriptstyle \alpha}\big\uparrow & \nearrow{\scriptstyle \epsilon_{\mathcal{H}} \otimes \epsilon_{\mathcal{C}}} & \\
\mathcal{H} \otimes \mathcal{C} & &
\end{array}
$$

Das bedeutet: $\Delta({}_h c) = {}_{\Delta(h)}\Delta(c)$. Die Diagramme bedeuten, dass α ein Koalgebramorphismus ist.

Nun können wir verträgliche Paare von Bi- oder Hopf-Algebren definieren.

Definition 3.2.6. *Ein Paar $(\mathcal{A}, \mathcal{H})$ von Bi- oder Hopf-Algebren nennt man (rechts-links-)**verträglich**, falls $\mathcal{H}$ eine Rechts-$\mathcal{A}$-Modul-Koalgebra und $\mathcal{A}$ eine Links-$\mathcal{H}$-Modul-Koalgebra ist, so dass folgende Verträglichkeitsbedingungen erfüllt sind:*

$$ {}_h(\underline{ab}) = \left({}_{h_i}\underline{a}_j \right) \cdot_{\mathcal{A}} \left({}_{h^i_{a^j}}\underline{b} \right) \tag{3.13}$$

$$ {}_h\underline{1}_{\mathcal{A}} = \epsilon_{\mathcal{A}}(h) \cdot_{\mathcal{A}} 1_{\mathcal{A}} \tag{3.14}$$

$$ (\underline{gh})_a = \underline{g}_{{}_{h^a_i}{}^{a_j}} \cdot_{\mathcal{H}} \underline{h}^i{}_{a^j} \tag{3.15}$$

$$ \underline{1}_{a\mathcal{H}} = \epsilon_{\mathcal{H}}(a) \cdot_{\mathcal{H}} 1_{\mathcal{H}} \tag{3.16}$$

$$ \underline{h_i}_{a_j} \otimes {}_{h^i}\underline{a}^j = \underline{h}^i{}_{a^j} \otimes {}_{h_i}\underline{a}_j \tag{3.17}$$

Theorem 4. *Sei $(\mathcal{A}, \mathcal{H})$ ein verträgliches Paar von Bialgebren. Dann existiert eine eindeutige Bialgebrastruktur auf dem Vektorraum $A \otimes H$ mit*

1. *der Multiplikation*
$$(a \otimes h)(b \otimes g) = a_{h_i}\underline{b_j} \otimes \underline{h}^i{}_{b^j}\,g,$$

2. *dem Einselement*
$$e_{A \otimes H} = (1 \otimes 1),$$

3. *der Komultiplikation*
$$\Delta(a \otimes h) = (a_i \otimes h_j) \otimes (a^i \otimes h^j)$$

und

4. *der Koeins*
$$\epsilon(a \otimes h) = \epsilon(a)\epsilon(h)$$

für alle $a, b \in \mathcal{A}$ und $g, h \in \mathcal{H}$.
Die injektiven Abbildungen $i_{\mathcal{H}}(h) = 1 \otimes h$ und $i_{\mathcal{A}}(a) = a \otimes 1$ sind Bialgebramorphismen von $\mathcal{H}$ bzw. $\mathcal{A}$ in $\mathcal{A} \bowtie \mathcal{H}$. Insbesondere ist

$$(a \otimes h) = (a \otimes 1)(1 \otimes h)$$

für $a \in \mathcal{A}$ und $h \in \mathcal{H}$.
Falls die Bialgebren $\mathcal{A}$ und $\mathcal{H}$ einen Antipoden haben, der mit $S_{\mathcal{A}}$ und $S_{\mathcal{H}}$ bezeichnet wird, dann ist das doppelte Kreuzprodukt eine Hopf-Algebra mit dem Antipoden $S_{\mathcal{A} \otimes \mathcal{H}}$, der durch

$$S(a \otimes h) = {}_{S_{\mathcal{A}}(a^i)}\underline{S_{\mathcal{H}}(h^j)} \otimes \underline{S_{\mathcal{A}}(a_i)}{}_{S_{\mathcal{H}}(h^j)}$$

definiert ist.

Beweis:

Wir weisen die Bi- bzw. Hopf-Algebraeigenschaft nach, indem wir zeigen, dass die Multiplikations- und Einsabbildungen wohldefiniert sind und dass sie Koalgebrenmorphismen sind.

1. Die Assoziativität zeigen wir durch folgende Schritte: Bei den ersten beiden Gleichheitszeichen haben wir die Multiplikation angewandt, dann die Verträglichkeitsbedingung bzgl. der Linksaktion 3.13. Beim anschließenden Schritt bedeutet das Umklammern von $\underline{h}^k_{(b_{g^i}c^j)} = (\underline{h}^k_b)_{g^i}c^j\,\underline{g}^i_{c^j}$, dass wir die Eigenschaft des Koalgebramorphismus der Rechtsaktion ausnutzen. Im darauf Folgenden verwenden wir die Verträglichkeitsbedingung der Rechtsaktion, dann wiederum die Koalgebramorphismus-Eigenschaft der Linksaktion und abschließend zweimal die Multiplikationsregel.

$$(a \otimes h)((b \otimes g)(c \otimes f)) \;=\; (a \otimes h)(b_{\,g_i}\underline{c}_j \otimes \underline{g}^i_{\,c^j} f)$$

$$=\; a_{\,h_k}(\underline{b}_{l\,g_{ii'}}\underline{c}_{jj'}) \otimes \underline{h}^k_{\,b^l_{\,g_{i'}},c^j}\,\underline{g}^i_{\,c^j}\,f$$

$$=\; a_{\,h_{kk'}}\underline{b}_{ll'\,h^{k'}_{\,b^l_{\,g_{ii'}}}\underline{c}_{jj'}} \otimes \underline{h}^k_{\,b^l_{\,g_{i'}},c^j}\,\underline{g}^i_{\,c^j}\,f$$

$$((a \otimes h)(b \otimes g))(c \otimes f) \;=\; (a_{\,h_k}\underline{b}_l \otimes \underline{h}^k_{\,b^l}\,g)(c \otimes f)$$

$$=\; a_{\,h_k}\underline{b}_l\,{}_{h^k_{\,k'b^l_{l'}}\,g_i}\underline{c}_j \otimes (\underline{h}^{kk'}_{\,b^{ll'}}\,\underline{g}^i)_{c_j}\,f$$

$$=\; a_{\,h_k}\underline{b}_l\,{}_{h^k_{\,k'b^l_{l'}}\,g_i}\underline{c}_j \otimes \underline{h}^{kk'}_{\,b^{ll'}_{\,c^j}}\,\underline{g}^{ii'}_{\,c^j_{\,g_{i'}}}\,f$$

Die Gleichheit der beiden Seiten folgt aus der Koassoziativität, denn durch deren Bedingung

$$(\Delta \otimes Id) \circ \Delta = (Id \otimes \Delta) \circ \Delta$$

ergibt sich für die Koalgebraelemente, dass

$$\cdot_k = \cdot_{kk'} \quad \text{bzw.} \quad \cdot^k = \cdot^{kk'} \quad \text{und} \quad \cdot^k_{k'} = \cdot^{k'}_{k}\,.$$

2. Nun weisen wir nach, dass die Komultiplikation ein Algebrenhomomorphismus ist; dazu verwenden wir die Verträglichkeitsbedingung 3.17 (Übergang von zweiter zu dritter Zeile).

$$\Delta(a \otimes h)\Delta(b \otimes g) \;=\; \big((a_m \otimes h_k) \otimes (a^m \otimes h^k)\big)\big((b_l \otimes g_i) \otimes (b^l \otimes g^i)\big)$$

$$=\; \big((a_m \otimes h_k)(b_l \otimes g_i)\big) \otimes \big((a^m \otimes h^k)(b^l \otimes g^i)\big)$$

$$=\; (a_m\,{}_{h_{kk'}}\underline{b}_{ll'} \otimes \underbrace{h^{k'}_{\,k\,b^l_{\,l'}}\underline{g}_i}) \otimes (a^m\,{}_{h^k_{\,k'}}\underline{b}^l_{\,l'} \otimes \underline{h}^{kk'}_{\,b^{ll'}}\,g^i).$$

Verträglichkeitsbedingung 3.17

Andererseits gilt

$$\Delta((a \otimes h)(b \otimes g)) \;=\; \Delta(a_{\,h_k}\underline{b}_l \otimes \underline{h}^k_{\,b^l}\,g)$$

$$=\; (a_m\,{}_{h_{kk'}}\underline{b}_{ll'} \otimes h^k_{\,k'b^l_{\,l'}}\underline{g}_i) \otimes (a^m\,{}_{h^k_{\,k'}}\underline{b}^{l'}_{\,l} \otimes \underline{h}^{kk'}_{\,b^{ll'}}\,g^i).$$

Wir sehen, dass der Unterschied in den Ausdrücken $\underline{h}^k_{\,k'b^l_{\,l'}}$ und ${}_{h^{k'}_{\,k}}\underline{b}^{l'}_{\,l}$ liegt. Durch die Verträglichkeitsbedingung können wir die Zerlegungsreihenfolge der Komultiplikation vertauschen, wenn die Rechts- in eine Linksaktion überführt wird bzw. umgekehrt (in Matrixdenkweise, die Transposition erfolgt durch Vertauschen der Aktionen).

3. Die Wohldefiniertheit des Einselements erhalten wir durch die Verträglichkeitsbedingung 3.16 und die bereits genannte Regel $\epsilon(x_i)x^i = x_i\epsilon(x^i) = 1$

$$(1 \otimes 1)(a \otimes h) =_1 \underline{a}_m \otimes \underline{1}_{a^m}h = a_m \otimes \epsilon(a^m)h = a_m\epsilon(a^m) \otimes h = a \otimes h$$

bzw. durch die Verträglichkeitsbedingung 3.14 und die genannte Eigenschaft

$$(a \otimes h)(1 \otimes 1) = a(_{h_k}\underline{1}) \otimes \underline{h}_1^k 1 = a\epsilon(h_k)1 \otimes h^k 1 = a \otimes \epsilon(h_k)h^k 1 = a \otimes h.$$

4. Die Koeins-Abbildung ist ein Algebrenmorphismus. Denn es gilt wegen der Linearität der Koeins:

$$\epsilon((a \otimes h)(b \otimes g)) = \epsilon(a \otimes h)\epsilon(b \otimes g) = \epsilon(a)\epsilon(h)\epsilon(b)\epsilon(g).$$

Wenden wir das Produkt zunächst auf der linken Seite an, dann haben wir mit der Eigenschaften der Aktionen Koalgebramorphismen zu sein:

$$\begin{aligned}
\epsilon(a\,_{h_k}\underline{b}_l \otimes \underline{h}_{b^l}^k g) &= \epsilon(a)\epsilon(_{h_k}\underline{b}_l)\epsilon(\underline{h}^{kl}_{\ b})\epsilon(g) \\
&= \epsilon(a)\epsilon(g)(\epsilon(h_k)\epsilon(b_l)\epsilon(h^k)\epsilon(b^l)) \\
&= \epsilon(a)\epsilon(g)(\epsilon(h_k)\epsilon(h^k)\epsilon(b_l)\epsilon(b^l)) \\
&= \epsilon(a)\epsilon(g)\epsilon(h)\epsilon(b).
\end{aligned}$$

5. Um den Antipoden nachzuweisen, müssen wir zeigen, dass
$(a \otimes h)S(a \otimes h) = \epsilon(a \otimes h)(1 \otimes 1)$ und $S(a \otimes h)(a \otimes h) = (a \otimes h)(1 \otimes 1)$ gilt.

$$\begin{aligned}
(a_i \otimes h_m)S(a^i \otimes h^m) &= (a_i \otimes h_j)(_{S_{\mathcal{H}}(h^{mm'})}\underline{S_{\mathcal{A}}(a^{ii'})} \otimes \underline{S_{\mathcal{H}}(h_{m'}^m)}_{S_{\mathcal{A}}(a^i_{i'})}) \\
&= a_i(_{h_{mm'}}\,_{S_{\mathcal{H}}(h_{m''}^{mm'})}\underline{S_{\mathcal{A}}(a_{i''}^{ii'})}) \otimes \\
&\qquad \underline{h}_m^{m'}\,_{S_{\mathcal{H}}(h^{mm'm''})S_{\mathcal{A}}(a^{ii'i''})}\underline{S_{\mathcal{H}}(h_{m'}{}^m)}_{S_{\mathcal{A}}(a^i_{i'})} \\
&= a_i(_{h_{mm'}}\,_{S_{\mathcal{H}}(h_{m''}^{mm'})}\underline{S_{\mathcal{A}}(a_{i''}^{ii'})}) \otimes \underline{h}_m^{m'}\,_{S_{\mathcal{H}}(h^{mm'})}{}^{S_{\mathcal{A}}(a^{ii'})}S_{\mathcal{H}}(h_{m'}^m)_{S_{\mathcal{A}}(a^i_{i'})} \\
&= a_i(_{h_{mm'}}\,_{S_{\mathcal{H}}(h_{m''}^{mm'})}\underline{S_{\mathcal{A}}(a_{i''}^{ii'})}) \otimes (\underline{h_m^{m'}S_{\mathcal{H}}(h^m)})_{S_{\mathcal{A}}(a^i)} \\
&= a_i(_{h_{mm'}}\,_{S_{\mathcal{H}}(h_{m''}^{mm'})}\underline{S_{\mathcal{A}}(a_{i''}^{ii'})}) \otimes (\underline{\epsilon(h_m)1})_{S_{\mathcal{A}}(a^i)} \qquad \text{wegen } x^i S(x_i) = \epsilon(x)1 \\
&= a_i(_{h_{mm'}}\,_{S_{\mathcal{H}}(h_{m''}^{mm'})}\underline{S_{\mathcal{A}}(a_{i''}^{ii'})}) \otimes \epsilon(h_m)\epsilon(S_{\mathcal{A}}(a^i))1 \\
&= a_i(_{\epsilon(h_m)1}\underline{S_{\mathcal{A}}(a_i)} \otimes 1) \\
&= \epsilon(h)(a_i S_{\mathcal{A}}(a_i) \otimes 1) \\
&= \epsilon(h)(\epsilon(a_i)1 \otimes 1) \\
&= \epsilon(h)\epsilon(a)(1 \otimes 1) \\
&= \epsilon(a \otimes h)(1 \otimes 1).
\end{aligned}$$

Andererseits haben wir:

$$
\begin{aligned}
S(a_i \otimes h_m)(a^i \otimes h^m)
&= \big({}_{S_{\mathcal{H}}(h_m^{m'})}\underline{S_{\mathcal{A}}(a_i^{i'})} \otimes \underline{S_{\mathcal{H}}(h_{mm'})}_{S_{\mathcal{A}}(a_{ii'})a^{ii'}}\big)(a^i \otimes h^m) \\[2mm]
&= {}_{S_{\mathcal{H}}(h_m^{m'})}\underline{S_{\mathcal{A}}(a_i^{i'})}_{S_{\mathcal{H}}(h_m^{m'})_{S_{\mathcal{A}}(a_i^{i'})}}\underline{a_{i'}^i} \otimes \underline{S_{\mathcal{H}}(h_{mm'm''})}_{S_{\mathcal{A}}(a_{ii'i''})a^{ii'}}h^m \\[2mm]
&= {}_{S_{\mathcal{H}}(h_{mm'})}(\underline{S_{\mathcal{A}}(a_{ii'})a_{i'}^i}) \otimes \underline{S_{\mathcal{H}}(h_{mm'm''})}_{S_{\mathcal{A}}(a_{ii'i''})a^{ii'}}h^m \\[2mm]
&= {}_{S_{\mathcal{H}}(h_{mm'})}(\underline{\epsilon(a_{ii'})1}) \otimes \underline{S_{\mathcal{H}}(h_{mm'm''})}_{S_{\mathcal{A}}(a_{ii'i''})a^{ii'}}h^m \\[2mm]
&= {}_{S_{\mathcal{H}}(h_{mm'})}(a_{ii'}\underline{1}) \otimes \underline{S_{\mathcal{H}}(h_{mm'm''})}_{S_{\mathcal{A}}(a_{ii'i''})a^{ii'}}h^m \\[2mm]
&= {}_{(S_{\mathcal{H}}(h_{mm'})a_{ii'})}\underline{1} \otimes \underline{S_{\mathcal{H}}(h_{mm'm''})}_{S_{\mathcal{A}}(a_{ii'i''})a^{ii'}}h^m \\[2mm]
&= \epsilon(S_{\mathcal{H}}(h_{mm'})a_{ii'})1 \otimes \underline{S_{\mathcal{H}}(h_{mm'm''})}_{S_{\mathcal{A}}(a_{ii'i''})a^{ii'}}h^m \\[2mm]
&= \epsilon(S_{\mathcal{H}}(h_{mm'}))\epsilon(a_{ii'})1 \otimes \underline{S_{\mathcal{H}}(h_{mm'm''})}_{S_{\mathcal{A}}(a_{ii'i''})a^{ii'}}h^m \\[2mm]
&= \epsilon(h_{mm'})\epsilon(a_{ii'})1 \otimes \underline{S_{\mathcal{H}}(h_{mm'm''})}_{S_{\mathcal{A}}(a_{ii'i''})a^{ii'}}h^m \\[2mm]
&= \epsilon(h_{mm'})\epsilon(a_{ii'})1 \otimes \underline{S_{\mathcal{H}}(h_{mm'm''})}_{\epsilon(a_{ii'})}h^m \\[2mm]
&= \epsilon(h_{mm'})\epsilon(a_{ii'})1 \otimes \underline{S_{\mathcal{H}}(h_{mm'm''})}_{1}h^m \\[2mm]
&= \epsilon(h_{mm'})\epsilon(a_{ii'})1 \otimes \epsilon(h_{mm'})1 \\[2mm]
&= \epsilon(a)\epsilon(h_{mm'})1 \otimes \epsilon(h_{mm'})1 \\[2mm]
&= \epsilon(a)\epsilon(h)1 \otimes 1 \\[2mm]
&= \epsilon(a \otimes h)1 \otimes 1.
\end{aligned}
$$

Wir haben beim dritten Gleichheitszeichen die Produktbildung angewandt, dann die Verträglichkeitsbedingung der Rechtsaktion 3.15.

Anschließend wurden mehrfach die Eigenschaften des Antipoden angewandt, dass $a_i S(a^i) = \epsilon(a)1 = S(a_i)a_i$, $\epsilon(h_{(i)}) = h1$ und die $\mathbb{K}$-Linearität im Tensorprodukt gelten.

$\square$

3.3 Kreuzprodukt der Gruppenalgebra $\mathbb{K}[G]$

Zunächst wollen wir die Gruppenalgebra einführen. Hierzu nehmen wir eine Gruppe G, die nicht notwendigerweise linear algebraisch sein muss. Der Vektorraum $\mathbb{K}[G]$ ist die Menge aller Funktionen

$$f : G \to \mathbb{K},$$

so dass der Träger von f, d. h. $supp(f) = \{g \in G | f(g) \neq 0\}$, endlich ist. Dieser Vektorraum hat eine Basis, die aus Funktionen $\{\delta_g | g \in G\}$ mit

$$\delta_g(x) = \left\{ \begin{array}{ll} 1 & \text{falls } x = g \\ 0 & \text{sonst} \end{array} \right\}$$

besteht. Ein Element aus $\mathbb{K}[G]$ kann als formale Summe eindeutig durch

$$\sum_{g\in G} x(g)\delta_g$$

ausgedrückt werden, wobei wir nur eine endliche Anzahl von Koeffizienten $x(g) \neq 0$ haben. Die Elemente aus G identifizieren wir mit den Elementen δ_g in $\mathbb{K}[G]$ und definieren die Multiplikation als bilineare Erweiterung der Gruppenmultiplikation durch

$$\left(\sum_{g\in G} x(g)\delta_g\right)\left(\sum_{h\in G} y(h)\delta_h\right) = \sum_{g,h\in G} x(g)y(h)\delta_{gh}.$$

Im Folgenden übertragen wir einige Eigenschaften von Gruppenalgebren, wobei wir die Verträglichkeitsbedingungen benötigen.

Proposition 3.3.1. *Es seien X, Y Gruppen, $\mathbb{K}[X], \mathbb{K}[Y]$ die dazugehörigen Gruppenalgebren. Sind die Gruppen verträgliche Paare von Gruppen, dann sind die Gruppenalgebren verträgliche Paare von Bialgebren.*

Beweis:
Wir bezeichnen mit $\mathcal{A}, \mathcal{B}, \mathcal{C}$ Hopf-Algebren und mit X, Y, Z Gruppen.
Es ist

$$\mathcal{A} \overset{\alpha}{\leftarrow} A \otimes B \overset{\beta}{\rightarrow} B$$

$$a\underline{b} \mapsto a \otimes b \mapsto \underline{a}_b.$$

Ferner bezeichnen wir die Aktionen mit

$$\underline{xx'}_y = x'_x{}_y \underline{x'}_y$$

und

$$_x\underline{yy'} = {}_x\underline{y}_{x_y}\underline{y'}.$$

Nun sei $\mathcal{A} = \mathbb{K}[X]$ und $\mathcal{B} = \mathbb{K}[Y]$ mit

$$_a\underline{bb'} = {}_{a_i}\underline{b_j}\,{}_{a^i_{bj}}\underline{b'}$$

und

$$\underline{aa'}_b = \underline{a}_{a'_i b_j}\underline{a'^i}_{b^j}.$$

Es ist

$$\Delta(a) = \sum_{x\in X} \alpha_x x \otimes x = a_x \otimes a^x.$$

Wir wählen $a_x = \alpha_x x \in \mathbb{K}[X]$ und $a^x = 1x \in \mathbb{K}[X]$. Analog dazu ist $\Delta(b) = b_y \otimes b^y = \beta_y y \otimes 1y$.
Dann gilt für die rechte Seite

$$
\begin{aligned}
a\underline{bb'} &= \sum_{\substack{x \in X \\ y \in Y}} a_x \sum_{yy'=Y} b_y b'_{y'}\, x\underline{Y} \\[2mm]
&= \sum_{\substack{x \in X \\ y,y' \in Y}} a_x b_y b'_{y'}\, x\underline{yy'} \\[2mm]
&= \sum_{\substack{x \in X \\ y,y' \in Y}} a_x b_y b'_{y'}\, x\underline{y}\,_{x_y}\underline{y'}.
\end{aligned}
$$

Jetzt berechnen wir die linke Seite:

$$
\begin{aligned}
a_i \underline{b_j}\, a^i_{bj}\,\underline{b'} &= \sum_{\substack{x \in X \\ Y \in Y}} \alpha_x x \beta_y \underline{y}\, 1x_1 y \sum_{y' \in \mathbb{K}[Y]} \underline{\beta'_{y'} y'} \\[2mm]
&= \sum_{\substack{x \in X \\ y,y' \in Y}} \alpha_x \beta_y 1 1 \beta'_{y'}\, x\underline{y}\,_{x_y}\underline{y'} \\[2mm]
&= \sum_{\substack{x \in X \\ y,y' \in Y}} \alpha_x \beta_y \beta'_{y'}\, x\underline{y}\,_{x_y}\underline{y'}.
\end{aligned}
$$

Damit ist die Bedingung 3.13 gezeigt. Nun zeigen wir die Verträglichkeitsbedingung 3.15:

$$
\begin{aligned}
\underline{aa'}_b &= \sum_{\substack{X \in X \\ y \in Y}} b_y \sum_{xx'=X} a_x a_{x'} \underline{X}_y \\[2mm]
&= \sum_{\substack{x,x' \in X \\ y \in Y}} b_y a_x a_{x'} \underline{xx'}_y \\[2mm]
&= \sum_{\substack{x,x' \in X \\ y \in Y}} b_y a_x a_{x'} \underline{x}_{x'y}\underline{x'}_y.
\end{aligned}
$$

Die andere Seite bedeutet:

$$
\begin{aligned}
\underline{a}_{a'_i b_j}\, \underline{a'^i}_{bj} &= \sum_{\substack{x,x' \in X \\ y \in Y}} \alpha_x x\,_{\alpha_{x'} x'} \beta_y y \sum_{\substack{x' \in \mathbb{K}[X] \\ y \in K[Y]}} \underline{1x'}_{1y} \\[2mm]
&= \sum_{\substack{x,x' \in X \\ y \in Y}} \alpha_x x\, \alpha_x \alpha_{x'} \beta_y \underline{x}_{x'y}\underline{x'}_y.
\end{aligned}
$$

Die zweite Verträglichkeitsbedingung 3.14 (ϵ=Spur) ergibt sich aus

$$
\begin{aligned}
a\underline{1e} &= \sum_{x \in X} a_x\, x\underline{1e} = \sum_{x \in X} a_x 1x\underline{e} \\[2mm]
&= \epsilon(a)1e
\end{aligned}
$$

sowie

$$
\epsilon(a) = \sum_{x \in X} a_x = \sum_{x \in X} a_x(1e)
$$

und Bedingung 3.16 aus

$$
1_y = \sum_{y \in Y} b_y \underline{1e}_y = \sum_{y \in y} b_y 1\underline{e}_y = \epsilon(b)1e.
$$

Die letzte Verträglichkeitsbedingung 3.17 sieht man folgendermaßen: Auf der einen Seite
ist

$$\underline{a_{i}}_{b_j} \otimes_{a^i} \underline{b^j} = \underline{\alpha_x x}_{\beta_y y} \otimes_{1x} \underline{1y}$$
$$= \alpha_x \beta_y \underline{x}_y \otimes 1_x \underline{y}$$
$$= \alpha_x \underline{x}_y \otimes \beta_y \, x\underline{y}$$

und auf der anderen gilt:

$$a^i{}_{b^j} \otimes_{a_i} \underline{b_j} = \underline{1x}_{1y} \otimes_{\alpha_x x} \underline{\beta_y y}$$
$$= 1\underline{x}_y \otimes \alpha_x \beta_y \, x\underline{y}$$
$$= \alpha_x \, \underline{x}_y \otimes \beta_y \, x\underline{y}.$$

$\square$

Damit ist gezeigt, dass die Bedingungen für das verträgliche Paar der Bi- bzw. Hopf-
Algebra $\mathbb{K}[X]$ aus den Bedingungen des verträglichen Paares für Gruppen folgen. Nun
muss noch gezeigt werden, dass dieser Funktor ein Algebra- und Koalgebrahomomorphismus ist, der das Einselement und den Antipoden erhält.

Theorem 5. *Es seien X, Y Gruppen, $\mathbb{K}[X], \mathbb{K}[Y]$ die dazugehörigen Gruppenalgebren
und $\phi : X \to Y$ ein Gruppenhomomorphismus. Dann erhält der kontravariante Funktor
$\mathbb{K}[\phi] : \mathbb{K}[X] \to \mathbb{K}[Y]$ die Hopf-Algebrastruktur.*

Beweis:
Aus Kapitel 2 (Beispiel 2.2.9) ist bekannt, dass Gruppenalgebren die Struktur einer Hopf-
Algebra haben. Folglich ist zu zeigen, dass der kontrainvariante Funktor die Hopf-Algebra
$(\mathbb{K}[X], m, \eta, \Delta, \epsilon, S_X)$ in die Hopf-Algebra $(\mathbb{K}[Y], m', \eta', \Delta', \epsilon', S_Y)$ abbildet:

$$(m \circ (\mathbb{K}[\phi] \otimes \mathbb{K}[\phi])) \left(\sum_{x \in X} a_x x \otimes \sum_{y \in X} a_y y \right) = m \left(\mathbb{K}[\phi] \left(\sum_{x \in X} a_x x \right) \otimes \mathbb{K}[\phi] \left(\sum_{x \in X} a_x x \right) \right)$$
$$= m \left(\sum_{x \in X} a_x \phi(x) \otimes \sum_{y \in X} a_y \phi(y) \right)$$
$$= \sum_{x, y \in X} a_x a_y \phi(x) \phi(y) = \sum_{x, y \in X} a_x a_y \phi(xy)$$
$$= \mathbb{K}[\phi] \sum_{x, y \in X} a_x a_y xy$$
$$= (\mathbb{K}[\phi] \circ m) \left(\sum_{x \in X} a_x x \otimes \sum_{y \in X} a_y y \right),$$

$$(\mathbb{K}[\phi] \circ \eta)\left(\sum_{x \in X} a_x x\right) = \mathbb{K}[\phi]\left(\sum_{x \in X} a_x \eta(x)\right) = \sum_{x \in X} a_x \phi(\eta(x))$$
$$= \sum_{x \in X} a_x \eta(\phi(x)) = \eta \sum_{x \in X} a_x \phi(x)$$
$$= \eta\left(\mathbb{K}[\phi]\left(\sum_{x \in X} a_x x\right)\right)$$
$$= (\eta \circ \mathbb{K}[\phi])\left(\sum_{x \in X} a_x . x\right)$$

Für den Koalgebrahomomorphismus müssen wir zeigen, dass $(\epsilon \circ \mathbb{K}[\phi]) = (\mathbb{K}[\phi] \circ \epsilon)$ und $(\mathbb{K}[\phi] \otimes \mathbb{K}[\phi]) \circ \Delta = (\Delta \circ \mathbb{K}[\phi])$. Also:

$$(\mathbb{K}[\phi] \otimes \mathbb{K}[\phi]) \Delta\left(\sum_{x \in X} a_x x\right) = (\mathbb{K}[\phi] \otimes \mathbb{K}[\phi])\left(\sum_{x \in X} a_x x \otimes x\right)$$
$$= \sum_{x \in X} a_x \phi(x) \otimes \phi(x)$$
$$= \Delta\left(\sum_{x \in X} a_x \phi(x)\right)$$
$$= \Delta\left(\mathbb{K}[\phi] \sum_{x \in X} a_x x\right),$$

$$\epsilon\left(\mathbb{K}[\phi]\left(\sum_{x \in X} a_x x\right)\right) = \epsilon\left(\sum_{x \in X} a_x \phi(x)\right) = \sum_{x \in X} a_x \epsilon(\phi(x))$$
$$= \sum_{x \in X} a_x \phi(\epsilon(x)) = \mathbb{K}[\phi]\left(\sum_{x \in X} a_x \epsilon(x)\right)$$
$$= \mathbb{K}[\phi]\left(\epsilon\left(\sum_{x \in X} a_x x\right)\right).$$

Abschließend zeigen wir, dass die Antipodenbedingungen gelten, also $S_Y \circ \mathbb{K}[\phi] = \mathbb{K}[\phi] \circ S_X$ gilt.

$$(S_Y \circ \mathbb{K}[\phi])\left(\sum_{x \in X} a_x x\right) = S_Y\left(\sum_{x \in X} a_x \phi(x)\right) = \sum_{x \in X} a_x [\phi(x)]^{-1}$$
$$= \sum_{x \in X} a_x \phi(x^{-1}) = \mathbb{K}[\phi]\left(\sum_{x \in X} a_x x^{-1}\right)$$
$$= (\mathbb{K}[\phi] \circ S_X)\left(\sum_{x \in X} a_x x\right).$$

$\square$

Theorem 6. *Es seien X, Y Gruppen, dann ist das Tensorprodukt $\mathbb{K}[X] \otimes \mathbb{K}[Y]$ der Gruppenalgebren isomorph zu deren doppeltem Kreuzprodukt. Hierbei sei $_x y = \epsilon(x)y$ und $x_y = \epsilon(y)x$.*

Beweis:

Zunächst weisen wir nach, dass durch das Kreuzprodukt ein verträgliches Paar von Bialgebren definiert ist. Wir beginnen damit, Relation 3.13 nachzuweisen. Die linke Seite ergibt

$$\underline{x(yy')} = \sum_{\substack{x \in X \\ y,y' \in Y}} a_x b_y b_{y'}\, \underline{x(yy')}$$

$$= \sum_{\substack{x \in X \\ y,y' \in Y}} a_x b_y b_{y'}\, \epsilon(x) yy'.$$

Für die rechte Seite gilt:

$$\sum_{\substack{x \in X \\ y,y' \in Y}} a_x b_y b_{y'}\, x_i \underline{y}_j\, x^i_{\,yj}\, \underline{y'} = \sum_{\substack{x \in X \\ y,y' \in Y}} a_x b_y b_{y'}\, \epsilon(x_i) y_j \epsilon(\underline{x}^i_{yj}) y'$$

$$= \sum_{\substack{x \in X \\ y,y' \in Y}} a_x b_y b_{y'}\, \epsilon(x_i)\epsilon(x^i)\epsilon(y_j) y^j y'$$

$$= \sum_{\substack{x \in X \\ y,y' \in Y}} a_x b_y b_{y'}\, \epsilon(x) yy'.$$

Die Verträglichkeitsbedingung 3.14 sehen wir durch

$$x\underline{1} = \sum_{x \in X} a_x\, x\underline{1e} = \sum_{x \in X} a_x 1\, x\underline{e}$$

$$= \sum_{x \in X} a_x\, x\underline{e}$$

$$= \sum_{x \in X} a_x \epsilon(x) e.$$

Zum Nachweis der Bedingung 3.15 betrachten wir zunächst die linke Seite:

$$\underline{(xx')}_y = \sum_{\substack{x,x' \in X \\ y \in Y}} a_x a_{x'} b_y\, x\underline{x}'_y$$

$$= \sum_{\substack{x,x' \in X \\ y \in Y}} a_x a_{x'} b_y\, \epsilon(y) xx';$$

anschließend wenden wir uns der anderen zu:

$$\sum_{\substack{x,x' \in X \\ y \in Y}} a_x a_{x'} b_y\, \underline{x}_{x'_i y_j}\, \underline{x}'^i_{yj} = \sum_{\substack{x,x' \in X \\ y \in Y}} a_x a_{x'} b_y\, \epsilon(x'_i \underline{y}_j) x \epsilon(y^j) x'^i$$

$$= \sum_{\substack{x,x' \in X \\ y \in Y}} a_x a_{x'} b_y\, \epsilon(x'_i) x'^i \epsilon(y_j)\epsilon(y^j) x$$

$$= \sum_{\substack{x,x' \in X \\ y \in Y}} a_x a_{x'} b_y\, \epsilon(y) xx'.$$

Die Verträglichkeitsbedingung 3.16 ergibt sich wie folgt:

$$1_y = \sum_{y \in Y} b_y\, 1 e_y = \sum_{y \in Y} b_y\, \underline{e}_y$$

$$= \sum_{y \in Y} b_y\, \epsilon(y) e.$$

Die letzte Bedingung 3.17 rechnen wir wieder durch Betrachtung der beiden Seiten aus:

$$\sum_{\substack{x\in X\\y\in Y}} a_x b_y\, \underline{x}_{iy_j} \otimes_{x^i} \underline{y}^{j} \;=\; \sum_{\substack{x\in X\\y\in Y}} a_x b_y\, \epsilon(y_j)x_i \otimes \epsilon(x^i)y^j$$

$$=\; \sum_{\substack{x\in X\\y\in Y}} a_x b_y\, \epsilon(x^i)x_i \otimes \epsilon(y_j)y^j$$

$$=\; \sum_{\substack{x\in X\\y\in Y}} a_x b_y\, x \otimes y$$

$$\sum_{\substack{x\in X\\y\in Y}} a_x b_y\, \underline{x}^{i}_{y^j} \otimes_{x_i} \underline{y}_{j} \;=\; \sum_{\substack{x\in X\\y\in Y}} a_x b_y\, \epsilon(y^j)x^i \otimes \epsilon(x_i)y_i$$

$$=\; \sum_{\substack{x\in X\\y\in Y}} a_x b_y\, \epsilon(x_i)x^i \otimes \epsilon(y^j)y_j$$

$$=\; \sum_{\substack{x\in X\\y\in Y}} a_x b_y\, x \otimes y.$$

Nun wird die Isomorphie zum Tensorprodukt nachgewiesen:

$$(x\otimes y)(x'\otimes y') \;=\; \Big(\sum_{x\in X} a_x x \otimes \sum_{y\in Y} b_y y\Big)\Big(\sum_{x'\in X} a_{x'} x' \otimes \sum_{y'\in Y} b_{y'} y'\Big)$$

$$=\; \sum_{x,x'\in X} a_x a_{x'} xx' \otimes \sum_{y,y'\in Y} b_y b_{y'} yy',$$

$$x_{y_j} x'_i \otimes y^j_{x'^i} \;=\; \sum_{x\in X} a_x x \sum_{\substack{x'_i\in X\\y_j\in Y}} a_{x'_i} b_{y_j}\, y_j x'_i \otimes \sum_{\substack{x'^i\in X\\y^j\in Y}} a_{x'^i} b_{y^j}\, y_{j\,x'^i} \sum_{y'\in Y} b_{y'} y'$$

$$=\; \sum_{x\in X} a_x x \sum_{\substack{x'_i\in X\\y_j\in Y}} a_{x'_i} b_{y_j}\, \epsilon(y_j)x'_i \otimes \sum_{\substack{x'^i\in X\\y^j\in Y}} a_{x'^i} b_{y^j}\, \epsilon(x'^i)y_j \sum_{y'\in Y} b_{y'} y'$$

$$=\; \sum_{x\in X} a_x x \sum_{x'_i,x'^i\in X} a_{x'_i} a_{x'^i} x'_i\, \epsilon(x'^i) \otimes \sum_{y_j,y^j\in Y} b_{y_j} b_{y^j}\, \epsilon(y_j)y^j \sum_{y'\in Y} b_{y'} y'$$

$$=\; \sum_{x\in X} a_x x \sum_{x'\in X} a_{x'} x' \otimes \sum_{y\in Y} b_y y \sum_{y'\in Y} b_{y'} y'$$

$$=\; \sum_{x,x'\in X} a_x a_{x'} xx' \otimes \sum_{y,y'\in Y} b_y b_{y'} yy'.$$

$\square$

Proposition 3.3.2. *Seien* $\mathbb{K}[X], \mathbb{K}[Y]$ *die Gruppenalgebren der Gruppen* X, Y *und* (X,Y) *ein verträgliches Paar von Gruppen. Dann ist* $(\mathbb{K}[X], \mathbb{K}[Y])$ *mit der Linksaktion*

$$_a x = axa^{-1} \tag{3.18}$$

und der Rechtsaktion

$$a_x = \epsilon(x)a \tag{3.19}$$

ein verträgliches Paar von Bialgebren.

Bemerkung 3.3.3. *Die Gruppenalgebra des doppelten Kreuzprodukts der Gruppen ist isomorph zum doppelten Kreuzprodukt der Gruppenalgebren:*

$$\mathbb{K}[X \bowtie Y] \cong \mathbb{K}[X] \bowtie \mathbb{K}[Y].$$

Beweis:

Es sind die Bedingungen für verträgliche Paare nachzuweisen. Wir rechnen für die Verträglichkeitsbedingung 3.13 zunächst die linke Seite, also

$$
\begin{aligned}
{}_x\underline{(yy')} &= \sum_{\substack{x \in X \\ y,y' \in Y}} a_x b_y b_{y'} \; {}_x\underline{(yy')} \\
&= \sum_{\substack{x \in X \\ y,y' \in Y}} a_x b_y b_{y'} \; xyy'x^{-1},
\end{aligned}
$$

und anschließend die rechte Seite:

$$
\begin{aligned}
\sum_{\substack{x \in X \\ y,y' \in Y}} a_x b_y b_{y'} \; x_i \underline{y}_j \, x^i_{y^j} \underline{y'}
&= \sum_{\substack{x \in X \\ y,y' \in Y}} a_x b_y b_{y'} \, x_i y_j x_i^{-1} \underline{x}^i_{y^j} y' (\underline{x}^i_{y^j})^{-1} \\
&= \sum_{\substack{x \in X \\ y,y' \in Y}} a_x b_y b_{y'} \; x_i y_j x_i^{-1} \epsilon(y^j) x^i y' (\epsilon(y^j) x^i)^{-1} \\
&= \sum_{\substack{x \in X \\ y,y' \in Y}} a_x b_y b_{y'} \; x_i y_j x_i^{-1} \epsilon(y^j) x^i y' \epsilon((y^j)^{-1})(x^i)^{-1}.
\end{aligned}
$$

Nun wenden wir an, dass

$$\epsilon(y^j)\epsilon((y^j)^{-1}) = \epsilon(y^j)\epsilon(S(y^j)) = \epsilon(y^j S(y^j)) = \epsilon(\epsilon(y^j)1) = \epsilon(1) = 1,$$

so dass

$$
\begin{aligned}
\sum_{\substack{x \in X \\ y,y' \in Y}} a_x b_y b_{y'} \; x_i \underline{y}_j \, x^i_{y^j} \underline{y'}
&= \sum_{\substack{x \in X \\ y,y' \in Y}} a_x b_y b_{y'} \; x_i y_j x_i^{-1} \epsilon(y^j) x^i y' (x^i)^{-1} \\
&= \sum_{\substack{x \in X \\ y,y' \in Y}} a_x b_y b_{y'} \; x_i y_j \epsilon(y^j) x_i^{-1} \epsilon(y^j) x^i y' (x^i)^{-1} \\
&= \sum_{\substack{x \in X \\ y,y' \in Y}} a_x b_y b_{y'} \; x_i y x_i^{-1} x^i y' (x^i)^{-1}
\end{aligned}
$$

gilt. Für den letzten Faktor können wir wegen $x_i^{-1} x^i = S(x_i)x^i = \epsilon(x)1$ die Rechnung folgendermaßen fortführen:

$$
\begin{aligned}
\sum_{\substack{x \in X \\ y,y' \in Y}} a_x b_y b_{y'} \; x_i \underline{y}_j \, x^i_{y^j} \underline{y'}
&= \sum_{\substack{x \in X \\ y,y' \in Y}} a_x b_y b_{y'} \; x_i y x_i^{-1} x^i y' (x^i)^{-1} \\
&= \sum_{\substack{x \in X \\ y,y' \in Y}} a_x b_y b_{y'} \; \epsilon(x) x_i y y' (x^i)^{-1}.
\end{aligned}
$$

Wegen der Gruppenverträglichkeitsbedingung 3.10 und der Linksaktion 3.18 folgt daraus

$$
\sum_{\substack{x \in X \\ y,y' \in Y}} a_x b_y b_{y'} \; x_i \underline{y}_j \, x^i_{y^j} \underline{y'}
= \sum_{\substack{x \in X \\ y,y' \in Y}} a_x b_y b_{y'} \; xyy'x^{-1}.
$$

Damit ist die erste Bedingung gezeigt. Die Verträglichkeitsbedingung 3.14 ist leicht nachzurechnen:

$$_x1 = x1x^{-1} = xx^{-1}1 = xS(x)1 = \epsilon(x)1.$$

Betrachten wir die beiden Seiten der dritten Bedingung 3.15, so erhalten wir

$$\underline{(xx')}_y = \sum_{\substack{x,x' \in X \\ y \in Y}} a_x a_{x'} b_y \; x\underline{x}'_y$$

$$= \sum_{\substack{x,x' \in X \\ y \in Y}} a_x a_{x'} b_y \; \epsilon(y)xx'$$

und

$$\sum_{\substack{x,x' \in X \\ y \in Y}} a_x a_{x'} b_y \; \underline{x}_{x_i' y_j} x_{y^j}'^i = \sum_{\substack{x,x' \in X \\ y \in Y}} a_x a_{x'} b_y \; \epsilon(x_i'\underline{y}_j)x\epsilon(y^j)x'^i$$

$$= \sum_{\substack{x,x' \in X \\ y \in Y}} a_x a_{x'} b_y \; \epsilon(x_i' y_j x_i'^{-1})x\epsilon(y^j)x'$$

$$= \sum_{\substack{x,x' \in X \\ y \in Y}} a_x a_{x'} b_y \; \epsilon(y)xx'.$$

Trivialerweise folgt aus der Rechtsaktion 3.19 die Verträglichkeitsbedingung 3.16:

$$1_y = \epsilon(y)1.$$

Die letzte Bedingung 3.17 sieht man wie folgt:

$$\sum_{\substack{x \in X \\ y \in Y}} a_x b_y \; \underline{x}_{i y_j} \otimes_{x^i} \underline{y}^j = \sum_{\substack{x \in X \\ y \in Y}} a_x b_y \; \epsilon(y_j)x_i \otimes x^i y^j (x^i)^{-1}$$

$$\sum_{\substack{x \in X \\ y \in Y}} a_x b_y \; \underline{x}^i_{y^j} \otimes_{x_i} \underline{y}_j = \sum_{\substack{x \in X \\ y \in Y}} a_x b_y \; \epsilon(y^j)x^i \otimes x_i y_i x_i^{-1}.$$

Damit ist die Verträglichkeit der Gruppenalgebren $\mathbb{K}[X]$ und $\mathbb{K}[Y]$ für verträgliche Gruppen X, Y mit gegebener Links- bzw. Rechtsaktion gezeigt. $\qquad\square$

Proposition 3.3.4. *Seien X und Y Bialgebren.*

1. *Gilt $x_y = \epsilon(y)x$, dann ist X sowohl eine Modulalgebra wie auch eine Komodulalgebra.*

2. *Gilt $_xy = \epsilon(x)y$, dann ist Y sowohl eine Modulalgebra wie auch eine Komodulalgebra.*

Beweis:
Hierfür sind die Bedingungen eines verträglichen Paares für die jeweilige Aktion relevant.

1. Zunächst gelte $a_x = \epsilon(x)a$. Dann ist

$$
\begin{aligned}
a\underline{xy} \;&=\; {}_{a_i}\underline{x}_j\, a^i{}_{\underline{x}j}\,\underline{y} \;=\; {}_{a_i}\,\underline{x}_j\,\epsilon(x^j)_{a^i}\underline{y} \;=\; {}_{a_i}\,\underline{x}_j\,\epsilon(x^j)_{a^i}\underline{y} \\
&=\; {}_{a_i}\underline{x}_{a^i}\underline{y}.
\end{aligned}
$$

Dies ist die Modulalgebraeigenschaft. Nun zur Komoduleigenschaft $\Delta({}_x y) = {}_{x_i}\underline{y}_j \otimes {}_{x^i}y^j$, bei der wir den Isomorphismus des Produkts zum Tensorprodukt $xy \mapsto x \otimes y$ beweisen:

$$
\begin{aligned}
{}_x\underline{\Delta(y)} \;&=\; {}_x\underline{(y_j \otimes y^j)} \;=\; {}_{x_i}\,\underline{y}_{jj'}\otimes {}_{x^i{}_{y^{j'}_j}}\,\underline{y}^j \\
&=\; {}_{x_i}\underline{y}_{jj'}\otimes \epsilon(y^{j'}_j)_{x^i}\underline{y}^j \\
&=\; {}_{x_i}\underline{y}_{jj'}\epsilon(y^{j'}_j)\otimes {}_{x^i}\underline{y}^j \\
&=\; {}_{x_i}\underline{y}_j \otimes {}_{x^i}\underline{y}^j \\
&=\; \Delta({}_x\underline{y}).
\end{aligned}
$$

2. Für den Fall ${}_x y = \epsilon(x)y$ gehen wir analog vor.

$\square$

Bemerkung 3.3.5. *Aus diesem Satz folgt unmittelbar, dass für die Rechtsaktion und die Linksaktion das Tensorprodukt und das doppelte Kreuzprodukt isomorph sind. Ebenso verdeutlicht er die Verbindung zu einem Kreuzprodukt, denn hier liegt nur eine triviale Aktion vor.*

3.4 Kreuzprodukt und Quantendoppel

Als Abschluss des algebraischen Teils stellen wir eine Konstruktion vor, die auf Drinfel'd zurückgeht. Allerdings wollen wir damit lediglich eine Hilfestellung zur Übertragung auf die analytische Dualitätstheorie erreichen und verfolgen damit keine algebraische Vertiefung.

Definition 3.4.1. *Es sei $(\mathcal{H}, m, \eta, \Delta, \epsilon, S)$ eine Hopf-Algebra. Wir definieren durch*

$$
{}_a\underline{x} = a_{(i)}\,x\,S(a_{a^{(i)}})
$$

für $a, x \in \mathcal{H}$ die **linksadjungierte Aktion** *(bzw. Darstellung) und durch*

$$
\underline{x}_a = S(a_{(i)})\,x\,a^{(i)}
$$

für $a, x \in \mathcal{H}$ die **rechtsadjungierte Aktion** *(bzw. Darstellung).*

Nun kann man zeigen, dass die linksadjungierte Aktion eine Linksmodulalgebra auf der Bialgebra $\mathcal{H}$ und die rechtsadjungierte Aktion eine Rechtsmodulalgebra auf der Bialgebra $\mathcal{H}$ festlegt. Bevor wir zu den koadjungierten Aktionen von $\mathcal{H}$ übergehen, betrachten wir die folgenden vorbereitenden Sätze. Wir wollen sie hier nicht beweisen, sondern nur im Theorem die Verträglichkeitsbedingungen 3.13 bis 3.17 zeigen, so dass die eingeführte Notation deutlich wird. Für ausführliche Beweise verweisen wir auf [Kassel], Abschnitt IX.3.

Lemma 3.4.2. *Seien H eine Hopf-Algebra mit invertierbarem Antipoden S und A eine Algebra, die eine Links- (bzw. Rechts-)Modulalgebra über H ist. Dazu statten wir den dualen Vektorraum A^* mit einer Links- (bzw. Rechts-)Modulstruktur aus, die durch*

$$\langle a, xf \rangle = \langle S^{-1}(x)a, f \rangle \ [bzw. \ \langle a, fx \rangle = \langle aS^{-1}(x), f \rangle]$$

für alle $a \in A, x \in H$ und $f \in A^*$ gegeben ist.

Verbinden wir die Eigenschaft adjungierter Darstellungen, eine Links- (bzw. Rechts-) Modulalgebra auf einer Bialgebra zu bilden, mit diesem Lemma, dann ergibt sich unmittelbar folgende Aussage:

Folgerung 3.4.3. *Sei $H = (H, m, \eta, \Delta, \epsilon, S, S^{-1})$ eine endlichdimensionale Hopf-Algebra mit invertierbarem Antipoden S. Dann existiert eine eindeutige Links- (bzw. Rechts-)H-Modul-Koalgebrastruktur auf dem Dual der entgegengesetzten Hopf-Algebra, d. h. auf $(H^{op})^* = (H^*, \Delta^*, \epsilon^*, (m^{op})^*, \eta^*, (S^{-1})^*, S^*)$ wird diese Struktur durch*

$$\langle a, {}_x\underline{f} \rangle = \langle S^{-1}(x^i)ax_i, f \rangle$$

$$[bzw. \ \langle a, \underline{f}_x \rangle = \langle x^i aS^{-1}(x_i), f \rangle]$$

für alle $a, x \in H$ und $f \in H^*$ gegeben.

Bemerkung 3.4.4. *Die Aktion ${}_x\underline{f}$ wird als **links-koadjungierte Darstellung** und die Aktion $\underline{f}_x$ als **rechts-koadjungierte Darstellung** bezeichnet.*

Außerdem benötigen wir die folgende Behauptung:

Lemma 3.4.5. *Sei $H = (H, m, \eta, \Delta, \epsilon, S, S^{-1})$ eine endlichdimensionale Hopf-Algebra mit invertierbarem Antipoden S. Dann existiert eine eindeutige Rechts-$(H^{op})^*$-Modul-Koalgebrastruktur auf H, die durch*

$$\underline{f}_a = f(S^{-1}(a_{ii'})a_i)a^i$$

für $a \in H$ und $f \in H^*$ gegeben ist.

Nun können wir den folgenden Satz zeigen:

Theorem 7. *Es sei $(H, m, \eta, \Delta, \epsilon, S, S^{-1})$ eine endlichdimensionale Hopf-Algebra mit invertierbarem Antipoden. Ferner sei $A = (H^{op})^* = (H^*, \Delta^*, \epsilon, (m^{op})^*, \eta, (S^{-1})^*, S^*)$ die entgegengesetzte Hopf-*-Algebra, die Linksaktion*

$$\alpha : \mathcal{H} \otimes \mathcal{A} \;\to\; A$$
$$\alpha(a \otimes f) = {}_a\underline{f} \;=\; f(S^{-1}(a^{(i)}?a_{(i)})$$

und die Rechtsaktion

$$\beta : \mathcal{H} \otimes \mathcal{A} \;\to\; H$$
$$\beta(a \otimes f) = \underline{f}_a \;=\; f(S^{-1}(a_{ii'})a_i)a^i,$$

wobei $a \in H$ und $f \in X$. Dann ist das Paar $(\mathcal{A}, \mathcal{H})$ ein verträgliches Paar. Dabei verwenden wir $?$ als „stumme" Variable.

Beweis:

Mit Folgerung 3.4.3. und Lemma 3.4.4. sehen wir, dass α und β jede Hopf-Algebra mit einer Modul-Koalgebrastruktur auf der jeweils anderen bilden. Daher müssen wir lediglich die Verträglichkeitsbedingungen nachweisen.

1. Zunächst zeigen wir Verträglichkeitsbedingung 3.13:

$$
\begin{aligned}
\langle x, {}_a\underline{fg}\rangle &= \langle x, {}_{a^i}\underline{f}^j {}_{a_i f_k}\underline{g}\rangle \\
&= {}_{a_i}\underline{f}_j(x_k)\,{}_{a^i{}_{fj}}\underline{g(x^k)} \\
&= f_j(S^{-1}(a_i^{i'})x_k a_{ii'})\,{}_{f^j(S^{-1}(a_{i''}^{ii'})a_{i'}^i)a^{ii'}}\underline{g(x^k)} \\
&= f_j(S^{-1}(a_{ii'})x_k a_i^{i'})f^j(S^{-1}(a_{i''}^{ii'})a_{i'}^i){}_{a^{ii'}}\underline{g(x^k)} \\
&= f_j(S^{-1}(a_{ii'})x_k a_i^{i'})f^j(S^{-1}(a_{i''}^{ii'})a_{i'}^i)g(S^{-1}(a^{ii'i''})x^k a_{i''}^{ii'}) \\
&= f(S^{-1}(a_{i''}^{ii'})a_{i'}^i S^{-1}(a_{ii'})x_k a_i^{i'})g(S^{-1}(a^{ii'i''})x^k a_{i''}^{ii'}) \\
&= \epsilon(a_{i''}^i)f(S^{-1}(a_{ii'})x_k a_i^{i'})g(S^{-1}(a^{ii'i''})x^k a_{i''}^{ii'}) \\
&= f(S^{-1}(a_{ii'})x_k a_i^{i'})g(S^{-1}(a^{ii'i''})x^k . a_{i''}^i)
\end{aligned}
$$

Beim vierten Gleichheitszeichen verwenden wir die Eigenschaft, dass wegen $f, g \in (H^{op})^*$ die Funktion f als Faktor aus der Linksaktion herausgelöst werden kann. Der Übergang zur siebenten Zeile verwendet die Zusammenfassung über i', also $S^{-1}(a_{i''}^{ii'})a_{i'}^i = \epsilon(a_{i''}^i)$.

2. Die Bedingung 3.14 sehen wir durch

$$
{}_a\epsilon = \epsilon(S^{-1}(a^i)?a_i) = \epsilon(\epsilon(a)1) = \epsilon(a)\epsilon
$$

für $\epsilon \in (H^{op})^*$.

3. Bedingung 3.15 weisen wir folgendermaßen nach:

$$
\begin{aligned}
\underline{ab}_f &= f(S^{-1}(\underline{ab}_k^{k'})\underline{ab}_k)\underline{ab}^k \\
&= f(S^{-1}(\underline{b}_j^{j'})S^{-1}(\underline{a}_i^{i'})\underline{a}_i\underline{b}_j)\underline{a}^i\underline{b}^j \\
\underline{a}_{b_j f_m}\underline{b}^j{}_{f^m} &= \underline{a}_{f_m(S^{-1}(b_j^{j'})?b_{jj'})}f^m(S^{-1}(b_{j''}^{jj'})b_{j'}^j)b^{jj'} \\
&= f_m(S^{-1}(b_j^{j'})S^{-1}(a_i^{i'})a_ib_{jj'})a^i\,f^m(S^{-1}(b_{j''}^{jj'})b_{j'}^i)b^{jj'} \\
&= f(S^{-1}(b_{j''}^{jj'})b_{j'}^j S^{-1}(b_j^{j'})S^{-1}(a_i^{i'})a_ib_{jj'})a^ib^{jj'} \\
&= \epsilon(b_{j'}^j)f(S^{-1}(b_j^{j'})S^{-1}(a_i^{i'})a_ib_{jj'})a^ib^{jj'} \\
&= f(S^{-1}(b_j^{j'})S^{-1}(a_i^{i'})a_ib_{jj'})a^i jb^j \\
&= f(S^{-1}(b_j^{j'})S^{-1}(a_i^{i'})a_ib_j)a^i jb^j.
\end{aligned}
$$

Beim vierten Gleichheitszeichen fassen wir über j' zusammen, also $S^{-1}(b_{j''}^{jj'})b_{j'}^j = \epsilon(b_{j''}^j)$. Wir dürfen aufgrund der Koassoziativitätsbedingungen $\epsilon(b_{j''}^j)$ als $\epsilon(b_{j'}^j)$ auffassen und anschließend beim Gleichheitszeichen wieder über j' zusammenfassen, also $\epsilon(b_{j'}^j)b^{jj'} = b^j$.

4. Wir weisen die Bedingung 3.16 durch

$$
\eta_f = f(S^{-1}(\eta)\eta)\eta = f(\eta)\eta = \epsilon(f)1
$$

nach.

5. Für die letzte Verträglichkeitsbedingung 3.17 zeigen wir zunächst deren linke Seite:

$$
\begin{aligned}
\underline{a}_{i f_k} \otimes_{a^i} \underline{f}^k &= f_k(S^{-1}(a_{ii'i''})a_{ii'})a_i^{i'} \otimes f^k(S^{-1}(a_{i'}^i)?a^{ii''}) \\
&= a_i^{i'} \otimes f(S^{-1}(a_{i'}^i)?a^{ii'}S^{-1}(a_{ii'i''})a_{ii'}) \\
&= \epsilon(a^i)a_i^{i'} \otimes f(S^{-1}(a_{i'}^i)?a_{ii'}) \\
&= a^{i'} \otimes f(S^{-1}(a_{i'}^i)?a_{ii'}).
\end{aligned}
$$

In der zweiten Zeile fassen wir über i' zusammen und erhalten $a^{ii'}S^{-1}(a_{ii'i''}) = \epsilon(a^i)$. Anschließend gehen wir über i, d. h. $\epsilon(a^i)a_i^{i'} = a^{i'}$.

Andererseits gilt

$$
\begin{aligned}
\underline{a}^i{}_{f^k} \otimes_{a_i} \underline{f}_k &= f^k(S^{-1}(a^{ii'i''})a^{ii'})a_{i'}^i \otimes f_k(S^{-1}(a_i^{i'})?a_{ii'}) \\
&= a_{i'}^i \otimes f(S^{-1}(a^{ii'i''})a^{ii'}S^{-1}(a_i^{i'})?a_{ii'}) \\
&= \epsilon(a^{ii'})a_{i'}^i \otimes f(S^{-1}(a_i^{i'})?a_{ii'}) \\
&= a^{i'} \otimes f(S^{-1}(a_i^{i'})?a_{ii'}).
\end{aligned}
$$

Hier ziehen wir $S^{-1}(a^{ii'i''})a^{ii'}$ zu $\epsilon(a^{ii'})$ und dann $\epsilon(a^{ii'})a_{i'}^i$ zu $a^{i'}$. Damit ist gezeigt, dass $(H, (H^{op})^*)$ ein verträgliches Paar von Hopf-Algebren ist.

$\square$

Dieses verträgliche Paar von Hopf-Algebren ist im Falle eines doppelten Kreuzproduktes eine Doppel-Hopf-Algebra. Sollte H^{op*} zudem quasi-triangulär sein, ist das doppelte Kreuzprodukt ein Quantendoppel. Zum Schluss dieses Abschnitts zeigen wir noch folgende

Proposition 3.4.6. *Sei H eine kokommutative endlichdimensionale Hopf-Algebra mit invertierbarem Antipoden. Dann ist die Doppel-Hopf-Algebra isomorph zum Kreuzprodukt von H mit H^{op*}, wobei H auf H^{op*} durch links-koadjungierter Darstellung aus Folgerung 3.4.3 operiert.*

Beweis:

Wir zeigen, dass H^{op*} auf H trivial operiert und die Multiplikation in der Doppel-Hopf-Algebra mit der Multiplikation des Kreuzprodukts übereinstimmt. Wegen der Kokommutativität von H ist die Verträglichkeitsbedingung

$$a_i \otimes {}_{a^i}\underline{x} = a^i \otimes {}_{a_i}\underline{x}$$

erfüllt. Mit der Notation aus Lemma 3.4.4 sehen wir die triviale Aktion von $(H^{op})^*$ auf H folgendermaßen:

$$
\begin{aligned}
\underline{f}_a &= f(S^{-1}(a_{ii'})a_i)a^i \\
&= f(S^{-1}(a_{ii'})a^i)a_i \\
&= f(1)\epsilon(a^i)a_i \\
&= \epsilon(f)a.
\end{aligned}
$$

Damit ist gezeigt, dass $(H^{op})^*$ trivial auf H wirkt. Wir sehen leicht, dass $(H^{op})^*$ Modulalgebra über H ist, weil ${}_a\underline{1} = \epsilon(a)1$ und ${}_a(fg) = ({}_{a_i}\underline{f})({}_{a^i}\underline{g})$ gilt. Wir zeigen noch, dass die Multiplikation im Doppel $D(H)$ mit der Multiplikation des Kreuzprodukts

$$(x \otimes a)(y \otimes b) = x\,{}_{a_i}\underline{y} \otimes a^i b$$

koinzidiert. Wir haben für $a \in H$ und $f \in H^*$

$$
\begin{aligned}
{}_a\underline{f} &= f(S^{-1}(a_{ii'})?a_i)a^i \\
&= f(S^{-1}(a_{ii'})?a^i)a_i &&\text{\small Kokommutativität und Definition der koadjungierten Darstellung in Folgerung 3.4.3.} \\
&= {}_{a^i}\underline{f}a_i \\
&= {}_{a_i}\underline{f}a^i. &&\text{\small Kokommutativität}
\end{aligned}
$$

Die letzte Zeile entspricht der o. g. Multiplikation des Kreuzprodukts. Damit koinzidiert die Koalgebrastruktur in den beiden Konstruktionen. $\qquad\square$

Kapitel 4

Analytische Dualitätstheorie

In diesem funktionalanalytischen Teil nehmen wir statt einer Hopf-Algebra A eine W^*-Algebra und ersetzen die linearen Abbildungen in $Hom(A)$ durch die beschränkten Operatoren in $\mathcal{L}(H)$ auf dem Hilbert-Raum H. Wir benötigen dafür nur die Topologisierung in einem C^*-Umfeld. Das Problem hier ist, dass das Tensorprodukt nicht eindeutig ist. Dies lösen wir, indem wir von einer endlich erzeugten dichten $*$-Unteralgebra als Hopf-$*$-Algebra ausgehen. Im Wesentlichen werden zwei Wege beschritten. Zum einen arbeiten wir mit der C^*-Algebra $C_0(G)$ der komplexwertigen stetigen Funktionen, die im Unendlichen verschwinden. Die $*$-Struktur ist durch $f^*(t) = \overline{f(t)}$ für $t \in G$ gegeben. Falls G nicht kompakt ist, ist die konstante Funktion 1 nicht vorhanden, aber kann approximiert werden. Um dies zu erreichen, erweitert man die C^*-Algebra zu einer Multiplier-Algebra durch punktweise wirkende Operatoren auf dem Hilbert-Raum $L^2(G)$. Dies entspricht ungefähr dem funktionenalgebraischen Zugang im ersten Abschnitt. Zum anderen wird auch mit der Gruppen-C^*-Algebra $C^*(G)$, definiert als C^*-Vervollständigung der komplexwertigen stetigen Funktionen auf G mit kompaktem Träger, gearbeitet. Hier ist die $*$-Struktur durch $f^*(t) = \Delta_G(t)^{-1}\overline{f(t^{-1})}$ gegeben, wobei Δ_G die dazugehörige modulare Funktion[1] 1 ist. Im Weiteren gehen wir von unimodularen lokalkompakten Gruppen aus, so dass die modulare Funktion 1 ist.

---

[1] Bei der Integration auf lokalkompakten Gruppen stößt man auf die Funktion $\Delta_G : G \to (0, \infty)$, die Auskunft über die Links- bzw. Rechtsinvarianz des Integrals gibt. Sie heißt **modulare Funktion** ist. Im Weiteren gehen wir von unimodularen lokalkompakten Gruppen aus, so dass die modulare Funktion. Ist das Integral gleichzeitig links- und rechtsinvariant, heißt die Gruppe **unimodular** und es ist $\Delta_G(t) \equiv 1$.

4.1 C^*- und W^*-Algebren

Wir beginnen mit der Definition der C^*- und W^*-Algebren und bauen die Grundlagen bis zu den Hopf-C^*-Algebren aus.

Definition 4.1.1. *Eine Banach-Algebra A ist eine Algebra über dem Körper $\mathbb{R}$ oder $\mathbb{C}$ (reelle bzw. komplexe Banach-Algebra), die ein Banach-Raum unter einer submultiplikativen Norm ist, d. h. $\|xy\| \leq \|x\|\|y\|$ für alle $x, y \in A$.*
Eine Involution auf einer Banach-Algebra A über $\mathbb{C}$ ist ein konjugiert-linearer isometrischer Antiautomorphismus $* : A \to A$ der Ordnung zwei, der üblicherweise mit

$$x \mapsto x^*$$

notiert wird. Diese Abbildung erfüllt folgende Bedingungen:

1. *$(x + y)^* = x^* + y^*$*

2. *$(xy)^* = y^* x^*$*

3. *$(\lambda x)^* = \bar{\lambda} x^*$*

4. *$(x^*)^* = x$*

5. *$\|x^*\| = \|x\|$*

für alle $x, y \in A$ und $\lambda \in \mathbb{R}, \mathbb{C}$.
Eine Banach--Algebra ist eine (komplexe) Banach-Algebra mit einer Involution.*
Eine C^*-Algebra ist eine Banach--Algebra A, die das C^*-Axiom*

$$\|xx^*\| = \|x\|^2$$

für alle $x \in A$ erfüllt.

Dies ist die Abstraktion der Eigenschaften adjungierter Operatoren in einem Hilbert-Raum H (s. [Kadison/Ringrose], Theorem 2.4.2, S. 101). Diese abstrakte algebraische Definition wird konkreter, wenn die Konsequenz des C^*-Axioms herausgehoben wird. Aus diesem folgt mit der GNS-Konstruktion (benannt nach Gelfand, Naimark und Segal), dass jede C^*-Algebra eine treue Darstellung als C^*-Algebra auf einem Hilbert-Raum H besitzt (Satz von Gelfand und Naimark, 1943, s. [Kadison/Ringrose], Theorem 4.5.6, S. 281, oder [Blackadar], Abschnitt II.6.4, S. 107ff). Somit kann eine C^*-Algebra als eine abgeschlossene *-Unteralgebra A der Menge der beschränkten linearen Operatoren $\mathcal{L}(H)$ auf H aufgefasst werden. Daher geben wir noch die in diesem Sinne konkretere Definition:

Definition 4.1.2. *Sei H ein Hilbert-Raum über $\mathbb{C}$ und $\mathcal{L}(H)$ die Menge der beschränkten Operatoren auf H. Eine abgeschlossene $*$-Unteralgebra A von $\mathcal{L}(H)$ heißt eine C^*-Algebra auf H.*

Beispiel 4.1.3.   *1. Jede selbstadjungierte Operatoralgebra, die das C^*-Axiom erfüllt, ist eine C^*-Algebra.*

   2. Die einzige kommutative C^*-Algebra ist die Funktionenalgebra $C_0(X)$ (Raum der komplexwertigen Funktionen auf einem lokalkompakten Hausdorff-Raum X, die im Unendlichen verschwinden).

In den bisherigen Kapiteln haben wir das algebraische Tensorprodukt verwendet, das wir als eine natürliche $*$-Unteralgebra in $\mathcal{L}(H \otimes K)$ einbetten ([Wegge-Olsen], Proposition T.4.3, S. 329). Diese Einbettung soll nun auf abstrakte (darstellende) C^*-Algebren verallgemeinert werden.

Haben wir zwei C^*-Algebren A und B, dann bedeutet eine algebraische Darstellung dieses algebraischen Tensorprodukts $A \otimes B$ eine lineare, multiplikative und $*$-erhaltende Abbildung von $A \otimes B \to \mathcal{L}(H)$ für einen bestimmten Hilbert-Raum H. Die Frage nach der Stetigkeit dieser algebraischen Darstellung ist nur sinnvoll, wenn wir auf dem algebraischen Tensorprodukt $A \otimes B$ eine Norm haben. Die kleinste C^*-Algebra, die darstellungsunabhängig daraus entsteht, ist das spatiale Tensorprodukt, das eine Vervollständigung des algebraischen Tensorprodukts bzgl. der spatialen C^*-Norm ist ([Wegge-Olsen], Proposition T.5.14, S. 338).

Damit kann man zeigen, dass die spatiale C^*-Norm die einzige C^*-Norm auf dem vervollständigten algebraischen Tensorprodukt $A \hat{\otimes} M_n(\mathbb{C})$ ist, für die gilt, dass $A \hat{\otimes} M_n(\mathbb{C}) \simeq M_n(A)$ ([Wegge-Olsen], Proposition T.5.20, S. 340). Weiterhin ist die Vervollständigung von $A \hat{\otimes} C_0(X)$ bzgl. der spatialen Norm isomorph zur C^*-Algebra $C_0(X, A)$ der vom lokalkompakten Hausdorff-Raum X in eine C^*-Algebra A stetigen Funktionen, die im Unendlichen verschwinden, d. h. $A \hat{\otimes} C_0(X) \simeq C_0(X, A)$ ([Wegge-Olsen], Proposition T.5.21, S. 341). Ab jetzt bedeutet $\hat{\otimes}$ stets das spatiale C^*-Tensorprodukt. Der Raum $\mathcal{L}(H)$ trägt neben der durch die Norm induzierten Topologie noch (wenigstens) zwei weitere Topologien:

1. die starke Operatortopologie (, d. h. punktweise Konvergenz von Operatoren,) und

2. die schwache Operatortopologie.

Der Vorteil dieser Topologien gegenüber der Normtopologie ist, dass Reihen orthogonaler Projektionen konvergieren, insbesondere in der schwachen Topologie sogar kompakt. John von Neumanns Bikommutantensatz besagt:

Theorem 8. *Für jede nichtausgeartete $*$-Algebra $A \subseteq \mathcal{L}(H)$ sind äquivalent:*

1. *A ist abgeschlossen bezüglich der schwachen Operatortopologie.*

2. *A ist abgeschlossen bezüglich der starken Operatortopologie.*

3. *A ist identisch mit ihrer Bikommutanten A''.*

Somit können wir definieren:

Definition 4.1.4. *Eine W^*-**Algebra** (bzw. **von Neumann-Algebra**) ist eine nichtausgeartete $*$-Algebra A mit der Eigenschaft, dass sie ihrer Bikommutanten A'' entspricht.*

Da jede von Neumann-Algebra eine C^*-Algebra ist, können wir folgendermaßen umformulieren:

Definition 4.1.5. *Eine C^*-Algebra, die auf einem Hilbert-Raum H wirkt und bzgl. der schwachen Operatortopologie abgeschlossen ist, nennt man W^*-**Algebra** (bzw. **von Neumann-Algebra**).*

Bemerkungen 4.1.6.   *1. Der Ausdruck C^*-Algebra steht zum ersten Mal bei Segal 1947 ([Segal]) für bestimmte C^*-Algebren, seine allgemeine Verwendung hat er erst nach Dixmiers Publikation 1964 ([Dixmier]) gefunden. Der Buchstabe C steht möglicherweise für closed (engl. für abgeschlossen) (s.[Doran]) oder soll andeuten, dass eine C^*-Algebra ein nicht-kommutatives Analogon von $C(\mathbb{T})$ ist, wobei der $*$ an die Relevanz der Involution erinnert (s. [Pedersen], 1.1.14., S. 5).*

2. *Ursprünglich wurden von Neumann-Algebren in den sehr wichtigen Arbeiten von Francis Joseph Murray und John von Neumann aus den Jahren 1936 bis 1943 als Rings of operators (engl. für Operatorenringe) (s. [Murray/v. Neumann 1], [Murray/v. Neumann 2], [Murray/v. Neumann 3]) bezeichnet.*

3. *Kaplansky und andere haben in den frühen 1950er Jahren begonnen, die zu C^*-Algebren isomorphen von Neumann-Algebren algebraisch zu charakterisieren. Eigentlich wurden nur diese von Neumann-Algebren W^*-**Algebren** genannt. Mittlerweile werden die Begriffe von Neumann-Algebren und W^*-Algebren synonym verwendet, dem schließen wir uns an. Der Buchstabe W bezieht sich auf die schwache Topologie (weak, engl. für schwach).*

4.2 Gruppen-C^*-Algebren und Kreuzprodukte von C^*-Algebren

Es liegt uns eine (unimodulare) lokalkompakte Gruppe G mit linksinvariantem Haar-Maß dt vor. Der Vektorraum

$$L^1(G) := \left\{ f : G \to \mathbb{C} : \int_G |f(t)|dt < \infty \right\},$$

versehen mit der Faltung

$$(f \star g)(s) = \int_G f(t)g(t^{-1})dt$$

für $f, g \in L^1(G)$, der Involution

$$f^*(t) = \overline{f(t^{-1})}$$

und der Norm

$$\|f\| = \int_G |f(t)|dt,$$

ist eine halbeinfache Banach-Algebra. Diese ist genau dann kommutativ, wenn G abelsch ist, und genau dann unital, wenn G diskret ist. Im Allgemeinen ist $L^1(G)$ keine C^*-Algebra, aber wir können sie dazu erweitern. Hierzu nehmen wir die linksreguläre Darstellung

$$(\lambda_t \phi)(s) = f(t^{-1}s)$$

mit $\phi \in L^2(G)$ und $s, t \in G$. Sie ist treu, d. h. eine injektive Abbildung, und unitär, also

$$\lambda : L^1(G) \quad \to \quad \mathcal{L}(L^2(G))$$
$$(\lambda_s \phi)(t) \quad = \quad \int_G f(t)\phi(t^{-1}s)dt.$$

Damit ist $\lambda(L^1(G))$ eine $*$-Unteralgebra von $\mathcal{L}(L^2(G))$. Der Abschluss von $\lambda(L^1(G))$ in der Norm von $\mathcal{L}(L^2(G))$ wird als **reduzierte Gruppen-C^*-Algebra** $C_r^*(G)$ bezeichnet.

Definition 4.2.1. *Die Vervollständigung von $L^1(G)$ bzgl. der Norm $\|f\| = \|\lambda(f)\|$ heißt reduzierte Gruppen-C^*-Algebra $C_r^*(G)$ von G.*

Somit können wir jeder lokalkompakten Gruppe eine C^*-Algebra zuordnen und die Eigenschaften von G durch Untersuchungen von $C_r^*(G)$ ermitteln. Führt man dies für alle Darstellungen von $L^1(G)$ durch, dann kann man die C^*-Gruppenalgebra definieren.

Definition 4.2.2. *Gegeben sei eine lokalkompakte Gruppe G. Dann ist die universelle einhüllende C^*-Algebra der Banach-$*$-Algebra $L^1(G)$ die (volle) **Gruppen-C^*-Algebra** $C^*(G)$ von G, d. h. für $f \in L^1(G)$ wird definiert*

$$\|f\|_{C^*(G)} := \{\sup \|\pi(f)\| : \pi \text{ ist Darstellung von } L^1(G)\},$$

so dass $C^*(G)$ die Vervollständigung von $(L^1(G), \|f\|_{C^*(G)})$ bezüglich dieser Norm ist.

Nun streben wir an, diese Objekte in C^*-dynamischen Systemen zu betrachten.

Definition 4.2.3.   *1. Gegeben sind eine C^*-Algebra A, eine lokalkompakte Gruppe G und ein Homomorphismus $\alpha : G \to Aut(A)$, der in der Topologie der punktweisen Konvergenz stetig ist. Dieses Tripel (A, G, α) bezeichnet man als C^*-**dynamisches System**.*

*2. Eine **kovariante Darstellung** eines C^*-dynamischen Systems (A, G, α) ist ein Paar von Darstellungen (π, U) von A und G auf demselben Hilbert-Raum, so dass die **Kovarianzrelation***

$$U_t \pi(a) U_t^* = \pi(\alpha_t(a))$$

für alle $a \in A$ und $t \in G$ gilt, wobei π nicht-entartet und U stark stetig ist.

Bemerkungen 4.2.4.   *1. Ein C^*-dynamisches System heißt auch **kovariantes System**.*

2. Überträgt man die Begriffe aus der Theorie der dynamischen Systeme auf C^*-dynamische Systeme, so wird ersichtlich, dass die C^*-Algebra die Bedeutung des Phasenraums und die Aktion die einer Trajektorie (=Orbit) hat.

*3. Eine stetige Abbildung in der Topologie der punktweisen Konvergenz (entspricht der starken Operatortopologie) wird auch **stark stetig** genannt.*

Beispiel 4.2.5.   *1. Die kovarianten Darstellungen des (entarteten) dynamischen Systems $(A, \{e\}, id)$ sind genau die Darstellungen von A.*

2. Die kovarianten Darstellungen des (entarteten) dynamischen Systems $(\mathbb{C}, G, id)$ sind die unitären Darstellungen von G. Zu jeder lokalkompakten Gruppe G gibt es das dynamische System $(\mathbb{C}, G, id)$, da die Identität der einzige Algebraautomorphismus von $\mathbb{C}$ ist.

3. Wirkt G auf sich selbst durch Linkstranslation lt, ist $(C_0(G), G, lt)$ das dazugehörige dynamische System, ist $M : C_0(G) \to \mathcal{L}(L^2(G))$ durch punktweise Multiplikation

$$M(f)h(s) = f(s)h(s)$$

gegeben und ist $\lambda : G \to U(L^2(G))$ die linksreguläre Darstellung, dann ist (M, λ) eine kovariante Darstellung des dynamischen Systems $(C_0(G), G, lt)$.

Um nun das volle Kreuzprodukt zu definieren, benötigen wir eine Faltung und eine Involution auf der Menge der stetigen Abbildungen $f : G \to A$ mit kompaktem Träger $C_c(G, A)$. Wir definieren eine Faltung auf $C_c(G, A)$ durch

$$[f \star g](t) = \int_G f(s)\alpha_s(g(s^{-1}t))ds$$

und eine Involution durch

$$f^*(t) = \alpha_t(f(t^{-1})^*).$$

Mit der Norm $\|f\|_1 = \int_G \|f(t)\|dt$ wird $C_c(G, A)$ eine normierte $*$-Algebra, in der die Faltung die Algebramultiplikation ist. Mit $L^1(G, A)$ wird die Vervollständigung dieser $*$-Algebra bezeichnet. Die Elemente können mit integrierbaren Funktionen von G nach A identifiziert werden, für $f \in L^1(G)$ und $x \in A$ können wir also $t \mapsto f(t)x$ mit dem Element $f \otimes x \in L^1(G, A)$ identifizieren, d. h. $(x \otimes f)(t) = xf(t)$. Falls nun (π, U) eine kovariante Darstellung des dynamischen Systems (A, G, α) auf dem Hilbert-Raum $\mathcal{H}$ ist, dann gibt es eine nicht-entartete Darstellung

$$\begin{aligned}
\pi \rtimes U : L^1(G, A) &\to \mathcal{L}(\mathcal{H}) \\
(\pi \rtimes U_s)(f) &= \int_G \pi(f(t))U_s dt
\end{aligned}$$

([Pedersen], Proposition 7.6.4., S. 255).

Definition 4.2.6. *Die Vervollständigung von $L^1(G, A)$ bzgl. der Norm ist das (volle)* **Kreuzprodukt** *von (A, G, α), das wir mit $A \rtimes_\alpha G$ bezeichnen.*

Mit der Definition einer linksregulären Darstellung auf Kreuzprodukten gelingt eine Konstruktion, mit deren Hilfe mit Kreuzprodukten umgegangen werden kann. Denn die Schwierigkeit besteht darin, sämtliche kovariante Darstellungen herauszufinden. Hier nutzen wir dasselbe Vorgehen wie bei den reduzierten C^*-Gruppenalgebren. Wir definieren eine kovariante Darstellung (π, λ), indem wir eine Darstellung $\pi_\alpha : A \to L^2(G, \mathcal{H})$ und $\lambda : G \to L^2(G, \mathcal{H})$ durch

$$\begin{aligned}
([\pi_\alpha(x)]\phi)(t) &= \alpha_t(x)(\phi(t)) \\
(\lambda(t)\phi)(s) &= \phi(t^{-1}s)
\end{aligned}$$

definieren. Dann ist (π_α, λ) eine kovariante Darstellung von (A, G, α) ([Pedersen], Theorem 7.6.6., S. 257) und die Darstellung

$$\pi_\alpha \rtimes \lambda : L^1(G, A) \to \mathcal{L}(\mathcal{H})$$

ist treu ([Pedersen], Theorem 7.7.5., S. 262). Wir definieren nun für $f \in L^1(G, A)$

$$\|f\|_r = \|[\pi_\alpha \rtimes \lambda](f)\| \leq \|f\|.$$

Definition 4.2.7. *Das **reduzierte Kreuzprodukt** von (A, G, α) ist die Vervollständigung von $L^1(G, A)$ bezüglich der Norm $\| \cdot \|_r$, es wird mit $C_r^*(A, G, \alpha)$ oder $A \boxtimes_{\alpha, r} G$ bezeichnet.*

Beispiel 4.2.8. *Ist $A = \mathbb{C}$, dann ist das reduzierte Kreuzprodukt $\mathbb{C} \boxtimes_{id, r} G$ gerade die reduzierte C^*-Gruppenalgebra $C_r^*(G)$.*

Analoges gilt für die rechtsregulären Darstellungen. Im Weiteren betrachten wir stets reduzierte Kreuzprodukte, die wir von nun an nur mit $C^*(A, G, \alpha)$ bezeichnen.

4.3 Multiplier-Algebren und Hopf-C^*-Algebren

Das nachfolgende Definiendum ist das algebraische Analogon zur maximalen Kompaktifizierung des Spektrums einer C^*-Algebra A, so wie die Einbettung einer C^*-Algebra in eine unitale C^*-Algebra das (nicht-kommutative) algebraische Analogon zur Kompaktifizierung ist ([Pedersen], Abschnitt 3.12.6, S. 80; [Akemann/Pedersen/Tomiyama], S. 278). Die Fragestellung bei einer Multiplier-Algebra ist, wie eine C^*-Algebra A als (zweiseitiges) Ideal in eine unitale C^*-Algebra eingebettet werden kann.

Definition 4.3.1. *Es sei A eine volle C^*-Algebra von $\mathcal{L}(H)$. Die **Multiplier-Algebra***

$$\mathcal{M}(A) := \{x \in \mathcal{L}(H) : xA + Ax \subset A\}$$

ist eine unitale C^*-Algebra, die A als ein C^*-Ideal enthält.

Eine Verbindung zwischen den Kreuzprodukten und der Multiplier-Algebra gibt folgender Satz ([Pedersen], Theorem 7.6.6, S. 257):

Theorem 9. *Für jedes C^*-dynamische System (A, G, α) gibt es eine kovariante Darstellung (π, U), so dass*

$$A \boxtimes_\alpha G \subset C^*((\pi \rtimes U)(A \boxtimes_\alpha G)) \subset M(A \boxtimes_\alpha G)$$

gilt.

Definition 4.3.2. *Es sei $M(A \hat{\otimes} B)$ die Multiplier-Algebra der C^*-Algebra $A \hat{\otimes} B \subset \mathcal{L}(H \times K)$ mit spatialem Tensorprodukt. Folgende C^*-Unteralgebren werden **eingeschränkte Multiplier-Algebren** genannt:*

$$A \overset{\leftarrow}{\otimes} B \; := \; \{x \in M(A \hat{\otimes} B) : x(id_H \hat{\otimes} B) + (id_H \hat{\otimes} B)x \subset A \hat{\otimes} B\},$$
$$A \overset{\rightarrow}{\otimes} B \; := \; \{x \in M(A \hat{\otimes} B) : x(A \hat{\otimes} id_K) + (A \hat{\otimes} id_K)x \subset A \hat{\otimes} B\},$$

wobei id_H und id_K die Identitätsoperatoren auf H und K sind.

Beispiel 4.3.3. *Für einen lokalkompakten Raum S und eine C^*-Algebra A sei*

$$C_0(S, A) := \{F : S \to A : F \text{ normstetig}, \|F\| \text{ verschwindet in } \infty\}$$

mit punktweiser Multiplikation. Die Multiplier-Algebra $M(C_0(S, A))$ ist

$$C_b(S, A) := \{F : S \to M(A) : F \text{ strikt stetig}, \|F\| \text{ beschränkt}\}.$$

Gleich am Anfang weisen wir darauf hin, dass eine Hopf-C^*-Algebra keine Hopf-Algebra im allgemeinen Sinne ist, denn die Komultiplikation nimmt Werte in einer C^*-Unteralgebra $A\overset{\leftarrow}{\otimes}A$ der Multiplier-Algebra $M(A\hat{\otimes}A)$ an (anstatt solche in $A\hat{\otimes}A$). Ferner ist in einer Bialgebra noch ein Koeinselement und in einer Hopf-Algebra ein Antipode erforderlich. Hierfür ist mehr Struktur erforderlich (Haagerup-Norm) ([Vaes/Van Daele], S. 349.) Zunächst legen wir die erforderliche Topologie fest.

Definition 4.3.4. *Es sei A eine C^*-Algebra, die nicht-entartet in $\mathcal{L}(H)$ dargestellt ist. Die **strikte Topologie** auf $\mathcal{L}(H)$ ist die schwächste Topologie, die die Abbildungen $x \mapsto xa$ und $x \mapsto ax$ für alle $x \in \mathcal{L}(H)$ und $a \in A$ stetig bzgl. ihrer Norm lässt. Das bedeutet, dass die lokalkonvexe Topologie durch die Halbnormen $x \mapsto \|xa\|$ bzw. $x \mapsto \|ax\|$ erzeugt wird.*

Die strikte Topologie auf der Multiplier-Algebra $\mathcal{M}(A)$ wird durch eine Familie von Halbnormen

$$x \mapsto \|xa\| + \|bx\|$$

für beliebige $a, b \in A$ erzeugt.

Definition 4.3.5. *Eine **Hopf-C^*-Algebra** ist eine C^*-Algebra (B, Δ_B) mit einem injektiven strikten Homomorphismus*

$$\Delta : B \to B\overset{\leftarrow}{\otimes}B,$$

für den das folgende Diagramm kommutativ ist:

$$
\begin{array}{ccc}
B & \overset{\Delta}{\longrightarrow} & B\overset{\leftarrow}{\otimes}B \\
\Big\downarrow{\scriptstyle\Delta} & & \Big\downarrow{\scriptstyle\Delta\hat{\otimes}id_B} \\
B\overset{\leftarrow}{\otimes}B & \overset{id_B\hat{\otimes}\Delta}{\longrightarrow} & M(B\hat{\otimes}B\hat{\otimes}B),
\end{array}
$$

*wobei id_B die Identitätsabbildung von B ist und $\Delta\hat{\otimes}id_B$ bzw. $id_B\hat{\otimes}\Delta$ die strikte Erweiterung des Homomorphismus bedeutet. Diesen injektiven strikten Homomorphismus bezeichnet man als **Komultiplikation**. Ein nicht verschwindender C^*-Homomorphismus*

$\epsilon : B \to \mathbb{C}$ heißt **Koeins** von (B, Δ_B), falls das Diagramm

$$
\begin{array}{ccc}
B & \xrightarrow{\ \Delta\ } & B \\
\Delta \downarrow & \searrow^{id_B} & \downarrow \epsilon\hat\otimes id_B \\
B \overset{\leftarrow}{\otimes} B & \xrightarrow{id_B\hat\otimes\epsilon} & M(B)
\end{array}
$$

kommutiert. Ein involutiver C^*-Antiautomorphismus (=Antipode) $\imath : B \to B$ heißt **Ko-involution** von (B, Δ_B), falls das Diagramm

$$
\begin{array}{ccc}
B & \xrightarrow{\ \Delta\ } & B \overset{\leftarrow}{\otimes} B \\
\imath\circ\Delta \downarrow & & \downarrow \overline{\imath\hat\otimes\imath} \\
B \overset{\leftarrow}{\otimes} B & \xrightarrow{\ \overline{\tau}\ } & M(B\hat\otimes B)
\end{array}
$$

kommutiert.

Beispiel 4.3.6. *1. Die C^*-Algebra $C_0(G)$ der stetigen komplexwertigen Funktionen auf einer lokalkompakten Gruppe G, die im Unendlichen verschwinden, ist eine Hopf-C^*-Algebra mit der Komultiplikation $\Delta(f)(s,t) = f(st)$ für $f \in C_0(G)$ und $s,t \in G$ ([Vallin], Proposition 3.3, S. 145). Für die Koeins ϵ betrachten wir ein linkes Haar-Maß und die Funktionen $g_1, g_2, h \in C_c(G)$ auf dem Raum der stetigen Funktionen mit kompaktem Träger mit*

$$
h(s) = \int_G g_1(st)g_2(t)dt.
$$

Dann ist $\epsilon(h) = h(1_G)$ und $\imath(h)(s) = h(s^{-1})$.

2. Die spatiale (reduzierte) Gruppen-C^*-Algebra $C^*(G)$ (für eine lokalkompakte Gruppe G) ist eine kokommutative Hopf-C^*-Algebra mit Komultiplikation $\Delta(\lambda_u) := \lambda(\Delta(u))$ (Linksfaltung auf $G \times G$) für alle $u \in L^1(G)$, dabei ist $\Delta(\lambda_u)$ das Bildmaß von $u(s)ds$. Die Koeins existiert nur dann, wenn G eine mittelbare Gruppe ist (engl. amenable group) [Upmeier 4], Proposition 4.8.39, S. 306).

3. Die Algebrastruktur ist $L^1(G)$, die zu ihr duale Koalgebrastrukur ist $L^\infty(G)$.

4. Zur Maßalgebra $M(G)$ ist die Koalgebrastruktur $C_0(G)$.

5. Zur Gruppenalgebrastruktur $C^*(G)$ für eine kompakte Gruppe G ist die Koalgebrastruktur die Fourier-Stieltjes-Algebra $A(G)$.

4.4 Kac-Takesaki-Operatoren auf $L^2(G) \otimes L^2(G)$

In den nächsten Abschnitten benötigen wir Aussagen zur Integration über Komultiplikationen regulärer Darstellungen. Wir geben diese für die rechtsreguläre Darstellung explizit an. Eine analoge Überlegung führt zur Integration der Komultiplikation linksregulärer Darstellungen. Wir setzen hier unimodulare halbeinfache Lie-Gruppen voraus, so dass der Modul jeweils 1 ist.

Auf der W^*-Algebra $W^*(G)$ ist auf dem W^*-abgeschlossenem Tensorprodukt $\overline{\otimes}$ die Komultiplikation formal durch

$$\Delta : W^*(G) \;\to\; W^*(G)\overline{\otimes}W^*(G)$$
$$\Delta(\rho_g) \;=\; \rho_g\overline{\otimes}\rho_g$$

definiert. Wir schränken dieses Tensorprodukt auf $C^*(G)\overrightarrow{\otimes}C^*(G)$ der reduzierten $C^*(G)$-Algebra ein

$$\Delta_{C^*} : C^*(G) \;\to\; C^*(G)\overrightarrow{\otimes}C^*(G) \subset M(C^*(G \times G))$$
$$\Delta_{C^*}(\rho_u) \;=\; \rho^{G\times G}_{\Delta_G u},$$

wobei $u \in L^1(G)$, $\Delta_G : G \to G \times G$ die Diagonalabbildung und $\Delta_G(u)$ das Bildmaß von $u(g)dg$ ist.

Lemma 4.4.1. *Für die Komultiplikation als Produktmaß des Dirac-Maßes ρ^G_g mit Träger $\{g\}$ auf der reduzierten C^*-Algebra $C^*(G)$ gilt*

$$\rho^{G\times G}_{\Delta u} = \int\limits_G u(g)(\rho^G_g dg \otimes \rho^G_g)dg,$$

falls $s = t = g$ für $s,t,g \in G$, wobei $u \in L^1(G)$.

Beweis:

Es ist $\Delta_G(\rho_g) = \rho_g \otimes \rho_g$ und $\rho^G_u = \int_G u(g)\rho^G_g dg$. Damit ist

$$\Delta_G(\rho_u) = \int\limits_G u(g)\Delta_G(\rho_g)dg = \int\limits_G u(g)(\rho^G_g \otimes \rho^G_g)dg.$$

Daraus folgt:

$$\rho^{G\times G}_{\Delta u}(s,t) \;=\; \int\limits_G \int\limits_G \Delta(u)(s,t)\rho^{G\times G}_{s,t}dsdt$$

$$=\; \int\limits_G \int\limits_G \Delta(u)(s,t)\rho^G_s \otimes \rho^G_t dsdt$$

$$=\; \int\limits_G u(g)(\rho^G_g \otimes \rho^G_g)dg$$

für $s = t = g$. $\qquad\square$

Außerdem verwenden wir gewisse unitäre Operatoren auf Tensorprodukten – genauer $G \times G$, die sogenannten Kac-Takesaki-Operatoren, die für die Dualitätsbetrachtungen wesentlich sind und die folgendermaßen konstruiert werden: Auf einer lokalkompakten Gruppe G identifizieren wir $L^2(G) \otimes L^2(G)$ mit $L^2(G \times G)$. Darauf definieren wir die sogenannten **Kac-Takesaki-Operatoren**[2] (auch: Fundamentaloperatoren). Wir benötigen später folgende Kac-Takesaki-Operatoren:

$$
\begin{array}{rclrcl}
V^\square(\phi \otimes \psi) &=& \phi(s)\psi(s^{-1}t) & V_\square(\phi \otimes \psi) &=& \phi(s)\psi(ts^{-1}) \\
V^\diamond(\phi \otimes \psi) &=& \phi(st^{-1})\psi(t) & V_\diamond(\phi \otimes \psi) &=& \phi(t^{-1}s)\psi(t) \\
W^\square(\phi \otimes \psi) &=& \phi(ts)\psi(t) & W_\square(\phi \otimes \psi) &=& \phi(st)\psi(t) \\
W^\diamond(\phi \otimes \psi) &=& \phi(s)\psi(t^{-1}s) & W_\diamond(\phi \otimes \psi) &=& \phi(s)\psi(st^{-1}).
\end{array}
$$

Unterteilen wir die Kac-Takesaki-Operatoren in Links-Kac-Takesaki-Operatoren, das sind die mit Operation im ersten Faktor wie $W(\phi \otimes \psi)(s,t) = \phi(s \odot t)\psi(t)$, und Rechts-Kac-Takesaki-Operatoren, bei denen die Operation im zweiten Faktor ist, wie $W(\phi \otimes \psi)(s,t) = \phi(s)\psi(s \odot t)$ (dabei drückt $s \odot t$ die jeweilige Gruppenoperation aus), dann haben sie die Eigenschaft, dass sie zu bestimmten Bimultiplikationsoperatoren in folgender Verbindung stehen:

$$
\begin{array}{rclrcl}
Ad(V^\square)(1_G \otimes f) &=& f_\square(s,t) := f(st) & Ad(V^\diamond)(f \otimes 1_G) &=& f^\blacklozenge(s,t) := f(st^{-1}) \\
Ad(V_\square)(1_G \otimes f) &=& f^\square(s,t) := f(ts) & Ad(V_\diamond)(f \otimes 1_G) &=& f_\blacklozenge(s,t) := f(t^{-1}s) \\
Ad(W^\square)(f \otimes 1_G) &=& f^\square(s,t) := f(ts) & Ad(W^\diamond)(1_G \otimes f) &=& f_\blacklozenge(s,t) := f(t^{-1}s) \\
Ad(W_\square)(f \otimes 1_G) &=& f_\square(s,t) := f(st) & Ad(W_\diamond)(1_G \otimes f) &=& f^\blacklozenge(s,t) := f(st^{-1}).
\end{array}
$$

Weiterhin gilt für diese Operatoren, dass

$$
V^{op} = \tau V^* \tau,
$$

wobei τ die Vertauschungsabbildung auf $L^2(G) \otimes L^2(G)$ ist. Zunächst gilt:

$$
\begin{array}{rclrcl}
V^{\square *}(\phi \otimes \psi)(s,t) &=& \phi(s)\psi(st) & W^{\square *}(\phi \otimes \psi)(s,t) &=& \phi(t^{-1}s)\psi(t) \\
V_\square^*(\phi \otimes \psi)(s,t) &=& \phi(s)\psi(ts) & W_\square^*(\phi \otimes \psi)(s,t) &=& \phi(st^{-1})\psi(t) \\
V^{\diamond *}(\phi \otimes \psi)(s,t) &=& \phi(st)\psi(t) & W^{\diamond *}(\phi \otimes \psi)(s,t) &=& \phi(s)\psi(st^{-1}) = W_\diamond \\
V_\diamond^*(\phi \otimes \psi)(s,t) &=& \phi(ts)\psi(t) & W_\diamond^*(\phi \otimes \psi)(s,t) &=& \phi(s)\psi(t^{-1}s) = W^\diamond.
\end{array}
$$

---

[2]Benannt von N. Tatsuuma nach Georgiy Isaakovitch Kac und Masamichi Takesaki, die unabhängig voneinander die Relevanz des Operators für die Dualität erkannt haben. In einer Arbeit von W. Forrest Stinespring ([Stinespring]), die von Kac ins Russische übersetzt wurde, wurde der Operator bereits verwendet. In seiner Arbeit ([Kac 1], [Kac 2]) verallgemeinerte Kac die Dualität. Nach ihm wurden auch die Kac-Algebren benannt (auf Vorschlag von Enock und Schwartz), die nicht mit den Kac-Moody-Algebren verwechselt werden dürfen (benannt nach Victor G. Kac und Robert Vaughan Moody).

Damit erhält man

$$V^{\square\, op}(\phi \otimes \psi)(s,t) \;=\; \phi(ts)\psi(t) \qquad W^{\square\, op}(\phi \otimes \psi)(s,t) \;=\; \phi(s)\psi(s^{-1}t)$$
$$V_\square^{op}(\phi \otimes \psi)(s,t) \;=\; \phi(st)\psi(t) \qquad W_\square^{op}(\phi \otimes \psi)(s,t) \;=\; \phi(s)\psi(ts^{-1})$$
$$V^{\diamond\, op}(\phi \otimes \psi)(s,t) \;=\; \phi(s)\psi(ts) \qquad W^{\diamond\, op}(\phi \otimes \psi)(s,t) \;=\; \phi(ts^{-1})\psi(t)$$
$$V_\diamond^{op}(\phi \otimes \psi)(s,t) \;=\; \phi(s)\psi(st) \qquad W_\diamond^{op}(\phi \otimes \psi)(s,t) \;=\; \phi(s^{-1}t)\psi(t).$$

Bemerkung 4.4.2. *Die Kac-Takesaki-Operatoren sind sogar multiplikative unitäre Elemente, das sind unitäre Elemente in $L(H \otimes H)$, für die die Pentagonalgleichung*

$$V_{[12]}V_{[13]}V_{[23]} = V_{[23]}V_{[12]}$$

gilt, wobei H ein Hilbert-Raum ist und die Indizes $[ij]$ angeben, auf welchem Faktor von $L(H \otimes H \otimes H)$ sie wirken ([Baaj/Skandalis], Beispiel 1.2.2, S. 430, und [Timmermann], Beispiel 7.2.13, S. 166ff).

4.5 Aktionen und Koaktionen auf C^*-Algebren

Im dritten Kapitel wurden Aktion und Koaktion algebraisch als Modul der Algebra (Definition 3.2.4.) bzw. Komodul der Koalgebra (Definition 3.2.5) festgelegt. Im vorliegenden Kontext benötigen wir aber ihre jeweilige Abbildung in $\mathcal{L}(H)$. Daher formulieren wir Aktion bzw. Koaktion nun so um, dass wir die korrespondierende Abbildung in $\mathcal{L}(H)$ betrachten. Im Speziellen sind es Abbildungen aus $C_0(G)$ bzw. $C^*(G)$. Zudem unterscheiden wir zwischen Rechts- und Linksaktion.

Zudem werden in den folgenden Abschnitten Aktionen und Koaktionen, Multiplikation (Produkt) und Komultiplikation (Koprodukt) systematisch behandelt, wobei großer Wert auf eine kohärente Darstellung gelegt wird. Dies gilt besonders für die Operatoren im Kreuz- bzw. Kokreuzprodukt, deren Notation in der Literatur nicht sehr deutlich ist. Aus diesem Grund führen wir zwei Symbole ein: $\square$-förmige für Aktionen und $\diamond$-förmige für Koaktionen, die dann auch für die entsprechenden Tensorprodukte und C^*-Gruppenalgebren systematisch verwendet werden, um eine höhere Transparenz zu erreichen.

Definition 4.5.1. *Es sei (B, Δ_B) eine Hopf-C^*-Algebra und A eine C^*-Algebra. Ein injektiver strikter C^*-Homomorphismus*

$$\alpha : A \to A \overset{\leftarrow}{\otimes} B \subset M(A \hat{\otimes} B)$$

*ist eine **Aktion** von (B, Δ_B) auf A, falls das Diagramm*

$$
\begin{array}{ccc}
A & \xrightarrow{\ \alpha\ } & A \overset{\leftarrow}{\otimes} B \\[2pt]
\downarrow{\scriptstyle \alpha} & & \downarrow{\scriptstyle \alpha \hat{\otimes} id_B} \\[2pt]
A \overset{\leftarrow}{\otimes} B & \xrightarrow{\ id_A \hat{\otimes} \Delta_B\ } & M(A \hat{\otimes} B \hat{\otimes} B)
\end{array}
$$

kommutiert, wobei id_A und id_B die jeweiligen Identitätsabbildungen sind.

Betrachten wir als Beispiel das C^*-dynamische System $(A, C_r^*(G), d)$, dann ist das reduzierte Kreuzprodukt

$$A \boxtimes C_r^*(G) = C^*((da)(id_H \otimes \rho_u) : a \in A, u \in L^1(G)).$$

Beispiel 4.5.2. *Es sei G eine lokalkompakte Gruppe mit kokommutativer Hopf-Algebra $(C_0(G), \Delta_G)$ und A eine C^*-Algebra. Die Abbildung*

$$\alpha : A \to A \overset{\leftarrow}{\otimes} C_0(G) \subset M(A \hat{\otimes} C_0(G)),$$

definiert durch

$$\alpha_s(a) := \alpha(a)(s)$$

für $a \in A$ und $s \in G$ eine Aktion von $(C_0(G), \Delta_G)$ auf A. Ist $A \subset \mathcal{L}(H)$ eine volle C^*-Algebra für einen Hilbert-Raum H, dann ist das dazugehörige Kreuzprodukt definiert durch

$$A \boxtimes_\alpha C^*(G) = C^*(\alpha(a) \cdot (id_H \otimes \rho_u) | a \in A, \ u \in L^1(G)),$$

wobei ρ ein Rechtsfaltungsoperator auf $L^2(G)$ ist([Upmeier 4], Proposition 4.9.3, S. 311).

Dieses Beispiel betrachten wir genauer, indem wir in Rechts- und Linksaktion differenzieren. Zunächst betrachten wir die **Rechtsaktion**

$$a_\square : A \ \to \ A \overset{\rightarrow}{\otimes} C_0(G)$$
$$a \ \mapsto \ a_i \otimes f_i$$

mit $a \in A$ und dem Multiplikationsoperator f_i. Die Aktion $a_\square$ entspricht der Schreibweise

$$a_\square(t) = \alpha_t(a) = (a_i \otimes f_i)(t) = a_i f_i(t) = t \ltimes a,$$

also dem (stark stetigen) Gruppenhomomorphismus α von G in die $(*-)$Automorphismengruppe $Aut(A)$ (ausgestattet mit der Topologie der punktweisen Konvergenz). Es ist zu zeigen, dass folgendes Diagramm kommutiert:

$$
\begin{array}{ccc}
A & \xrightarrow{\ ()_\square\ } & A \overset{\rightarrow}{\otimes} C_0(G) \\
\Big\downarrow{}_{()_\square} & & \Big\downarrow{}_{()_\square \otimes 1_G} \\
A \overset{\rightarrow}{\otimes} C_0(G) & \xrightarrow{\ id_H \otimes ()_\square\ } & A \overset{\rightarrow}{\otimes} C_0(G) \overset{\rightarrow}{\otimes} C_0(G)
\end{array} \quad ,
$$

hierbei ist id_H die Identitätsabbildung des Hilbert-Raums H und 1_G die Identitätsabbildung der Gruppe G.

Zunächst halten wir fest, dass für die Auswertung in $t \in G$ im Ausdruck $(a_\square)_{\square \otimes 1_G} \in A \vec{\otimes} C_0(G) \vec{\otimes} C_0(G)$

$$(a_\square)_{\square \otimes 1_G}(t) = (a_{i\square} \otimes f_i)(t) = a_{i\square} \cdot f_i(t)$$

gilt, wobei wir beachten müssen, dass $a_{i\square} \in A \vec{\otimes} C_0(G)$ und $f_i(t) \in \mathbb{C}$. Nun drücken wir dies aufgrund der Homomorphieeigenschaft des $\square$ für den skalaren Operator $f_i(t)$ folgendermaßen aus:

$$a_{i\square} \cdot f_i(t) = [a_i \cdot f_i(t)]_\square .$$

Den letzten Ausdruck können wir als Aktion interpretieren, nämlich

$$[a_i \cdot f_i(t)]_\square = [t \ltimes a]_\square ,$$

denn es ist $t \ltimes a \in A$. Diese Notation bedeutet, dass das ausgewertete Element (hier: t) in der dritten Komponente des Ausdrucks $A \vec{\otimes} C_0(G) \vec{\otimes} C_0(G)$ liegt. Nun zeigen wir, dass

$$(a_\square)_{\square \otimes 1_G} = (a_\square)_{id_H \otimes ()_\square}$$

gilt. Zunächst betrachten wir die linke Seite:

$$\begin{aligned}
(a_\square)_{\square \otimes 1_G}(t)(s) &= [t \ltimes a]_\square (s) \\
&= s \ltimes [t \ltimes a] = (st) \ltimes a \\
&= a_\square(st).
\end{aligned}$$

Im nächsten Schritt müssen wir beachten, dass zunächst die dritte Komponente t und anschließend s ausgewertet wird. Dann wird ausgenutzt, dass $f_\square$ ein Bimultiplikationsoperator auf $C_0(G) \vec{\otimes} C_0(G)$ ist, bei dem die Reihenfolge der Komponenten eingehalten wird, also $f_\square(s,t) = f(st)$ gilt. Somit erhalten wir für die rechte Seite

$$\begin{aligned}
(a_\square)_{id_H \otimes ()_\square}(t)(s) &= (a_i \otimes f_{i\square})(t)(s) \\
&= (a \otimes f_{i\square})(s,t) \\
&= a_i \cdot f_{i\square}(s,t) \\
&= a_i \cdot f_i(st) \\
&= (st) \ltimes a \\
&= a_\square(st).
\end{aligned}$$

Nun betrachten wir die **Linksaktion**

$$\begin{aligned}
a^\square : A &\to A \overleftarrow{\otimes} C_0(G) \\
a &\mapsto a_i \otimes f_i
\end{aligned}$$

mit $a \in A$ und dem Multiplikationsoperator f_i. Die Aktion $a^\square$ entspricht der Schreibweise

$$a^\square(t) = \alpha_{t^{-1}}(a) = (a_i \otimes f_i)(t) = a_i f_i(t) = t^{-1} \ltimes a,$$

also dem (stark stetigen) Gruppenhomomorphismus α von G in die ($*$-)Automorphismen-gruppe $Aut(A)$ (ausgestattet mit der Topologie der punktweisen Konvergenz). Es ist zu zeigen, dass folgendes Diagramm kommutiert:

$$
\begin{array}{ccc}
A & \xrightarrow{\;()^\square\;} & A \overleftarrow{\otimes} C_0(G) \\
\downarrow{\scriptstyle ()^\square} & & \downarrow{\scriptstyle ()^\square \otimes 1_G} \\
A \overleftarrow{\otimes} C_0(G) & \xrightarrow{\;id_H \otimes ()^\square\;} & A \overleftarrow{\otimes} C_0(G) \overleftarrow{\otimes} C_0(G)
\end{array}
\quad,
$$

hierbei ist id_H die Identitätsabbildung des Hilbert-Raums H und 1_G die Identitätsabbildung der Gruppe G.

Zunächst halten wir fest, dass für die Auswertung in $t \in G$ im Ausdruck $(a^\square)^{\square \otimes 1_G} \in A \otimes C_0(G) \otimes C_0(G)$

$$(a^\square)^{\square \otimes 1_G}(t) = (a_i^\square \otimes f_i)(t) = a_i^\square \cdot f_i(t)$$

gilt, wobei wir beachten müssen, dass $a_i^\square \in A \otimes C_0(G)$ und $f_i(t) \in \mathbb{C}$. Nun drücken wir dies aufgrund der Homomorphieeigenschaft des $\square$ für den skalaren Operator $f_i(t)$ folgendermaßen aus:

$$a_i^\square \cdot f_i(t) = [a_i \cdot f_i(t)]^\square.$$

Den letzten Ausdruck können wir als Aktion interpretieren, nämlich

$$[a_i \cdot f_i(t)]^\square = [t^{-1} \ltimes a]^\square,$$

denn es ist $t^{-1} \ltimes a \in A$. Diese Notation bedeutet, dass das ausgewertete Element (hier: t) in der dritten Komponente des Ausdrucks $A \overleftarrow{\otimes} C_0(G) \overleftarrow{\otimes} C_0(G)$ liegt. Nun zeigen wir, dass

$$(a^\square)^{\square \otimes 1_G} = (a^\square)^{id_H \otimes ()^\square}$$

gilt. Zunächst betrachten wir die linke Seite:

$$
\begin{aligned}
(a^\square)^{\square \otimes 1_G}(t)(s) &= \left[t^{-1} \ltimes a\right]^\square (s) \\
&= s^{-1} \ltimes \left[t^{-1} \ltimes a\right] = (s^{-1} t^{-1}) \ltimes a \\
&= (ts)^{-1} \ltimes a \\
&= a^\square(ts).
\end{aligned}
$$

Im nächsten Schritt müssen wir beachten, dass zunächst die dritte Komponente t und anschließend s ausgewertet wird. Dann wird ausgenutzt, dass $f^\square$ ein Bimultiplikations-operator auf $C_0(G) \overleftarrow{\otimes} C_0(G)$ ist, bei dem die Reihenfolge der Komponenten eingehalten wird, also $f^\square(s,t) = f(ts)$ gilt. Somit erhalten wir für die rechte Seite

$$
\begin{aligned}
(a^\square)^{id_H \otimes ()^\square}(t)(s) &= (a_i \otimes f_i^\square)(t)(s) \\
&= (a \otimes f_i^\square)(s,t) \\
&= a_i \cdot f_i^\square(s,t) \\
&= a_i \cdot f_i(ts) \\
&= (ts)^{-1} \ltimes a \\
&= a^\square(ts).
\end{aligned}
$$

Nun kann man zeigen, dass für jede lokalkompakte Gruppe G die C^*-Algebra $C_r^*(G)$ eine Hopf-C^*-Algebra ist ([Iòrio], Theorem 3.9, [Upmeier 4], Proposition 4.8.39, S. 306). Somit können wir die Koaktion auf die Hopf-C^*-Algebra $C_r^*(G)$ übertragen, d. h. die Koaktion ist durch

$$
\delta : A \to A \overleftarrow{\otimes} C^*(G) \subset M(A \hat{\otimes} C^*(G))
$$

beschrieben.

Das Konzept der Koaktion verallgemeinert einerseits Aktionen einer Gruppe und andererseits das Fell-Bündel[3] auf einer Gruppe.

Definition 4.5.3. *Es sei $C^*(G)$ eine Gruppen-C^*-Algebra für eine lokalkompakte Gruppe G und A eine C^*-Algebra. Ein injektiver strikter C^*-Homomorphismus*

$$
\delta : A \to A \overleftarrow{\otimes} C^*(G) \subset M(A \hat{\otimes} C^*(G))
$$

*ist eine **Koaktion** von G auf A, falls das Diagramm*

$$
\begin{array}{ccc}
A & \xrightarrow{\ \delta\ } & A \overleftarrow{\otimes} C^*(G) \\
\Big\downarrow{\scriptstyle \delta} & & \Big\downarrow{\scriptstyle \delta \hat{\otimes} id_G} \\
A \overleftarrow{\otimes} C^*(G) & \xrightarrow{\ id_A \hat{\otimes} \delta_G\ } & M(A \hat{\otimes} C^*(G) \hat{\otimes} C^*(G))
\end{array}
$$

kommutiert, wobei id_A sowie 1_G die jeweiligen Identitätsabbildungen sind und

$$
\begin{aligned}
\delta_G : C^*(G) &\to C^*(G) \otimes C^*(G) \\
\delta_G(\beta(s)) &= \beta(s) \otimes \beta(s)
\end{aligned}
$$

die Abbildung mit dem zu $s \in G$ korrespondierenden Element $\beta(s) \in C^*(G)$ ist.

---

[3]Zu jedem Fell-Bündel F einer lokalkompakten Gruppe G kann eine Koaktion der reduzierten C^*-Algebra des Fell-Bündels assoziiert werden. Hierbei wird das C^*-Modul der stetigen Schnitte des Bündels betrachtet, wobei jeder Schnitt einen Faltungsoperator definiert, der mit der Multiplier-Algebra $M(C^*(F))$ des Fell-Bündels assoziiert ist. Dann gibt es eine eindeutige Koaktion δ_F (S. [Timmermann], 9.2.6, S. 262).

Bemerkung 4.5.4. *1. Die Bezeichnung $C^*(G)$ soll auch die reduzierte Gruppen-C^*-Algebra umfassen. Mit dem Pfeil über dem Tensorzeichen der eingeschränkten Multiplier-Algebra ist nur eine Möglichkeit gemeint, natürlich kann auch die andere eingeschränkte Multiplier-Algebra auftreten.*

2. Die Abbildung δ_G ist selbst eine Koaktion von G auf $C^*(G)$.

3. Als technische Voraussetzung wird gefordert, dass δ injektiv ist. Dies wird an späterer Stelle wichtig, um jeweils zwei Aktionen (bzw. zwei Koaktionen) miteinander zu identifizieren.

Das Kokreuzprodukt ist zum Kreuzprodukt in gewisser Hinsicht äquivalent. Genauer: Die Adjunktion ist ein Isomorphismus ([Landstad/Philipps/Raeburn/Sutherland], Theorem 2.9, S. 760).

Definition 4.5.5. *Sei $A \subset \mathcal{L}(H)$ eine volle C^*-Unteralgebra für einen bestimmten Hilbert-Raum H. Dann ist das Kokreuzprodukt $A \otimes_\delta C_0(G)$ auf dem dynamischen System $(A, C_0(G), \delta)$ definiert durch*

$$A \otimes_\delta C_0(G) := \{(\delta(a))(id_H \otimes f) : a \in A, f \in C_0(G)\},$$

wobei f der Linksmultiplikationsoperator auf $L^2(G)$ ist.

Wir differenzieren die Koaktionen ebenso wie die Aktionen. Zum einen betrachten wir ein Element $a \in A$ und eine **Rechtskoaktion** $()_\circ$ auf $A \vec{\otimes} C_\rho^*(G)$ mit $a_\circ = a_i \otimes \rho_{u_i}$, wobei ρ_u der Rechtsfaltungsoperator auf $L^2(G)$ ist, so dass

$$
\begin{array}{ccc}
A & \xrightarrow{\;()_\circ\;} & A \vec{\otimes} C_\rho^*(G) \\
\Big\downarrow{()_\circ} & & \Big\downarrow{()_\circ \otimes 1_G} \\
A \vec{\otimes} C_\rho^*(G) & \xrightarrow{id_H \otimes ()_\blacklozenge} & A \vec{\otimes} C_\rho^*(G) \vec{\otimes} C_\rho^*(G)
\end{array}
$$

mit der Koaktion $()_\blacklozenge$ auf $C_\rho^*(G) := C^*(\rho_u : u \in L^1(G))$, wobei

$$(\rho_u f)(s) := \int_G \rho_t f(s)\, du(t),$$

d. h. $\rho_\blacklozenge^u = \delta_G(\rho_u)$.

Analog dazu definieren wir zum anderen eine **Linkskoaktion** $a^\circ = a_i \otimes \lambda_{u_i}$, wobei $a \in A$ und λ_u der Linksfaltungsoperator auf $L^2(G)$ ist, so dass

$$
\begin{array}{ccc}
A & \xrightarrow{\;()^\circ\;} & A \overleftarrow{\otimes} C_\lambda^*(G) \\
\Big\downarrow{()^\circ} & & \Big\downarrow{()^\circ \otimes 1_G} \\
A \overleftarrow{\otimes} C_\lambda^*(G) & \xrightarrow{id_H \otimes ()^\blacklozenge} & A \overleftarrow{\otimes} C^*(G) \overleftarrow{\otimes} C^*(G)
\end{array}
$$

mit der Koaktion $()^{\blacklozenge}$ auf $C_\lambda^*(G) := C^*(\lambda_u : u \in L^1(G))$, wobei

$$(\lambda_u f)(s) := \int_G \lambda_t f(s) du(t)$$

gilt, also $\lambda_u^{\blacklozenge} = \delta_G(\lambda_u)$.

4.6 Dualitätssätze für Operatoralgebren

Dualität spielt in dieser Arbeit eine herausragende Rolle. Sie motiviert die Einführung der Hopf-Algebra, weil diese sich aus der Erweiterung der Pontryagin-Dualität von lokalkompakten abelschen Gruppen auf nicht-abelsche Gruppen ergibt. Denn dazu wird der Dual der Gruppe als deren Funktionenalgebra charakterisiert, d. h. die Multiplikation auf der Gruppe führt zur Komultiplikation auf der Funktionenalgebra, also zur Koalgebra. Durch die Dualität der Algebra und der Koalgebrastruktur ergibt sich die Hopf-Algebra. Genauer: Die Struktur des Duals der Gruppe wird durch die Gruppenalgebra festgelegt, die wiederum als Koordinatenalgebra des Duals der Gruppe aufgefasst wird.

Die Pontryagin-Dualität wird im folgenden Satz formuliert.

Theorem 10. *Für jede lokalkompakte abelsche Gruppe G ist die Charakter-Abbildung*

$$\chi : G \;\to\; \widehat{\widehat{G}}$$
$$g \;\mapsto\; \chi(x)$$

ein Isomorphismus der topologischen Gruppen.

Die Dualitätstheorie zielt auf die Rekonstruktion einer Gruppe G aus einer Algebra von darstellenden Funktionen $G \to \mathbb{K}$ oder Darstellungen. Dabei geht man schematisch immer wie folgt vor: Zunächst nimmt man die Menge aller Algebrahomomorphismen und bestimmt einen Auswertungshomomorphismus. Dann ermittelt man einen topologischen Isomorphismus von der Gruppe in die Menge der Auswertungshomomorphismen. Anschließend wird dieser Homomorphismus auf die stetigen Funktionen von G nach $\mathbb{K}$ erweitert.

Die **Takesaki-Dualität** [Takesaki 1] besagt, dass für eine Aktion α einer lokalkompakten abelschen Gruppe auf einer W^*-Algebra M die wiederholte Anwendung mit der dualen Aktion zur Isomorphie zu $M \overline{\otimes} \mathcal{L}(L^2(G))$ führt, wobei $\mathcal{L}(L^2(G))$ die beschränkten Operatoren auf $L^2(G)$ sind. **Landstad** [Landstad] und **Nakagami** [Nakagami] haben diese Dualität auf nicht-abelsche Gruppen erweitert. Die beiden unterschiedlichen Zugänge wurden von van Heeswijck [van Heeswijck] in die Theorie von Kreuzprodukten übertragen.

Takai [Takai] hat wiederum für eine Aktion α einer lokalkompakten abelschen Gruppe auf einer C^*-Algebra A gezeigt, dass die wiederholte Anwendung mit der dualen Aktion zur Isomorphie zu $A\hat{\otimes}\mathcal{K}(L^2(G))$ führt, wobei $\mathcal{K}(L^2(G))$ die kompakten Operatoren auf $L^2(G)$ sind. **Imai** und **Takai** [Imai/Takai] haben dann für eine abelsche Gruppe gezeigt, dass jedes reduzierte Kreuzprodukt eine duale Koaktion trägt, so dass das korrespondierende Kokreuzprodukt isomorph zu $A\hat{\otimes}\mathcal{K}(L^2(G))$ ist. Für uns relevant hat **Katayama** [Katayama] diese Dualität auf nicht-abelsche Gruppen erweitert. Im Weiteren bezeichnen wir mit Katayama-Dualität den Fall nicht-abelscher Gruppen sowohl für Kreuz- wie für Kokreuzprodukte.

In der Dualitätstheorie für Kreuzprodukte ist es hilfreich, sich folgende Beziehungen zu vergegenwärtigen: Koaktionen sind dual zu Aktionen, Kokreuzprodukte sind dual zu Kreuzprodukten und Darstellungen von $C_0(G)$ sind dual zu unitären Darstellungen von G.

4.7 Katayama-Dualität für Aktionen bzw. Koaktionen auf C^*-Algebren

Als Vorbereitung der Dualitätsätze zeigen wir, dass zwischen den Begriffen der Aktion und der Koaktion ein enger Zusammenhang besteht. Zu jeder Koaktion gehört eine duale Aktion und zu jeder Aktion gehört eine duale Koaktion. Wir beginnen mit den dualen Aktionen auf dem Kreuzprodukt. Wieder unterteilen wir so wie im Abschnitt 4.5 und beginnen mit der **dualen Rechtsaktion**. Für diese müssen wir zeigen, dass folgendes Diagramm kommutiert:

$$
\begin{array}{ccc}
A \boxtimes C_\rho^*(G) & \xrightarrow{\;()_{\square^*}\;} & A \boxtimes C_\rho^*(G)\overrightarrow{\otimes} C_\rho^*(G) \\
\downarrow{\scriptstyle ()_{\square^*}} & & \downarrow{\scriptstyle ()_{\square^*}\otimes 1_G} \\
A \boxtimes C_\rho^*(G)\overrightarrow{\otimes} C_\rho^*(G) & \xrightarrow{\;id_H\otimes 1_G\otimes ()_\blacklozenge\;} & A \boxtimes C_\rho^*(G)\overrightarrow{\otimes} C_\rho^*(G)\overrightarrow{\overrightarrow{\otimes}} C_\rho^*(G).
\end{array}
$$

Dabei ist die duale Rechtsaktion (entspricht der Rechtskoaktion auf der C^*-Algebra $A \boxtimes C_\rho^*(G)$)

$$
(a \boxtimes \rho_u)_{\square^*} = Ad(id_A \otimes V_\square)(a \boxtimes \rho_u \otimes 1_G)
$$

auf dem Kreuzprodukt $A \boxtimes C_\rho^*(G)$ mit $\rho_\blacklozenge^u := \Delta_G(\rho_u)$ und dem Kac-Takesaki-Operator

$$
V_\square(\phi \otimes \psi)(s,t) = \phi(s)\psi(ts^{-1})
$$

mit $\phi, \psi \in L^2(G)$ und $s, t \in G$ definiert.

Zunächst schreiben wir

$$
\begin{aligned}
Ad(id_H \otimes V_\square)(a \boxtimes \rho_u \otimes 1_G) &= Ad(id_H \otimes V_\square)\left[(a_\square \otimes 1_G)(id_H \otimes \rho_u \otimes 1_G)\right] \\
&= Ad(id_H \otimes V_\square)\left[a_\square \otimes 1_G\right] Ad(id_H \otimes V_\square)\left[id_H \otimes \rho_u \otimes 1_G\right].
\end{aligned}
$$

Bevor wir diese Rechnung fortsetzen können, müssen wir die Faktoren einzeln bestimmen.

Lemma 4.7.1.

$$
Ad(V_\square)(f \otimes 1_G) = f \otimes 1_G.
$$

Beweis:

$$
\begin{aligned}
V_\square(f \otimes 1_G)(\phi \otimes \psi)(s,t) &= V_\square((f\phi) \otimes \psi)(s,t) \\
&= (f\phi)(s)\psi(ts^{-1}) = f(s)\phi(s)\psi(ts^{-1}) \\
&= (f \otimes 1_G)(s,t)V_\square(\phi \otimes \psi)(s,t) \\
&= \left[(f \otimes 1_G)V_\square(\phi \otimes \psi)\right](s,t).
\end{aligned}
$$

$\square$

Lemma 4.7.2.

$$
Ad(id_H \otimes V_\square)(a_\square \otimes 1_G) = a_\square \otimes 1_G.
$$

Beweis:

$$
\begin{aligned}
Ad(id_H \otimes V_\square)(a_\square \otimes 1_G) &= Ad(id_H \otimes V_\square)(a_i \otimes f_i \otimes 1_G) \\
&= a_i \otimes V_\square(f_i \otimes 1_G) \\
&= a_i \otimes f_i \otimes 1_G \\
&= a_\square \otimes 1_G.
\end{aligned}
$$

$\square$

Lemma 4.7.3.

$$
Ad(V_\square)(\rho_g \otimes 1_G) = \rho_\blacklozenge^g.
$$

Beweis:

$$
\begin{aligned}
V_\square((\rho_g \otimes 1_G)(\phi \otimes \psi))(s,t) &= V_\square((\rho_g\phi) \otimes \psi)(s,t) = (\rho_g\phi)(s)\psi(ts^{-1}) \\
&= \phi(sg)\psi(ts^{-1}) = \phi(sg)\psi(tg(sg)^{-1}) \\
&= \phi(sg)\psi(ts^{-1}) \\
&= V_\square(\phi \otimes \psi)(sg, tg) \\
&= (\rho_g \otimes \rho_g)V_\square(\phi \otimes \psi)(s,t).
\end{aligned}
$$

$\square$

Folgerung 4.7.4.

$$AdV_\square(\rho_u \otimes 1_G) = \rho_\blacklozenge^u.$$

Beweis:

Wir integrieren die Gleichung des vorhergehenden Lemmas. Da

$$\rho_u = \int_G u(g)\rho_g\,dg$$

und Ad ein stetig linearer Operator ist, erhalten wir

$$
\begin{aligned}
\int_G u(g)Ad(V_\square)(\rho_g \otimes 1_G)\,dg &= \int_G Ad(V_\square)(u(g)\rho_g \otimes 1_G)\,dg \\
&= Ad(V_\square)\int_G [u(g)\rho_g \otimes 1_G]\,dg \\
&= Ad(V_\square)\left[\int_G u(g)\rho_g\,dg \otimes 1_G\right] \\
&= Ad(V_\square)(\rho_u \otimes 1_G).
\end{aligned}
$$

$\square$

Wir setzen nun das oben Begonnene fort und erhalten das Gewünschte:

$$
\begin{aligned}
Ad(id_H \otimes V_\square)\,[a_\square \otimes 1_G]\,Ad(id_H \otimes V_\square)\,[id_H \otimes \rho_u \otimes 1_G] &= (a_\square \otimes 1_G)(id_H \otimes V_\square(\rho_u \otimes 1_G)) \\
&= (a_\square \otimes 1_G)(id_H \otimes \rho_\blacklozenge^u).
\end{aligned}
$$

Somit sehen wir, dass das Diagramm kommutativ ist.

Für die **duale Linksaktion**

$$(a \boxtimes \lambda_u)^{\square^*} = Ad(id_A \otimes V^\square)(a \boxtimes \lambda_u \otimes 1_G)$$

auf dem Kreuzprodukt $A \boxtimes C_\lambda^*(G)$, $\lambda_u^\blacklozenge := \Delta_G(\lambda_u)$ und den Kac-Takesaki-Operator

$$V^\square(\phi \otimes \psi)(s,t) = \phi(s)\psi(s^{-1}t)$$

mit $\phi, \psi \in L^2(G)$ und $s,t \in G$ zeigen wir, dass folgendes Diagramm kommutativ ist:

$$
\begin{array}{ccc}
A \boxtimes C_\lambda^*(G) & \xrightarrow{\;()^{\square^*}\;} & A \boxtimes C_\lambda^*(G)\,\overleftarrow{\otimes}\,C_\lambda^*(G) \\
\Big\downarrow{\scriptstyle ()^{\square^*}} & & \Big\downarrow{\scriptstyle (a\boxtimes\lambda_u)^{\square^*}\otimes 1_G} \\
A \boxtimes C_\lambda^*(G)\,\overleftarrow{\otimes}\,C_\lambda^*(G) & \xrightarrow{\;id_H\otimes 1_G\otimes()^\blacklozenge\;} & A \boxtimes C_\lambda^*(G)\,\overleftarrow{\otimes}\,C_\lambda^*(G)\,\overleftarrow{\otimes}\,C_\lambda^*(G).
\end{array}
$$

Diese duale Linksaktion entspricht der Koaktion auf der C^*-Algebra $A \boxtimes C^*_\lambda(G)$.

Zunächst schreiben wir

$$
\begin{aligned}
Ad(id_H \otimes V^\square)(a \boxtimes \lambda_u \otimes 1_G) &= Ad(id_H \otimes V^\square)\left[(a^\square \otimes 1_G)(id_H \otimes \lambda_u \otimes 1_G)\right] \\
&= Ad(id_H \otimes V^\square)\left[a^\square \otimes 1_G\right] Ad(id_H \otimes V^\square)\left[id_H \otimes \lambda_u \otimes 1_G\right].
\end{aligned}
$$

Wieder müssen wir die einzelnen Faktoren einzeln bestimmen.

Lemma 4.7.5.

$$
Ad(V^\square)(f \otimes 1_G) = f \otimes 1_G.
$$

Beweis:

$$
\begin{aligned}
V^\square(f \otimes 1_G)(\phi \otimes \psi)(s,t) &= V^\square((f\phi) \otimes \psi)(s,t) \\
&= (f\phi)(s)\psi(s^{-1}t) = f(s)\phi(s)\psi(s^{-1}t) \\
&= (f \otimes 1_G)(s,t) V^\square(\phi \otimes \psi)(s,t) \\
&= \left[(f \otimes 1_G)V^\square(\phi \otimes \psi)\right](s,t).
\end{aligned}
$$

$\square$

Lemma 4.7.6.

$$
Ad(id_H \otimes V^\square)(a^\square \otimes 1_G) = a^\square \otimes 1_G
$$

Beweis:

$$
\begin{aligned}
Ad(id_H \otimes V^\square)(a^\square \otimes 1_G) &= Ad(id_H \otimes V^\square)(a_i \otimes f_i \otimes 1_G) \\
&= a_i \otimes V^\square(f_i \otimes 1_G) \\
&= a_i \otimes f_i \otimes 1_G \\
&= a^\square \otimes 1_G.
\end{aligned}
$$

$\square$

Lemma 4.7.7.

$$
Ad(V^\square)(\lambda_g \otimes 1_G) = \lambda_g^\blacklozenge.
$$

Beweis:

$$
\begin{aligned}
V^\square((\lambda_g \otimes 1_G)(\phi \otimes \psi))(s,t) &= V^\square((\lambda_g\phi) \otimes \psi)(s,t) = (\lambda_g\phi)(s)\psi(s^{-1}t) \\
&= \phi(g^{-1}s)\psi(s^{-1}t) = \phi(g^{-1}s)\psi((g^{-1}s)^{-1}(g^{-1}t)) \\
&= \phi(g^{-1}s)\psi(sgg^{-1}t) \\
&= V^\square(\phi \otimes \psi)(g^{-1}s, g^{-1}t)(\lambda_g \otimes \lambda_g)V^\square(\phi \otimes \psi)(s,t).
\end{aligned}
$$

$\square$

Folgerung 4.7.8.

$$AdV^\Box(\lambda_u \otimes 1_G) = \lambda_u^\blacklozenge.$$

Beweis:

Wir integrieren die Gleichung des vorhergehenden Lemmas. Da

$$\rho_u = \int_G u(g)\lambda_g \, dg$$

und Ad ein stetig linearer Operator ist, erhalten wir

$$
\begin{aligned}
\int_G u(g)Ad(V^\Box)(\lambda_g \otimes 1_G)dg \ &= \ \int_G Ad(V^\Box)(u(g)\lambda_g \otimes 1_G)dg \\
&= \ Ad(V^\Box)\int_G [u(g)\lambda_g \otimes 1_G]\, dg \\
&= \ Ad(V^\Box)\left[\int_G u(g)\lambda_g dg \otimes 1_G\right] \\
&= \ Ad(V^\Box)(\lambda_u \otimes 1_G).
\end{aligned}
$$

$\Box$

Wir setzen nun das oben Begonnene fort und erhalten

$$
\begin{aligned}
Ad(id_H \otimes V^\Box)\,[a^\Box \otimes 1_G]\, Ad(id_H \otimes V^\Box)\,[id_H \otimes \lambda_u \otimes 1_G] \ &= \ (a^\Box \otimes 1_G)(id_H \otimes V^\Box(\lambda_u \otimes 1_G)) \\
&= \ (a^\Box \otimes 1_G)(id_H \otimes \lambda_u^\blacklozenge),
\end{aligned}
$$

woraus die Kommutativität des Diagramms folgt.

Wie in der Einleitung bereits dargestellt, gibt es genau diese Abfolge auch auf den dualen Kreuzprodukten. Für die **duale Rechtskoaktion** $\diamond^*$ auf dem Kokreuzprodukt ist folgendes Diagramm kommutativ:

$$
\begin{array}{ccc}
A \circledast C_0(G) & \xrightarrow{\;()_{\diamond^*}\;} & A \circledast C_0(G)\overrightarrow{\circledast} C_0(G) \\
\Big\downarrow{\scriptstyle ()_{\diamond^*}} & & \Big\downarrow{\scriptstyle ()_{\diamond^*}\otimes 1_G} \\
A \circledast C_0(G)\overrightarrow{\circledast} C_0(G) & \xrightarrow{\;id_A\otimes 1_G\otimes()_\blacklozenge\;} & A \circledast C_0(G)\overleftarrow{\circledast} C_0(G)\overleftarrow{\circledast} C_0(G).
\end{array}
$$

Die duale Rechtskoaktion (entspricht der Rechtsaktion) ist definiert durch

$$(a \circledast f)_{\diamond^*} = Ad(id_H \otimes V_\diamond)(a \circledast f \otimes 1_G)$$

auf dem Kokreuzprodukt $A \circledast C_0(G)$ mit dem Kac-Takesaki-Operator

$$V_\diamond(\phi \otimes \psi)(s,t) = \phi(t^{-1}s)\psi(t)$$

und der Bimultiplikationsabbildung

$$f_\blacklozenge(s,t) = f(t^{-1}s),$$

wobei $\phi, \psi \in L^2(G)$ und $s,t \in G$. Nun betrachten wir ein Element $a \otimes f \in A \otimes C_0(G)$ und eine Koaktion $\diamond$ auf A, so dass wir in Tensorproduktschreibweise $a \otimes f = (a_\diamond \otimes 1_G)(id_H \otimes f)$ notieren, wobei f ein Multiplikationsoperator auf $L^2(G)$ ist. Denn es ist

$$a_\diamond(id_H \otimes f) = (a_\diamond(id_H \otimes 1_G))(id_H \otimes f) = (a_\diamond \otimes 1_G)(id_H \otimes f \otimes 1_G),$$

da $a_\diamond(id_H \otimes 1_G) \in A \otimes C_0(G)$ und ebenso $(id_H \otimes f) \in A \otimes C_0(G)$. Somit können wir umformen:

$$
\begin{aligned}
Ad(id_H \otimes V_\diamond)(a \otimes f \otimes 1_G) &= Ad(id_H \otimes V_\diamond)(a_\diamond(id_H \otimes 1_G) \otimes 1_G)(id_H \otimes f \otimes 1_G) \\
&= Ad(id_H \otimes V_\diamond)\left[a_\diamond(id_H \otimes 1_G) \otimes 1_G\right] \\
&\quad Ad(id_H \otimes V_\diamond)\left[id_H \otimes f \otimes 1_G\right].
\end{aligned}
$$

Nun müssen wir die einzelnen Faktoren untersuchen.

Lemma 4.7.9.

$$V_\diamond(f \otimes 1_G)V_{\diamond^*} = f_\blacklozenge.$$

Beweis:

$$
\begin{aligned}
\left[V_\diamond(f \otimes 1_G)(\phi \otimes \psi)\right](s,t) &= V_\diamond(f\phi \otimes \psi)(s,t) \\
&= (f\phi)(t^{-1}s)\psi(t) \\
&= f(t^{-1}s)\phi(t^{-1}s)\psi(t) \\
&= f_\blacklozenge(s,t)V_\diamond(\phi \otimes \psi)(s,t) \\
&= \left[f_\blacklozenge V_\diamond(\phi \otimes \psi)\right](s,t).
\end{aligned}
$$

$\square$

Lemma 4.7.10.

$$Ad(V_\diamond)(\rho_g \otimes 1_G) = \rho_g \otimes 1_G.$$

Beweis:

$$
\begin{aligned}
V_\diamond(\rho_g \otimes 1_G)(\phi \otimes \psi)(s,t) &= V_\diamond(\rho_g\phi \otimes \psi)(s,t) \\
&= \rho_g\phi(t^{-1}s)\psi(t) \\
&= \phi(t^{-1}sg)\psi(t) \\
&= V_\diamond(\phi \otimes \psi)(sg,t) \\
&= \left[(\rho_g \otimes 1_G)V_\diamond(\phi \otimes \psi)\right](s,t).
\end{aligned}
$$

$\square$

Lemma 4.7.11.

$$Ad(id_H \otimes V_\diamond)(a_\diamond \otimes 1_G) = a_\diamond \otimes 1_G.$$

Beweis:

Es ist $a_\diamond = a_i \otimes \rho_{u_i}$, so dass

$$\begin{aligned}
Ad(id_H \otimes V_\diamond)(a_\diamond \otimes 1_G) &= Ad(id_H \otimes V_\diamond)(a_i \otimes \rho_{u_i} \otimes 1_G) \\
&= a_i \otimes Ad(V_\diamond)(\rho_{u_i} \otimes 1_G) \\
&= a_i \otimes \rho_{u_i} \otimes 1_G \\
&= a_\diamond \otimes 1_G.
\end{aligned}$$

$\square$

Wieder setzen wir das oben Begonnene fort und erhalten

$$Ad(id_H \otimes V_\diamond)\,[a_\diamond(id_H \otimes 1_G) \otimes 1_G]\,Ad(id_H \otimes V_\diamond)\,[id_H \otimes f \otimes 1_G] = (a_\diamond \otimes 1_G)(id_H \otimes f_\blacklozenge).$$

Also ist das Diagramm kommutativ.

Wir zeigen, dass für die **duale Linkskoaktion** $\diamond^*$ auf dem Kokreuzprodukt folgendes Diagramm kommutativ ist:

$$
\begin{array}{ccc}
A \otimes C_0(G) & \xrightarrow{\;()^{\diamond^*}\;} & A \otimes C_0(G)\,\overleftarrow{\otimes}\,C_0(G) \\
\big\downarrow {\scriptstyle ()^{\diamond^*}} & & \big\downarrow {\scriptstyle ()^{\diamond^*}\otimes 1_G} \\
A \otimes C_0(G)\,\overleftarrow{\otimes}\,C_0(G) & \xrightarrow{\;id_A \otimes 1_G \otimes ()^\blacklozenge\;} & A \otimes C_0(G)\,\overleftarrow{\otimes}\,C_0(G)\,\overleftarrow{\otimes}\,C_0(G).
\end{array}
$$

Die duale Linkskoaktion (entspricht der Linksaktion auf der C^*-Algebra $A \otimes C_0(G)$) ist durch

$$(a \otimes f)^{\diamond^*} = Ad(id_H \otimes V^\diamond)(a \otimes f \otimes 1_G)$$

auf dem Kokreuzprodukt $A \otimes C_0(G)$ mit dem Kac-Takesaki-Operator

$$V^\diamond(\phi \otimes \psi)(s,t) = \phi(st^{-1})\psi(t)$$

und dem Bimultiplikationsoperator

$$f^\blacklozenge(s,t) = f(st^{-1})$$

definiert, wobei $\phi, \psi \in L^2(G)$ und $s,t \in G$. Nun betrachten wir ein Element $a \otimes f \in A \otimes C_0(G)$ und eine Koaktion $\diamond$ auf A, so dass wir in Tensorproduktschreibweise $a \otimes f = (a^\diamond \otimes 1_G)(id_H \otimes f)$ notieren, wobei f ein Multiplikationsoperator auf $L^2(G)$ ist. Denn es ist

$$a^\diamond(id_H \otimes f) = (a^\diamond(id_H \otimes 1_G))(id_H \otimes f) = (a^\diamond \otimes 1_G)(id_H \otimes f \otimes 1_G),$$

da $a^\circ(id_H \otimes 1_G) \in A \otimes C_0(G)$ und ebenso $(id_H \otimes f) \in A \otimes C_0(G)$. Somit können wir umformen:

$$
\begin{aligned}
Ad(id_H \otimes V^\circ)(a \otimes f \otimes 1_G) &= Ad(id_H \otimes V^\circ)(a^\circ(id_H \otimes 1_G) \otimes 1_G)(id_H \otimes f \otimes 1_G) \\
&= Ad(id_H \otimes V^\circ)\left[a^\circ(id_H \otimes 1_G) \otimes 1_G\right] \\
& Ad(id_H \otimes V^\circ)\left[id_H \otimes f \otimes 1_G\right].
\end{aligned}
$$

Nun müssen wir die einzelnen Faktoren untersuchen.

Lemma 4.7.12.

$$
V^\circ(f \otimes 1_G)V^{\circ *} = f^\blacklozenge.
$$

Beweis:

$$
\begin{aligned}
\left[V^\circ(f \otimes 1_G)(\phi \otimes \psi)\right](s,t) &= V^\circ(f\phi \otimes \psi)(s,t) \\
&= (f\phi)(st^{-1})\psi(t) \\
&= f(st^{-1})\phi(st^{-1})\psi(t) \\
&= f^\blacklozenge(s,t)V^\circ(\phi \otimes \psi)(s,t) \\
&= \left[f^\blacklozenge V^\circ(\phi \otimes \psi)\right](s,t).
\end{aligned}
$$

$\square$

Lemma 4.7.13.

$$
Ad(V^\circ)(\lambda_g \otimes 1_G) = \lambda_g \otimes 1_G.
$$

Beweis:

$$
\begin{aligned}
V^\circ(\lambda_g \otimes 1_G)(\phi \otimes \psi)(s,t) &= V^\circ(\lambda_g\phi \otimes \psi)(s,t) \\
&= \lambda_g\phi(st^{-1})\psi(t) \\
&= \phi(g^{-1}st^{-1})\psi(t) \\
&= V^\circ(\phi \otimes \psi)(g^{-1}s,t) \\
&= \left[(\lambda_g \otimes 1_G)V^\circ(\phi \otimes \psi)\right](s,t).
\end{aligned}
$$

$\square$

Lemma 4.7.14.

$$
Ad(id_H \otimes V^\circ)(a^\circ \otimes 1_G) = a^\circ \otimes 1_G.
$$

Beweis:

Es ist $a^\circ = a_i \otimes \lambda_{u_i}$, so dass

$$
\begin{aligned}
Ad(id_H \otimes V^\circ)(a^\circ \otimes 1_G) &= Ad(id_H \otimes V^\circ)(a_i \otimes \lambda_{u_i} \otimes 1_G) \\
&= a_i \otimes Ad(V^\circ)(\lambda_{u_i} \otimes 1_G) \\
&= a_i \otimes \lambda_{u_i} \otimes 1_G \\
&= a^\circ \otimes 1_G.
\end{aligned}
$$

$\square$

Setzen wir nun die zuvor begonnene Rechnung fort, so erhalten wir

$$Ad(id_H \otimes V^\circ)\left[a^\circ(id_H \otimes 1_G) \otimes 1_G\right]Ad(id_H \otimes V^\circ)\left[id_H \otimes f \otimes 1_G\right] \;=\; (a^\circ \otimes 1_G)(id_H \otimes f^\blacklozenge)$$

und somit die Kommutativität des Diagramms. Nun können wir das Hauptergebnis dieses Abschnitts formulieren. Wie bei vielen Dualitäten führt der Bidual zur Ausgangssituation zurück. Erwartungsgemäß ist dies der schwierigste Schritt. Erstaunlich ist, dass auch beim Bidual die Kac-Takesaki-Operatoren vorkommen.

Theorem 11. *1. Es sei $()^\square$ eine Linksaktion einer lokalkompakten Gruppe G auf einer C^*-Algebra. Dann ist die C^*-Algebra*

$$A \otimes C_0(G) \boxtimes C_\lambda^*(G) \simeq A \otimes \mathcal{K}(L^2(G)).$$

Bei einer Rechtsaktion $()_\square$ gilt:

$$A \otimes C_0(G) \boxtimes C_\rho^*(G) \simeq A \otimes \mathcal{K}(L^2(G)).$$

2. Es sei $()^\circ$ eine Linkskoaktion einer lokalkompakten Gruppe G auf einer C^*-Algebra. Dann ist die C^*-Algebra

$$A \boxtimes C_\lambda^*(G) \otimes C_0(G) \simeq A \otimes \mathcal{K}(L^2(G)).$$

Bei einer Rechtskoaktion $()_\diamond$ gilt:

$$A \boxtimes C_\rho^*(G) \otimes C_0(G) \simeq A \otimes \mathcal{K}(L^2(G)).$$

Beweis:

Wir geben jeweils den konkreten Isomorphismus an.

1. Für die **biduale Rechtsaktion**

$$(a \boxtimes \rho_u \otimes f)_{(\square^*)^*} = Ad(id_H \otimes W_\square)(a \boxtimes \rho_u \otimes f \otimes 1_G)$$

auf dem Kokreuzprodukt $A \boxtimes C_\rho^*(G) \otimes C_0(G)$ ist das folgende Diagramm kommutativ:

$$
\begin{array}{ccc}
A \boxtimes C_\rho^*(G) \otimes C_0(G) & \xrightarrow{\;()_{(\square^*)^*}\;} & A \boxtimes C_\rho^*(G) \otimes C_0(G)\,\vec{\otimes}\,C_0(G) \\[2mm]
\Big\downarrow{}_{()_{(\square^*)^*}} & & \Big\downarrow{}_{()_{(\square^*)^*\otimes 1_G}} \\[2mm]
A \boxtimes C_\rho^*(G) \otimes C_0(G)\,\vec{\otimes}\,C_0(G) & \xrightarrow{\;id_H\otimes 1_G\otimes 1_G\otimes ()_\square\;} & A \boxtimes C_\rho^*(G) \otimes C_0(G)\,\vec{\otimes}\,C_0(G)\,\vec{\otimes}\,C_0(G)
\end{array}
$$

mit dem Kac-Takesaki-Operator

$$W_\square(\phi \otimes \psi)(s,t) := \phi(st)\psi(t)$$

und der Bimultiplikationsabbildung

$$f_\square(s,t) = f(st),$$

wobei $\phi, \psi \in L^2(G)$ und $s, t \in G$. Auch hier ist $\rho_\blacklozenge^u = \Delta_G(\rho_u)$ die Komultiplikation auf der Hopf-C^*-Algebra $C_\rho^*(G)$. Wir beginnen mit den Umformungen eines Erzeugers von $A \boxtimes C_\rho^*(G) \otimes C_0(G)$ in Tensorproduktschreibweise.

$$\begin{aligned}
a \boxtimes \rho_u \otimes f &= (a \boxtimes \rho_u)_{\square*}(id_H \otimes 1_G \otimes f) \\
&= (a_\square \otimes 1_G)(id_H \otimes \rho_\blacklozenge^u)(id_H \otimes 1_G \otimes f)
\end{aligned}$$

Nun wenden wir den C^*-Homomorphismus $x^{(\square^*)^*} = Ad(id_H \otimes W_\square)(x \otimes 1_G)$ an. Im ersten Schritt nutzen wir die Linearität des Homomorphismus aus.

$$\begin{aligned}
\left[(a_\square \otimes 1_G)(id_H \otimes \rho_\blacklozenge^u)(id_H \otimes 1_G \otimes f)\right]_{(\square^*)^*} &= (a_\square \otimes 1_G)_{(\square^*)^*}(id_H \otimes \rho_\blacklozenge^u)_{(\square^*)^*} \\
&\quad (id_H \otimes 1_G \otimes f)_{(\square^*)^*} \\
&= Ad(id_H \otimes W_\square)\left[a_\square \otimes 1_G\right] \\
&\quad Ad(id_H \otimes W_\square)\left[id_H \otimes \rho_\blacklozenge^u\right] \\
&\quad Ad(id_H \otimes W_\square)\left[id_H \otimes 1_G \otimes f\right] \\
&= \left[a_i \otimes Ad(W_\square)\left[f_i \otimes 1_G\right]\right] \\
&\quad \left[id_H \otimes Ad(W_\square)\left[\rho_\blacklozenge^u\right]\right] \\
&\quad \left[id_H \otimes Ad(W_\square)\left[1_G \otimes f\right]\right]
\end{aligned}$$

Jeden einzelnen Faktor betrachten wir nun für sich.

Lemma 4.7.15.
$$Ad(W_\square)\left[f \otimes 1_G\right] = f_\square.$$

Beweis:
Durch einfaches Anwenden des Kac-Takesaki-Operators erhalten wir Folgendes:

$$\begin{aligned}
\left[W_\square(f \otimes 1_G)(\phi \otimes \psi)\right](s,t) &= W_\square(f\phi \otimes \psi)(s,t) \\
&= (f\phi)(st)\psi(t) \\
&= f(st)\phi(st)\psi(t) \\
&= f_\square(s,t)W_\square(\phi \otimes \psi)(s,t) \\
&= \left[f_\square W_\square(\phi \otimes \psi)\right](s,t).
\end{aligned}$$

$\square$

Lemma 4.7.16.

$$Ad(id_H \otimes W_\square)\left[a_\square \otimes 1_G\right] = (a_\square)_{\square \otimes 1_G}.$$

Beweis:

Die Aktion $\square$ auf ein Element a der C^*-Algebra A hat die Tensorproduktdarstellung $a_\square = a_i \otimes f_i$. Also ist unter Berücksichtigung des vorhergehenden Lemmas für sämtliche Summen und Limiten des Tensorprodukts $f_i \otimes 1_G$:

$$
\begin{aligned}
Ad(id_H \otimes W_\square)\left[a_\square \otimes 1_G\right] &= Ad(id_H \otimes W_\square)\left[a_i \otimes f_i \otimes 1_G\right] \\
&= a_i \otimes Ad(W_\square)\left[f_i \otimes 1_G\right] \\
&= a_i \otimes f_{i\square}.
\end{aligned}
$$

Nun können wir $a_i \otimes f_{i\square} = (a_i \otimes f_i)_{id_H \otimes ()_\square}$ schreiben und wieder von der Tensorproduktdarstellung der Aktion zur Aktionsdarstellung gehen, d. h. $(a_i \otimes f_i)_{id_H \otimes ()_\square} = (a_\square)_{id_H \otimes ()_\square}$. Zum Abschluss wird noch die Aktionseigenschaft $(a_\square)_{id_H \otimes ()_\square} = (a_\square)_{()_\square \otimes 1_G}$ verwendet, so dass insgesamt gilt:

$$Ad(id_H \otimes W_\square)\left[a_\square \otimes 1_G\right] = (a_\square)_{()_\square \otimes 1_G}.$$

$\square$

Es fehlt noch

Lemma 4.7.17.

$$Ad(W_\square)\left[\rho_\blacklozenge^g\right] = 1 \otimes \rho_g.$$

Beweis:

Hier setzen wir die Definition $\rho_\blacklozenge^g = \rho_g \otimes \rho_g$ ein und erhalten

$$
\begin{aligned}
\left[W_\square(\rho_g \otimes \rho_g)(\phi \otimes \psi)\right](s,t) &= W_\square(\rho_g \phi \otimes \rho\psi)(s,t) \\
&= \rho_g\phi(ts)\rho_g\psi(t) \\
&= \phi(g^{-1}ts)\psi(g^{-1}t) = \phi((g^{-1}t)s)\psi(g^{-1}t) \\
&= \left[W_\square(\phi \otimes \psi)\right](s, g^{-1}t) \\
&= \left[W_\square(1_G \otimes \rho_g)(\phi \otimes \psi)\right](s,t).
\end{aligned}
$$

$\square$

Folgerung 4.7.18.

$$Ad(W_\square)\rho_\blacklozenge^u = 1 \otimes \rho_u.$$

Beweis:

Diese Behauptung ergibt sich durch Integration der Gleichung des vorhergehenden Lemmas (s. Folgerung 4.7.8.). $\qquad\qquad\square$

Sodann können wir das Begonnene fortsetzen, indem wir die gerade gewonnenen Ergebnisse einsetzen.

$$
\left[a_i \otimes Ad(W_\square)\left[f_i \otimes 1_G\right]\right]\left[id_H \otimes Ad(W_\square)\left[\rho_\blacklozenge^u\right]\right]
$$

$$
\begin{aligned}
\left[id_H \otimes Ad(W_\square)\left[1_G \otimes f\right]\right] &= (a_\square)_{()_\square \otimes 1_G}(id_H \otimes 1_G \otimes \rho_u) \\
&\qquad (id_H \otimes 1_G \otimes f) \\
&= (a_\square)_{()_\square \otimes 1_G}(id_H \otimes 1_G \otimes \rho_u f) \\
&= (a_\square)_{()_\square \otimes 1_G}(id_{H_\square} \otimes \rho_u f) \\
&= (a_\square)_{()_\square \otimes 1_G}(id_H \otimes \rho_u f)_{()_\square \otimes 1_G} \\
&= (a_\square(id_H \otimes \rho_u f))_{()_\square \otimes 1_G}.
\end{aligned}
$$

Hier wurde genutzt, dass auf das Einselement id_H der C^*-Algebra A auch der Homomorphismus $\square$ angewendet werden kann, was dann dem Einselement in der Multiplier-Algebra $A \overset{\rightarrow}{\otimes} C_\rho^*(G)$ entspricht.

Der letzte Schritt ist, die Injektivität des C^*-Homomorphismus $\square$ auszunutzen, durch den $()_{\square \otimes 1_G}$ mit $()_\square$ identifiziert werden kann.

Der obere Teil des folgenden Diagramms zeigt, was wir bisher bewiesen haben.

$$
\begin{array}{ccc}
\left[a_\square(id_H \otimes \rho_u)\right]_{\square^*}(id_H \otimes 1_G \otimes f) & \in & \left[A \boxtimes C_\rho^*(G)\right] \diamond C_0(G) \\
{\scriptstyle id_H \otimes Ad(W_\square)}\big\downarrow & & \big\downarrow{\scriptstyle \approx} \\
\left[a_\square(id_H \otimes \rho_u f)\right]_{()_\square \otimes 1_G} & \in & A \otimes \mathcal{L}(L^2(G) \otimes L^2(G)) \\
{\scriptstyle \square \otimes 1_G}\big\uparrow & & \big\uparrow{\scriptstyle \approx} \\
a_\square(id_H \otimes \rho_u f) & \in & A \otimes \mathcal{K}(L^2(G))
\end{array}
$$

Den unteren Isomorphismus zeigen wir nun, wobei die nicht-entartete Darstellung[4] der Aktion die entscheidende Rolle spielt. Zunächst ist

$$
\begin{aligned}
a_\square(id_H \otimes \rho_u) &= (a_i \otimes \rho_{u_i})(id_H \otimes \rho_u) \\
&= a_i \otimes \rho_{u_i}\rho_u.
\end{aligned}
$$

Wegen der nicht-entarteten Darstellung gilt für den linearen Spann von $a_\square(id_H \otimes \rho_u)$

$$
\langle a_\square(id_H \otimes \rho_u)\rangle \subseteq A \otimes C_\rho^*(G).
$$

---

[4]Für eine nicht-entartete Darstellung wählen wir aus der Fülle äquivalenter Beschreibungen, die in [Katayama], Theorem 5, S. 146 vorliegt. Eine nicht-entartete Darstellung δ ist äquivalent dazu, dass der lineare Spann $\langle \delta(A)(id_H \otimes C^*(G))\rangle = A \otimes C^*(G)$ ist.

Nun müssen wir zeigen, dass ein Element $a \otimes T \in A \otimes \mathcal{K}(L^2(G))$ ein Bild eines Erzeuger von $A \otimes C^*_\rho(G)$ entspricht. Dazu sei ein kompakter Operator $T = \rho_u f$ mit $\rho_u \in C^*_\rho(G)$ und $f \in C_0(G)$ gegeben. Für diesen Operator gilt:

$$a \otimes T = a \otimes \rho_u f = (a \otimes \rho_u)(id_H \otimes f) = a_\square(id_H \otimes \rho_{u_i})(id_H \otimes f) = a_\square(id_H \otimes \rho_{u_i} f)$$

Mit $\square^{-1}$ folgt somit, dass

$$\left[(id_H \otimes Ad(W_\square)) \left[a_\square(id_H \otimes \rho_u) \right]_\square (id_H \otimes 1_G \otimes f) \right]_{\square^{-1}} \in A \otimes \mathcal{K}(L^2(G)).$$

Nun zeigen wir analog für die **biduale Linksaktion**, dass folgendes Diagramm kommutativ ist.

$$
\begin{array}{ccc}
A \boxtimes C^*_\lambda(G) \circledast C_0(G) & \xrightarrow{\;()^{(\square^*)^*}\;} & A \boxtimes C^*_\lambda(G) \circledast C_0(G) \overset{\leftarrow}{\otimes} C_0(G) \\
\downarrow {\scriptstyle ()^{(\square^*)^*}} & & \downarrow {\scriptstyle ()^{(\square^*)^* \otimes 1_G}} \\
A \boxtimes C^*_\lambda(G) \circledast C_0(G) \overset{\leftarrow}{\otimes} C_0(G) & \xrightarrow{\;id_A \otimes 1_G \otimes 1_G \otimes ()^\square\;} & A \boxtimes C^*_\lambda(G) \circledast C_0(G) \overset{\leftarrow}{\otimes} C_0(G) \overset{\leftarrow}{\otimes} C_0(G)
\end{array}
$$

Die biduale Linksaktion (entspricht der dualen Koaktion) ist definiert durch

$$(a \boxtimes \lambda_u \circledast f)^{(\square^*)^*} = Ad(id_H \otimes W^\square)(a \boxtimes \lambda_u \circledast f \otimes 1_G)$$

auf dem Kokreuzprodukt $A \boxtimes C^*_\lambda(G) \circledast C_0(G)$ und mit dem Kac-Takesaki-Operator

$$W^\square(\phi \otimes \psi)(s,t) = \phi(ts)\psi(t)$$

und der Bimultiplikationsabbildung

$$f^\square(s,t) = f(ts),$$

wobei $\phi, \psi \in L^2(G)$ und $s,t \in G$. Auch hier ist $\lambda_u^\blacklozenge = \Delta_G(\lambda_u)$ die Komultiplikation auf der Hopf-C^*-Algebra $C^*_\lambda(G)$. Zu zeigen ist, dass

$$\left[(a \boxtimes \lambda_u \circledast f)^{(\square^*)^*} \right]^{(\square^*)^* \otimes 1_G} = \left[(a \boxtimes \lambda_u \circledast f)^{(\square^*)^*} \right]^{id_H \otimes 1_G \otimes 1_G \otimes ()^\square}.$$

Wir beginnen mit der Umformung eines Erzeugers von $A \boxtimes C^*_\lambda(G) \circledast C_0(G)$ in Tensorschreibweise:

$$
\begin{aligned}
a \boxtimes \lambda_u \circledast f &= (a \boxtimes \lambda_u)^{\square^*}(id_H \otimes 1_G \otimes f) \\
&= (a^\square \otimes 1_G)(id_H \otimes \lambda_u^\blacklozenge)(id_H \otimes 1_G \otimes f).
\end{aligned}
$$

Nun wenden wir den C^*-Homomorphismus $(\square^*)^* = Ad(id_H \otimes W^\square)$ an. Im ersten Schritt nutzen wir die Linearität des Homomorphismus aus.

$$
\begin{aligned}
\left[(a^\square \otimes 1_G)(id_H \otimes \lambda_u^\blacklozenge)(id_H \otimes 1_G \otimes f)\right]^{(\square^*)^*} &= (a^\square \otimes 1_G)^{(\square^*)^*}(id_H \otimes \lambda_u^\blacklozenge)^{(\square^*)^*} \\
&\qquad (id_H \otimes 1_G \otimes f)^{(\square^*)^*} \\
&= Ad(id_H \otimes W^\square)\left[a^\square \otimes 1_G\right] \\
&\qquad Ad(id_H \otimes W^\square)\left[id_H \otimes \lambda_u^\blacklozenge\right] \\
&\qquad Ad(id_H \otimes W^\square)\left[id_H \otimes 1_G \otimes f\right] \\
&= \left[a_i \otimes Ad(W^\square)\left[f_i \otimes 1_G\right]\right] \\
&\qquad \left[id_H \otimes Ad(W^\square)\left[\lambda_u^\blacklozenge\right]\right] \\
&\qquad \left[id_H \otimes Ad(W^\square)\left[1_G \otimes f\right]\right].
\end{aligned}
$$

Die einzelnen Faktoren betrachten wir nun getrennt.

Lemma 4.7.19.

$$
Ad(W^\square)\left[f \otimes 1_G\right] = f^\square.
$$

Beweis:

Durch einfaches Anwenden des Kac-Takesaki-Operators erhalten wir Folgendes:

$$
\begin{aligned}
\left[W^\square(f \otimes 1_G)(\phi \otimes \psi)\right](s,t) &= W^\square(f\phi \otimes \psi)(s,t) \\
&= (f\phi)(ts)\psi(t) = f(ts)\phi(ts)\psi(t) \\
&= f^\square(s,t)W^\square(\phi \otimes \psi)(s,t) \\
&= \left[f^\square W^\square(\phi \otimes \psi)\right](s,t).
\end{aligned}
$$

$\square$

Lemma 4.7.20.

$$
Ad(id_H \otimes W^\square)\left[a^\square \otimes 1_G\right] = (a^\square)^{\square \otimes 1_G}.
$$

Beweis:

Die Aktion $\square$ auf ein Element a der C^*-Algebra A hat die Tensorproduktdarstellung $a^\square = a_i \otimes f_i$. Also ist unter Berücksichtigung des vorhergehenden Lemmas für sämtliche Summen und Limiten des Tensorprodukts $f_i \otimes 1_G$:

$$
\begin{aligned}
Ad(id_H \otimes W^\square)\left[a^\square \otimes 1_G\right] &= Ad(id_H \otimes W^\square)\left[a_i \otimes f_i \otimes 1_G\right] \\
&= a_i \otimes Ad(W^\square)\left[f_i \otimes 1_G\right] \\
&= a_i \otimes f_i^\square.
\end{aligned}
$$

Nun können wir $a_i \otimes f_i^\square = (a_i \otimes f_i)^{id_H \otimes ()^\square}$ schreiben und wieder von der Tensorproduktdarstellung der Aktion zur Aktionsdarstellung gehen, d. h.

$(a_i \otimes f_i)^{id_H \otimes ()^\square} = (a^\square)^{id_H \otimes ()^\square}$. Zum Abschluss wird noch die Aktionseigenschaft $(a^\square)^{id_H \otimes ()^\square} = (a^\square)^{()^\square \otimes 1_G}$ verwendet, so dass insgesamt gilt:

$$Ad(id_H \otimes W^\square)\left[a^\square \otimes 1_G\right] = (a^\square)^{()^\square \otimes 1_G}.$$

$\square$

Zum Schluss fehlt noch

Lemma 4.7.21.
$$Ad(W^\square)\left[\lambda_g^\blacklozenge\right] = 1 \otimes \lambda_g.$$

Beweis:

Hier setzen wir die Definition $\lambda_g^\blacklozenge = \lambda_g \otimes \lambda_g$ ein und erhalten

$$
\begin{aligned}
W^\square(\lambda_g \otimes \lambda_g)(\phi \otimes \psi)(s,t) &= W^\square(\lambda_g\phi \otimes \lambda_g\psi)(s,t) \\
&= (\lambda_g\phi)(ts)(\lambda_g\psi)(t) \\
(1_G \otimes \lambda_g)W^\square(\phi \otimes \psi)(s,t) &= W^\square(\phi \otimes \psi)(s, g^{-1}t) \\
&= \phi(g^{-1}ts)\psi(g^{-1}t) \\
&= \lambda_g\phi(ts)\lambda_g\psi(t).
\end{aligned}
$$

$\square$

Folgerung 4.7.22.
$$Ad(W^\square)\lambda_u^\blacklozenge = 1 \otimes \lambda_u.$$

Beweis:

Diese Behauptung ergibt sich durch Integration der Gleichung des vorhergehenden Lemmas (s. Folgerung 4.7.8.). $\square$

Sodann können wir das Begonnene fortsetzen, indem wir die gerade gewonnenen Ergebnisse einsetzen.

$$
\begin{aligned}
\left[a_i \otimes Ad(W^\square)\left[f_i \otimes 1_G\right]\right]&\left[id_H \otimes Ad(W^\square)\left[\lambda_u^\blacklozenge\right]\right] \\
\left[id_H \otimes Ad(W^\square)\left[1 \otimes f\right]\right] &= (a^\square)^{()^\square \otimes 1_G}(id_H \otimes 1_G \otimes \lambda_u) \\
&\qquad (id_H \otimes 1_G \otimes f) \\
&= (a^\square)^{()^\square \otimes 1_G}(id_H \otimes 1_G \otimes \lambda_u f) \\
&= (a^\square)^{()^\square \otimes 1_G}(id_H^\square \otimes \lambda_u f) \\
&= (a^\square)^{()^\square \otimes 1_G}(id_H \otimes \lambda_u f)^{()^\square \otimes 1_G} \\
&= (a^\square(id_H \otimes \lambda_u f))^{()^\square \otimes 1_G}
\end{aligned}
$$

Hier wurde verwendet, dass auf das Einselement id_H der C^*-Algebra A auch der Homomorphismus $\square$ angewendet werden kann, was dann dem Einselement in der

Multiplier-Algebra $A \overleftarrow{\otimes} C^*_\lambda(G)$ entspricht.

Der letzte Schritt ist, die Injektivität des C^*-Homomorphismus $\square$ auszunutzen, durch den $()^{\square \otimes 1_G}$ mit $()^\square$ identifiziert werden kann. Daraus ergibt sich, dass das Diagramm kommutativ ist.

Der obere Teil des folgenden Diagramms zeigt, was wir bisher bewiesen haben.

$$
\begin{array}{ccc}
[a^\square(id_H \otimes \lambda_u)]^{\square^*}(id_H \otimes 1_G \otimes f) & \in & \left[A \boxtimes C^*_\lambda(G)\right] \otimes C_0(G) \\
{\scriptstyle id_H \otimes Ad(W^\square)}\Big\downarrow & & \Big\downarrow{\scriptstyle \approx} \\
[a^\square(id_H \otimes \lambda_u f)]^{()^\square \otimes 1_G} & \in & A \otimes \mathcal{L}(L^2(G) \otimes L^2(G)) \\
{\scriptstyle \square \otimes 1_G}\Big\uparrow & & \Big\uparrow{\scriptstyle \approx} \\
a^\square(id_H \otimes \lambda_u f) & \in & A \otimes \mathcal{K}(L^2(G))
\end{array}
$$

Den unteren Isomorphismus zeigen wir nun, wobei die nicht-entartete Darstellung der Aktion die entscheidende Rolle spielt. Zunächst ist

$$
\begin{aligned}
a^\square(id_H \otimes \lambda_u) &= (a_i \otimes \lambda_{u_i})(id_H \otimes \lambda_u) \\
&= a_i \otimes \lambda_{u_i}\lambda_u.
\end{aligned}
$$

Wegen der nicht-entarteten Darstellung gilt für den linearen Spann von $a^\square(id_H \otimes \lambda_u)$

$$
\langle a^\square(id_H \otimes \lambda_u)\rangle \subseteq A \otimes C^*_\lambda(G).
$$

Nun müssen wir zeigen, dass ein Element $a \otimes T \in A \otimes \mathcal{K}(L^2(G))$ ein Bild eines Erzeuger von $A \otimes C^*_\lambda(G)$ entspricht. Dazu sei ein kompakter Operator $T = \lambda_u f$ mit $\lambda_u \in C^*_\lambda(G)$ und $f \in C_0(G)$ gegeben. Für diesen Operator gilt:

$$
a \otimes T = a \otimes \lambda_u f = (a \otimes \lambda_u)(id_H \otimes f) = a^\square(id_H \otimes \lambda_{u_i})(id_H \otimes f) = a^\square(id_H \otimes \lambda_{u_i} f)
$$

Mit $\square^{-1}$ folgt somit, dass

$$
\left[(id_H \otimes Ad(W^\square))\,[a^\square(id_H \otimes \lambda_u)]^\square\,(id_H \otimes 1_G \otimes f)\right]^{\square^{-1}} \in A \otimes \mathcal{K}(L^2(G)).
$$

2. Für den zweiten Teil des Satzes gehen wir genauso vor. Für die **biduale Rechtskoaktion** (entspricht der dualen Rechtsaktion)

$$
(a \otimes f \boxtimes \rho_u)_{(\square^*)^*} = Ad(id_H \otimes W_\circ)(a \otimes f \boxtimes \rho_u \otimes 1_G)
$$

auf dem Kreuzprodukt $A \otimes C_0(G) \boxtimes C^*_\rho(G)$ ist das folgende Diagramm kommutativ:

$$
\begin{array}{ccc}
A \otimes C_0(G) \boxtimes C^*_\rho(G) & \xrightarrow{\;()_{(\circ^*)^*}\;} & A \otimes C_0(G) \boxtimes C^*_\rho(G) \overrightarrow{\otimes} C^*_\rho(G) \\
\Big\downarrow{\scriptstyle ()_{(\circ^*)^*}} & & \Big\downarrow{\scriptstyle ()_{(\circ^*)^* \otimes 1_G}} \\
A \otimes C_0(G) \boxtimes C^*_\rho(G) \overrightarrow{\otimes} C^*_\rho(G) & \xrightarrow{\;id_H \otimes 1_G \otimes 1_G \otimes ()_\bullet\;} & A \otimes C_0(G) \boxtimes C^*_\rho(G) \overrightarrow{\otimes} C^*_\rho(G) \overrightarrow{\otimes} C^*_\rho(G)
\end{array}
$$

mit dem Kac-Takesaki-Operator

$$W_{\circ}(\phi \otimes \psi) = \phi(s)\psi(st^{-1}),$$

wobei $\phi, \psi \in L^2(G)$ und $s, t \in G$. Außerdem ist $f_{\blacklozenge}(s,t) = f(t^{-1}s)$ die Bimultiplikationsabbildung und $\rho_{\blacklozenge}^u = \Delta_G(\rho_u)$ die Komultiplikationsabbildung der Hopf-C^*-Algebra $C_\rho^*(G)$. Beginnen wir mit der Umformung des Erzeugers $a \otimes f \boxtimes \rho_u$ von $A \otimes C_0(G) \boxtimes C_\rho^*(G)$ in Tensorproduktschreibweise:

$$
\begin{aligned}
a \otimes f \boxtimes \rho_u &= (a \otimes f)_{\circ *}(id_H \otimes 1_G \otimes \rho_u) \\
&= (a_{\circ} \otimes 1_G)(id_H \otimes f_{\blacklozenge})(id_H \otimes 1_G \otimes \rho_u).
\end{aligned}
$$

Nun wenden wir den C^*-Homomorphismus $(\circ *)^* = Ad(id_H \otimes W_{\circ})$ an. Im ersten Schritt nutzen wir die Linearität des Homomorphismus aus.

$$
\begin{aligned}
[(a_{\circ} \otimes 1_G)(id_H \otimes f_{\blacklozenge})(id_H \otimes 1_G \otimes \lambda)]_{(\circ *)^*} &= (a_{\circ} \otimes 1_G)_{(\circ *)^*}(id_H \otimes f_{\blacklozenge})_{(\circ *)^*} \\
&\qquad (id_H \otimes 1_G \otimes \rho_u)_{(\circ *)^*} \\
&= Ad(id_H \otimes W_{\circ})[a_{\circ} \otimes 1_G] \\
&\qquad Ad(id_H \otimes W_{\circ})[id_H \otimes f_{\blacklozenge}] \\
&\qquad Ad(id_H \otimes W_{\circ})[id_H \otimes 1_G \otimes \rho_u] \\
&= [a_i \otimes Ad(W_{\circ})[\rho_{u_i} \otimes 1_G]] \\
&\qquad [id_H \otimes Ad(W_{\circ})[f_{\blacklozenge}]] \\
&\qquad [id_H \otimes Ad(W_{\circ})[1_G \otimes \rho_u]]
\end{aligned}
$$

Jeden einzelnen Faktor betrachten wir nun für sich.

Lemma 4.7.23.

$$Ad(W_{\circ})[\rho_u \otimes 1_G] = \rho_{\blacklozenge}^u.$$

Beweis:

Durch einfaches Anwenden des Kac-Takesaki-Operators erhalten wir

$$
\begin{aligned}
W_{\circ}(\rho_g \otimes 1_G)(\phi \otimes \psi)(s,t) &= W_{\circ}(\rho_g\phi \otimes \psi)(s,t) \\
&= (\rho_g\phi)(s)\psi(st^{-1}) = \phi(gs)\psi(sgg^{-1}t) \\
&= \phi(gs)\psi(sg(t^{-1}g)^{-1}) \\
&= W_{\circ}(\phi \otimes \psi)(sg, tg) \\
&= W_{\circ}((\rho_g \otimes \rho_g)(\phi \otimes \psi))(s,t).
\end{aligned}
$$

$\square$

Folgerung 4.7.24.

$$Ad(W_\diamond)\rho_\blacklozenge^u = 1 \otimes \rho_u.$$

Beweis:

Diese Behauptung ergibt sich durch Integration der Gleichung des vorhergehenden Lemmas (s. Folgerung 4.7.8.). $\qquad\square$

Lemma 4.7.25.

$$\left[Ad(id_H \otimes W_\diamond)\left[a_\diamond \otimes 1_G\right]\right] = (a_\diamond)_{()_\diamond \otimes 1_G}.$$

Beweis:

Die Aktion $\diamond$ auf ein Element a der C^*-Algebra A hat die Tensorproduktdarstellung $a_\diamond = a_i \otimes \rho_{u_i}$. Also ist unter Berücksichtigung des vorhergehenden Lemmas für sämtliche Summen und Limiten des Tensorprodukts $\rho_{u_i} \otimes 1_G$:

$$
\begin{aligned}
Ad(id_H \otimes W_\diamond)\left[a_\diamond \otimes 1_G\right] &= Ad(id_H \otimes W_\square)\left[a_i \otimes \rho_{u_i} \otimes 1_G\right] \\
&= a_i \otimes Ad(W_\diamond)\left[\rho_{u_i} \otimes 1_G\right] \\
&= a_i \otimes \rho_\blacklozenge^{u_i}.
\end{aligned}
$$

Nun können wir $a_i \otimes \rho_\blacklozenge^{u_i} = (a_i \otimes \rho_{u_i})_{id_H \otimes ()_\blacklozenge}$ schreiben und wieder zur Tensorproduktdarstellung der Koaktion auf die Koaktionsdarstellung gehen, d. h. $(a_i \otimes \rho_{u_i})_{id_H \otimes ()_\blacklozenge} = (a_\diamond)_{id_H \otimes ()_\blacklozenge}$. Zum Abschluss wird noch die Aktionseigenschaft $(a_\diamond)_{id_H \otimes ()_\blacklozenge} = (a_\diamond)_{()_\diamond \otimes 1_G}$ verwendet, so dass insgesamt gilt

$$Ad(id_H \otimes W_\diamond)\left[a_\diamond \otimes 1_G\right] = (a_\diamond)_{()_\diamond \otimes 1_G}.$$

$\qquad\square$

Lemma 4.7.26.

$$Ad(W_\diamond)f_\blacklozenge = 1_G \otimes f.$$

Beweis:

Hier setzen wir die Definition $f_\blacklozenge(s,t) = f(t^{-1}s)$ ein und erhalten

$$
\begin{aligned}
\left[W_\diamond f_\blacklozenge(\phi \otimes \psi)\right](s,t) &= f_\blacklozenge(s, st^{-1})W_\diamond(\phi \otimes \psi)(s,t) \\
&= f_\blacklozenge(s, st^{-1})\phi(s)\psi(st^{-1}) \\
&= f((st^{-1})^{-1}s)\phi(s)\psi(st^{-1}) \\
&= f(t)\phi(s)\psi(st^{-1}) \\
&= f(t)W_\diamond(\phi \otimes \psi)(s,t) \\
&= \left[W_\diamond(1_G \otimes f)(\phi \otimes \psi)\right](s,t).
\end{aligned}
$$

$\qquad\square$

Zum Schluss zeigen wir noch

Lemma 4.7.27.

$$Ad(id_H \otimes W_\diamond)\,[1_G \otimes \rho_g] = id_H \otimes 1_G \otimes \lambda_g.$$

Beweis:

$$
\begin{aligned}
\left[W_\diamond(1_G \otimes \rho_g)(\phi \otimes \psi)\right](s,t) &= W_\diamond(\phi \otimes \rho_g\psi)(s,t) \\
&= \phi(s)(\rho_g\psi)(st^{-1}) \\
&= \phi(s)\psi(st^{-1}g) = \phi(s)\psi(s(g^{-1}t)^{-1}) \\
&= W_\diamond(\phi \otimes \psi)(s,g^{-1}t) \\
&= \left[W_\diamond(1_G \otimes \lambda_g)(\phi \otimes \psi)\right](s,t).
\end{aligned}
$$

$\square$

Folgerung 4.7.28.

$$Ad(id_H \otimes W_\diamond)\,[1_G \otimes \rho_u] = id_H \otimes 1_G \otimes \lambda_u.$$

Beweis:

Diese Behauptung ergibt sich durch Integration der Gleichung des vorhergehenden Lemmas (s. Folgerung 4.7.8.). $\square$

Sodann können wir das Begonnene fortsetzen, indem wir die gerade gewonnenen Ergebnisse einsetzen.

$$
\begin{aligned}
\left[a_i \otimes Ad(W_\diamond)\,[\rho_{u_i} \otimes 1_G]\right]&\left[id_H \otimes Ad(W_\diamond)\,[f_\blacklozenge]\right] \\
\left[id_H \otimes Ad(W_\diamond)\,[1 \otimes \rho_u]\right] &= (a_\diamond)_{()_\diamond \otimes 1_G}(id_H \otimes 1_G \otimes f) \\
&\qquad (id_H \otimes 1_G \otimes \lambda_u) \\
&= (a_\diamond)_{()_\diamond \otimes 1_G}(id_H \otimes 1_G \otimes f\lambda_u) \\
&= (a_\diamond)_{()_\diamond \otimes 1_G}(id_{H\square} \otimes f\lambda_u) \\
&= (a_\diamond)_{()_\diamond \otimes 1_G}(id_H \otimes f\lambda_u)_{()_\diamond \otimes 1_G} \\
&= (a_\diamond(id_H \otimes f\lambda_u))_{()_\diamond \otimes 1_G}
\end{aligned}
$$

Hier wurde verwendet, dass auf das Einselement id_H der C^*-Algebra A auch der Homomorphismus $\diamond$ angewendet werden kann, was dann dem Einselement in der Multiplier-Algebra $A \overrightarrow{\otimes} C_0(G)$ entspricht.

Der letzte Schritt ist, die Injektivität des C^*-Homomorphismus $\diamond$ auszunutzen, durch den $()_{\circ\otimes 1_G}$ mit $()_\circ$ identifiziert werden kann. Also ist das Diagramm kommutativ. Der obere Teil des folgenden Diagramms zeigt, was wir bisher bewiesen haben.

$$[a_\circ(id_H \otimes f_\blacklozenge)]_{\circ *}\,(id_H \otimes 1_G \otimes \rho_u) \quad \in \quad [A \otimes C_0(G)] \boxtimes C_\rho^*(G)$$

$$\downarrow {\scriptstyle id_H \otimes Ad(W_\circ)} \qquad\qquad\qquad\qquad\qquad\qquad \downarrow {\scriptstyle \approx}$$

$$[a_\circ(id_H \otimes f\lambda_u)]^{()_\circ \otimes 1_G} \quad \in \quad A \otimes \mathcal{L}(L^2(G) \otimes L^2(G))$$

$$\uparrow {\scriptstyle \circ \otimes 1_G} \qquad\qquad\qquad\qquad\qquad\qquad \uparrow {\scriptstyle \approx}$$

$$a_\circ(id_H \otimes f\lambda_u) \quad \in \quad A \otimes \mathcal{K}(L^2(G))$$

Den unteren Isomorphismus zeigen wir nun, wobei die nicht-entartete Darstellung der Aktion die entscheidende Rolle spielt. Zunächst ist

$$\begin{aligned} a_\circ(id_H \otimes f) &= (a_i \otimes f_i)(id_H \otimes f) \\ &= a_i \otimes f_i f. \end{aligned}$$

Wegen der nicht-entarteten Darstellung gilt für den linearen Spann von $a_\circ(id_H \otimes f)$

$$\langle a_\circ(id_H \otimes f)\rangle \subseteq A \otimes C_0(G).$$

Nun müssen wir zeigen, dass ein Element $a \otimes T \in A \otimes \mathcal{K}(L^2(G))$ ein Bild eines Erzeuger von $A \otimes C_0(G)$ entspricht. Dazu sei ein kompakter Operator $T = f\lambda_u$ mit $\lambda_u \in C_\lambda^*(G)$ und $f \in C_0(G)$ gegeben. Für diesen Operator gilt:

$$a \otimes T = a \otimes f\lambda_u = (a \otimes f)(id_H \otimes \lambda_u) = a_\circ(id_H \otimes f)(id_H \otimes \lambda_u) = a_\circ(id_H \otimes f\lambda_{u_i}).$$

Mit $\circ^{-1}$ folgt somit, dass

$$\left[(id_H \otimes Ad(W_\circ))\,[a_\circ(id_H \otimes f_\blacklozenge)]_{\circ *}\,(id_H \otimes 1_G \otimes \lambda_u) \right]_{\circ^{-1}} \in A \otimes \mathcal{K}(L^2(G)).$$

Nun zeigen wir noch die Kommutativität des Diagramms für die **biduale Linkskoaktion** (entspricht der dualen Linksaktion)

$$(a \otimes f \boxtimes \lambda_u)^{(\square^*)^*} = Ad(id_H \otimes W^\circ)(a \otimes f \boxtimes \lambda_u \otimes 1_G)$$

auf dem Kreuzprodukt $A \otimes C_0(G) \boxtimes C_\lambda^*(G)$

$$\begin{array}{ccc}
A \otimes C_0(G) \boxtimes C_\lambda^*(G) & \xrightarrow{\ ()^{(\circ^*)^*}\ } & A \otimes C_0(G) \boxtimes C_\lambda^*(G) \overleftarrow{\otimes} C_\lambda(G) \\
\downarrow {\scriptstyle ()^{(\circ^*)^*}} & & \downarrow {\scriptstyle ()^{(\circ^*)^*} \otimes 1_G} \\
A \otimes C_0(G) \boxtimes C_\lambda^*(G) \overleftarrow{\otimes} C_\lambda(G) & \xrightarrow{\ id_A \otimes 1_G \otimes 1_G \otimes ()^\blacklozenge\ } & A \otimes C_0(G) \boxtimes C_\lambda^*(G) \overleftarrow{\otimes} C_\lambda^*(G) \overleftarrow{\otimes} C_\lambda^*(G)
\end{array}$$

mit dem Kac-Takesaki-Operator

$$W^\circ(\phi \otimes \psi) = \phi(s)\psi(t^{-1}s),$$

wobei $\phi, \psi \in L^2(G)$ und $s, t \in G$. Außerdem ist $f^\blacklozenge = f(st^{-1})$ die Bimultiplikationsabbildung und $\lambda_u^\blacklozenge = \Delta_G(\lambda_u)$ die Komultiplikationsabbildung der Hopf-C^*-Algebra $C_\lambda^*(G)$.

Beginnen wir mit der Umformung des Erzeugers $a \otimes f \boxtimes \lambda_u$ in Tensorproduktschreibweise:

$$
\begin{aligned}
a \otimes f \boxtimes \lambda_u &= (a \otimes f)^{\circ^*}(id_H \otimes 1_G \otimes \lambda_u) \\
&= (a^\square \otimes 1_G)(id_H \otimes ()^\blacklozenge)(id_H \otimes 1_G \otimes \lambda_u).
\end{aligned}
$$

Nun wenden wir den C^*-Homomorphismus $(\circ^*)^* = Ad(id_H \otimes W^\circ)$ an. Im ersten Schritt nutzen wir die Linearität des Homomorphismus aus.

$$
\begin{aligned}
\left[(a^\circ \otimes 1_G)(id_H \otimes f^\blacklozenge)(id_H \otimes 1_G \otimes \lambda)\right]^{(\circ^*)^*} &= (a^\circ \otimes 1_G)^{(\circ^*)^*}(id_H \otimes f^\blacklozenge)^{(\circ^*)^*} \\
&\qquad (id_H \otimes 1_G \otimes \lambda_u)^{(\circ^*)^*} \\
&= Ad(id_H \otimes W^\circ)\left[a^\circ \otimes 1_G\right] \\
&\qquad Ad(id_H \otimes W^\circ)\left[id_H \otimes f^\blacklozenge\right] \\
&\qquad Ad(id_H \otimes W^\circ)\left[id_H \otimes 1_G \otimes \lambda_u\right] \\
&= \left[a_i \otimes Ad(W^\circ)\left[\lambda_{u_i} \otimes 1_G\right]\right] \\
&\qquad \left[id_H \otimes Ad(W^\square)\left[f^\blacklozenge\right]\right] \\
&\qquad \left[id_H \otimes Ad(W^\circ)\left[1_G \otimes \lambda_u\right]\right]
\end{aligned}
$$

Die einzelnen Faktoren betrachten wir für sich.

Lemma 4.7.29.

$$
Ad(W^\circ)\left[\lambda_u \otimes 1_G\right] = \lambda_u^\blacklozenge.
$$

Beweis:

Durch einfaches Anwenden des Kac-Takesaki-Operators erhalten wir Folgendes:

$$
\begin{aligned}
\left[W^\circ(\lambda_g \otimes 1_G)(\phi \otimes \psi)\right](s,t) &= W^\circ(\lambda_g \phi \otimes \psi)(s,t) \\
&= (\lambda_g \phi)(s)\psi(t^{-1}s) \\
&= \phi(g^{-1}s)\psi(t^{-1}s) = \phi(g^{-1}s)\psi((g^{-1}t)^{-1}g^{-1}s) \\
&= W^\circ(\phi \otimes \psi)(g^{-1}s, g^{-1}t) \\
&= \left[W^\circ(\lambda_g \otimes \lambda_g)(\phi \otimes \psi)\right](s,t).
\end{aligned}
$$

$\square$

Folgerung 4.7.30.

$$
Ad(W^\circ)\lambda_u^\blacklozenge = 1_G \otimes \lambda_u.
$$

Beweis:

Diese Behauptung ergibt sich durch Integration der Gleichung des vorhergehenden Lemmas (s. Folgerung 4.7.8.). $\qquad\square$

Lemma 4.7.31.
$$[Ad(id_H \otimes W^\circ)\,[a^\circ \otimes 1_G]] = (a^\circ)^{()^\circ \otimes 1_G}.$$

Beweis:

Die Aktion $\diamond$ auf ein Element a der C^*-Algebra A hat die Tensorproduktdarstellung $a^\circ = a_i \otimes \lambda_{u_i}$. Also ist unter Berücksichtigung des vorhergehenden Lemmas für sämtliche Summen und Limiten des Tensorprodukts $\lambda_{u_i} \otimes 1_G$:

$$\begin{aligned}
Ad(id_H \otimes W^\circ)\,[a^\circ \otimes 1_G] &= Ad(id_H \otimes W^\square)\,[a_i \otimes \lambda_{u_i} \otimes 1_G]\\
&= a_i \otimes Ad(W^\circ)\,[\lambda_{u_i} \otimes 1_G]\\
&= a_i \otimes \lambda_{u_i}^\blacklozenge.
\end{aligned}$$

Nun können wir $a_i \otimes \lambda_{u_i}^\blacklozenge = (a_i \otimes \lambda_{u_i})^{id_H \otimes ()^\blacklozenge}$ schreiben und wieder von der Tensorproduktdarstellung der Koaktion auf die Koaktionsdarstellung gehen, d. h. $(a_i \otimes \lambda_{u_i})^{id_H \otimes ()^\blacklozenge} = (a^\circ)^{id_H \otimes ()^\blacklozenge}$. Zum Abschluss wird noch die Aktionseigenschaft $(a^\circ)^{id_H \otimes ()^\blacklozenge} = (a^\circ)^{()^\circ \otimes 1_G}$ verwendet, so dass insgesamt gilt

$$Ad(id_H \otimes W^\circ)\,[a^\circ \otimes 1_G] = (a^\circ)^{()^\circ \otimes 1_G}.$$

$\qquad\square$

Lemma 4.7.32.
$$Ad(W^\circ)\,[f^\blacklozenge] = 1_G \otimes f.$$

Beweis:

Hier setzen wir die Definition $f^\blacklozenge(s,t) = f(st^{-1})$ ein und erhalten

$$\begin{aligned}
W^\circ(f^\blacklozenge(\phi \otimes \psi))(s,t) &= f^\blacklozenge(s, t^{-1}s)W^\circ(\phi \otimes \psi)(s,t)\\
&= f(s(t^{-1}s)^{-1})\phi(s)\psi(t^{-1}s)\\
&= f(t)\phi(t)\psi(t^{-1}s)\\
&= f(t)W^\circ(\phi \otimes \psi)(s,t)\\
&= [W^\circ(1_G \otimes f)(\phi \otimes \psi)]\,(s,t).
\end{aligned}$$

$\qquad\square$

Zum Schluss zeigen wir noch

Lemma 4.7.33.

$$Ad(id_H \otimes W^\circ)\,[1_G \otimes \lambda_g] = id_H \otimes 1_G \otimes \rho_g.$$

Beweis:

$$
\begin{aligned}
\left[W^\circ(1_G \otimes \lambda_g)(\phi \otimes \psi)\right](s,t) &= W^\circ(\phi \otimes \lambda_g \psi)(s,t) \\
&= \phi(s)\lambda_g\psi(t^{-1}s) \\
&= \phi(s)\psi(g^{-1}t^{-1}s) = \phi(s)\psi((tg)^{-1}s) \\
&= W^\circ(\phi \otimes \psi)(s,tg) \\
&= \left[W^\circ(1_G \otimes \rho_g)(\phi \otimes \psi)\right](s,t).
\end{aligned}
$$

$\square$

Folgerung 4.7.34.

$$Ad(id_H \otimes W^\circ)\,[1 \otimes \lambda_u] = id_H \otimes 1_G \otimes \rho_u.$$

Beweis:

Diese Behauptung ergibt sich durch Integration der Gleichung des vorhergehenden Lemmas (s. Folgerung 4.7.8.). $\square$

Sodann können wir das oben Begonnene fortsetzen, indem wir die gerade gewonnenen Ergebnisse einsetzen:

$$
\begin{aligned}
&\left[a_i \otimes Ad(W^\circ\,[\lambda_{u_i} \otimes 1_G])\right]\left[id_H \otimes Ad(W^\circ)\,[f^\blacklozenge]\right] \\
&\qquad \left[id_H \otimes Ad(W^\circ)\,[1 \otimes \lambda_u]\right] = (a^\circ)^{()^\circ \otimes 1_G}(id_H \otimes 1_G \otimes f) \\
&\qquad\qquad\qquad\qquad (id_H \otimes 1_G \otimes \rho_u) \\
&\qquad\qquad\qquad = (a^\circ)^{()^\circ \otimes 1_G}(id_H \otimes 1_G \otimes f\rho_u) \\
&\qquad\qquad\qquad = (a^\circ)^{()^\circ \otimes 1_G}(id_H^\square \otimes f\rho_u) \\
&\qquad\qquad\qquad = (a^\circ)^{()^\circ \otimes 1_G}(id_H \otimes f\rho_u)^{()^\circ \otimes 1_G} \\
&\qquad\qquad\qquad = (a^\circ(id_H \otimes f\rho_u))^{()^\circ \otimes 1_G}.
\end{aligned}
$$

Hier wurde verwendet, dass auf das Einselement id_H der C^*-Algebra A auch der Homomorphismus $\circ$ angewendet werden kann, was dann dem Einselement in der Multiplier-Algebra $A\overleftarrow{\otimes}C_0(G)$ entspricht.

Der letzte Schritt ist, die Injektivität des C^*-Homomorphismus $\circ$ auszunutzen, durch den $()^{\circ \otimes 1_G}$ mit $()^\circ$ identifiziert werden kann. Damit ist das Diagramm kommutativ.

Der obere Teil des folgenden Diagramms zeigt, was wir bisher bewiesen haben.

$$\left[a^{\diamond}(id_H \otimes f^{\blacklozenge})\right]^{\diamond^*} (id_H \otimes 1_G \otimes \lambda_u) \qquad \in \qquad \left[A \otimes C_0(G)\right] \boxtimes C^*_{\lambda}(G)$$

$$\Big\downarrow{\scriptstyle id_H \otimes Ad(W^{\diamond})} \qquad\qquad\qquad\qquad\qquad \Big\downarrow{\scriptstyle \approx}$$

$$\left[a^{\diamond}(id_H \otimes \rho_u f)\right]^{()^{\diamond} \otimes 1_G} \qquad \in \qquad A \otimes \mathcal{L}(L^2(G) \otimes L^2(G))$$

$$\Big\uparrow{\scriptstyle \diamond \otimes 1_G} \qquad\qquad\qquad\qquad\qquad \Big\uparrow{\scriptstyle \approx}$$

$$a^{\diamond}(id_H \otimes \rho_u f) \qquad \in \qquad A \otimes \mathcal{K}(L^2(G))$$

Den unteren Isomorphismus zeigen wir nun, wobei die nicht-entartete Darstellung der Aktion die entscheidende Rolle spielt. Zunächst ist

$$
\begin{aligned}
a^{\diamond}(id_H \otimes f) &= (a_i \otimes f_i)(id_H \otimes f_i f) \\
&= a_i \otimes f_i f.
\end{aligned}
$$

Wegen der nicht-entarteten Darstellung gilt für den linearen Spann von $a^{\diamond}(id_H \otimes f)$

$$\langle a^{\diamond}(id_H \otimes f)\rangle \subseteq A \otimes C_0(G).$$

Nun müssen wir zeigen, dass ein Element $a \otimes T \in A \otimes \mathcal{K}(L^2(G))$ ein Bild eines Erzeuger von $A \otimes C_0(G)$ entspricht. Dazu sei ein kompakter Operator $T = f\rho_u$ mit $\rho_u \in C^*_{\rho}(G)$ und $f \in C_0(G)$ gegeben. Für diesen Operator gilt:

$$a \otimes T = a \otimes f\rho_u = (a \otimes f)(id_H \otimes \rho_u) = a^{\diamond}(id_H \otimes f)(id_H \otimes \rho_u) = a^{\diamond}(id_H \otimes f\rho_{u_i}).$$

Mit $\diamond^{-1}$ folgt somit, dass

$$\left[(id_H \otimes Ad(W^{\diamond}))\left[a^{\diamond}(id_H \otimes f^{\blacklozenge})\right]^{\diamond^*}(id_H \otimes 1_G \otimes \rho_u)\right]^{\diamond^{-1}} \in A \otimes \mathcal{K}(L^2(G)).$$

Somit ist der Satz bewiesen. $\qquad\qquad\qquad\qquad\qquad\qquad\qquad\qquad\qquad$ $\square$

Teil II

Anwendung auf Toeplitz-Operatoren für symmetrische Gebiete

Nachdem wir den Teil über algebraische und analytische Dualität abgeschlossen haben, wenden wir die algebraischen und funktionalanalytischen Konzepte auf die Toeplitz-Quantisierung beschränkter symmetrischer Gebiete (in einer oder mehreren Variablen) an. Die Hilbert-Zustandsräume sind dabei Hilbert-Räume holomorpher Funktionen, und zwar in der eigentlichen Quantisierung (mit Deformationsparameter): die gewichteten Bergman-Räume. Als wichtiger Grenzfall (ohne Deformationsparameter) tritt aber auch der Hardy-Raum auf dem Shilov-Rand des Gebiets auf. Wir entwickeln daher die Struktur der Hardy-Toeplitz-C^*-Algebra und anschließend der Bergman-Toeplitz-C^*-Algebra, die bisher in der Literatur nicht eingehend behandelt wurde. Als Grundlage für diese Untersuchungen wird die Jordan-theoretische Beschreibung symmetrischer Gebiete erläutert, und es werden die wichtigsten Beispiele erläutert.

Kapitel 5

Symmetrische Gebiete und Funktionenräume

5.1 Jordan-Algebra und Jordan-Tripelsysteme

Jordan-Algebren[1] sind algebraische Strukturen, die in einer gewissen Analogie zu Ringen stehen, sich von diesen aber in zwei wesentlichen Punkten unterscheiden. Erstens, die Verknüpfung einer Jordan-Algebra genügt nicht mehr dem Assoziativgesetz, sondern einer Abschwächung, der sog. Jordan-Identität. Zweitens, Jordan-Algebren haben zusätzlich eine Vektorraumstruktur über einem Grundkörper, die mit der Verknüpfung (der Jordan-Algebra) verträglich ist.

Definition 5.1.1. *Ein reeller Vektorraum $X \cong \mathbb{R}^d$ heißt **reelle Jordan-Algebra** genau dann, wenn auf X ein kommutatives, nicht-assoziatives Produkt*

$$\circ : X \times X \;\to\; X$$
$$(x,y) \;\mapsto\; x \circ y = y \circ x$$

---

[1]Diese Bezeichnung geht auf den theoretischen Physiker Pascual Jordan (18.10.1902, Hannover - 31.07.1980, Hamburg) zurück, einen Schüler Max Borns und maßgeblichen Autor zur mathematischen Formulierung der Quantenmechanik. Bemerkenswert ist, dass Jordan Abgeordneter des Deutschen Bundestages in der 3. Wahlperiode (15. Oktober 1957 - 15. Oktober 1961) war. Jordan ist von einem hyperkomplexen System mit einem Quasiprodukt $a \circ b = \lambda ab + \mu ba$ mit $\lambda, \mu \in \mathbb{R}$ ausgegangen. Für $\lambda = -\mu$ erhalten wir eine Lie-Algebra. Der - auch für Jordan - physikalisch bedeutungsvolle Fall $\lambda = \mu$ führt dann zur „k-Zahl-Algebra", das ist Jordans ursprüngliche Bezeichnung in [Jordan 1]. In Jordans physikalisch motivierter Arbeit [Jordan 2] nennt er sie noch r-Zahl-Algebra. Vermutlich wollte er damit auf Diracs Quantenmechanik mit q-Zahlen anspielen, in der q-Zahlen hyperkomplexe Zahlen (bspw. Quaternionen) sind, indem er den alphabetisch nachfolgenden Buchstaben gewählt hat. Denn in der mathematischen Arbeit [Jordan 1] verwendet er k als Element eines allg. hyperkomplexen Zahlensystems. Bei Dirac steht q für *queer* oder *quantum*.

*definiert ist, das die **Jordan-Identität***

$$x^2 \circ (x \circ y) = x \circ (x^2 \circ y)$$

erfüllt. Gilt zusätzlich die Bedingung

$$x^2 + y^2 = 0 \Rightarrow x = y = 0,$$

*dann bezeichnet man die Jordan-Algebra als **formal-reell** oder **euklidisch**.*

Bemerkung 5.1.2. *Eine formal-reelle Jordan-Algebra hat ein strikt positives inneres Produkt, das mit dem inneren Produkt (u,v) der Komplexifizierung $Z = X^{\mathbb{C}}$ verträglich ist.*

Nun stellt sich natürlich die Frage, warum man solche Algebren betrachtet. Die Motivation kommt aus der Quantenmechanik, in der man einen Zustandsraum E eines quantenmechanischen Systems betrachtet. Darauf bildet man einen reellen Vektorraum aller beschränkten selbstadjungierten linearen Operatoren $\mathcal{H}(E)$, die als beschränkte Observablen des Systems betrachtet werden. Jordan stellte fest, dass $\mathcal{H}(E)$ mit dem Antikommutatorprodukt

$$x \circ y := \frac{xy + yx}{2}$$

eine nicht-assoziative Algebra ist. Dieses Antikommutatorprodukt erhält die Observablen und hat somit eine physikalische Bedeutung. Dieser Vektorraum $\mathcal{H}(E)$ ist eine Jordan-Algebra.

Ein weiterer Entwicklungsschritt wurde erforderlich, weil die in der Quantenmechanik erforderlichen Algebren im Allgemeinen unendlich dimensional sind. Daher hat man eine Strukturtheorie für reelle Banach-Jordan-Algebren entwickelt.

Definition 5.1.3. *Eine reelle Jordan-Algebra X mit dem Produkt $x \circ y$ und dem Einselement e heißt **JB-Algebra**, falls X eine Banach-Raum-Norm $\| \cdot \|$ trägt und*

1. $\|x \circ y\| \leq \|x\| \circ \|y\|$ und

2. $\|x^2 + y^2\| \geq \|x\|^2$

gilt.

Definition 5.1.4. *Eine abgeschlossene unitale Unteralgebra X von $\mathcal{H}(E)$ mit einem komplexen Hilbert-Raum E heißt JC-**Algebra**.*

Definition 5.1.5. *Eine komplexe Jordan-Algebra Z mit Produkt $z \circ w$, Einselement e und Involution $z \mapsto z^*$ heißt JB****-Algebra**, falls Z eine Banach-Raum-Norm $\| \cdot \|$ trägt und*

1. $\|z \circ w\| \leq \|z\| \circ \|w\|$ *und*

2. $\|\{zz^*z\}\| = \|z\|^3$

gilt, wobei mit

$$\{uv^*w\} := u \circ (v^* \circ w) - v^* \circ (w \circ u) + w \circ (u \circ v^*)$$

*das **Jordan-Tripelprodukt** von $u, v, w \in Z$ bezeichnet wird.*

Die Konzepte einer JB-Algebra und einer JB^*-Algebra sind im folgenden Sinne äquivalent: Der selbstadjungierte Teil

$$X := \{x \in Z | x^* = x\}$$

einer JB^*-Algebra Z ist eine JB-Algebra unter der eingeschränkten Norm, wobei die Komplexifizierung

$$Z = X \otimes \mathbb{C}$$

einer JB-Algebra eine JB^*-Algebra mit der eindeutigen erweiterten JB-Norm auf X ist. Da jede unitale C^*-Algebra Z eine JB^*-Algebra mit dem Antikommutatorprodukt ist, bezeichnet man jede abgeschlossene unitale Jordan-*-Unteralgebra einer C^*-Algebra als eine JC^*-Algebra. Jede JC^*-Algebra ist eine JB^*-Algebra. JC-Algebren korrespondieren mit JC^*-Algebren, wobei die formal-reellen Jordan-Algebren mit den halbeinfachen komplexen Jordan-Algebren korrespondieren ([Braun/Koecher], Satz 5.6., S. 331). Das Jordan-Tripelprodukt einer JB^*-Algebra führt zu einer allgemeineren algebraischen Struktur: dem Jordan-Tripelsystem.

Definition 5.1.6. *Eine (komplexe) Jordan-Algebra Z mit einem trilinearen Produkt*

$$\begin{aligned}
\{\cdot\} : Z \times Z \times Z &\rightarrow Z \\
(u, v, w) &\mapsto \{uv^*w\},
\end{aligned}$$

*wobei (u, w) komplex bilinear und konjugiert-linear in v ist, heißt **Jordan-Tripelsystem**, falls*

1. $\{uv^*w\} = \{wv^*u\}$ *und*

2. *die Jordan-Tripelidentität*

$$\{\{uv^*w\}y^*x\} + \{\{uv^*x\}y^*w\} - \{uv^*\{wy^*x\}\} = \{w\{vu^*y\}^*x\}$$

erfüllt ist.

5.2 Jordan-Tripelsysteme und beschränkte symmetrische Gebiete

Zunächst führen wir holomorphe Funktionen ein. Eine (möglicherweise) vektorwertige Funktion $f : B \to \mathbb{C}^m$ heißt **holomorph**, falls sie eine Potenzreihenentwicklung

$$f(z) = \sum_{\alpha \in \mathbb{N}^d} c_\alpha z_1^{\alpha_1} \dots z_n^{\alpha_n}$$

mit den Koeffizienten $c_\alpha \in \mathbb{C}^d$ hat. Ordnen wir nach Monomen mit gleichem Grad, dann erhalten wir die Entwicklung

$$f(z) = \sum_{m \geq 0} \sum_{|\alpha| = m} c_\alpha z_1^{\alpha_1} \dots z_n^{\alpha_n} = \sum_{m \geq 0} \phi_m(z)$$

der m-**homogenen Polynome**. Nehmen wir nun den Raum $\mathcal{P}_m(Z, \mathbb{C}^d)$ aller m-homogenen Polynome $\phi_m : Z \to \mathbb{C}^d$, die $\phi_m(\lambda z) = \lambda^m \phi_m(z)$ für alle $\lambda \in \mathbb{C}$ erfüllen, dann ist der Raum

$$\mathcal{P}(Z, \mathbb{C}^d) = \sum_{m \geq 0} \mathcal{P}_m(Z, \mathbb{C}^d)$$

aller Polynome dicht im Raum aller holomorphen Funktionen $\mathcal{O}(B, \mathbb{C}^d)$ unter kompakter Konvergenz.

Im Folgenden betrachten wir $Z = \mathbb{C}^d$ mit der Norm $\| \cdot \|$. Wir betrachten

$$B = \{ z \in Z : \| z \| \leq 1 \}.$$

Sei $GL(Z)$ die Gruppe der invertierbaren komplex-linearen Transformationen von Z und setze

$$K = GL(B) := \{ g \in GL(Z) : g(B) = B \}.$$

Allgemeiner können wir

$$G = Aut(B) = \{ g : B \to B : g \text{ biholomorph} \}$$

als Gruppe biholomorpher Abbildungen $g : B \to B$ setzen. Diese ist nach H. Cartan eine reelle Lie-Gruppe. Ferner ist $K = \{ g \in G : g(0) = 0 \} \subset G$ eine kompakte Untergruppe.

Definition 5.2.1. *Das Gebiet B heißt genau dann **symmetrisch**, wenn G transitiv auf B operiert, d. h. es existiert ein $g \in Aut(B)$, so dass $g(0) = z$ für alle $z \in B$ gilt.*

Dies ist äquivalent zu $B = G/K$. Es besteht also folgender Zusammenhang zwischen beschränkten symmetrischen Gebieten und Jordan-Tripelsystemen ([Upmeier 2], Theorem 2.18 und Korollar 2.19, S. 18):

Theorem 12. *Sei B ein beschränktes symmetrisches Gebiet. Dann existiert ein Jordan-Tripelprodukt $Z \times \overline{Z} \times Z$, so dass für die Cartan-Zerlegung gilt:*

$$\mathfrak{p} \;=\; \left\{ (v - \{zv^*z\})\frac{\partial}{\partial z} \,|\, v \in Z \right\},$$

$$\mathfrak{k} \;=\; \left\{ h(z)\frac{\partial}{\partial z} \,|\, h \in \mathfrak{gl}(Z),\; h\{zv^*z\} = \{h(z)h^*(v)h(z)\} \right\}.$$

Die erste Eigenschaft besagt, dass B infinitesimale Transvektionen hat, und die zweite stellt sicher, dass h eine Isometrie ist.

Bemerkung 5.2.2. *Das von uns benötigte Ergebnis für JC^*-Tripelsysteme ist in [Harris] gezeigt.*

Die Verbindung zwischen dem Gebiet und dem Jordan-Tripelsystem wird durch folgenden Operator geschaffen:

Definition 5.2.3. *Der Endomorphismus*

$$B(a,b)z = z - 2\{ab^*z\} + \{a\{bz^*b\}^*a\}$$

heißt der zu (a,b) assoziierte $\boldsymbol{Bergman^2\text{-}Endomorphismus^3}$.

Man kann nun zeigen, dass der Bergman-Endomorphismus invertierbar ist, also $B(z,\zeta) \in GL(Z)$ ist. In diesem Falle schreiben wir

$$z^\zeta := B^{-1}(z,\zeta)(z - \{z\zeta^*z\})$$

und bezeichnen dies als das **Quasi-Inverse** von z bezüglich ζ. Dieses Quasi-Inverse hat eine eindeutige Darstellung

$$z^\zeta = \frac{p(z,\zeta)}{\Delta(z,\zeta)},$$

wobei $\Delta : Z \times Z \to \mathbb{C}$ ein sesquilineares Polynom ist, das $\Delta(0,0) = 1$ erfüllt, und $p(z,\zeta)$ ein Z-wertiges sesquilineares Polynom ist, das keinen gemeinsamen Faktor mit $\Delta(z,\zeta)$ hat.

Definition 5.2.4. *Das sesquilineare Polynom $\Delta(z,\zeta)$ wird als $\boldsymbol{Jordan\text{-}Tripeldeterminante}$ bezeichnet.*

---

[2]Stefan Bergman (5. Mai 1896, Częstochowa (Kongresspolen) - 6. Juni 1977, Palo Alto (Kalifornien)), ein Schüler von Richard von Mises. Die Begriffe Bergman-Kern, Bergman-Metrik und Bergman-Raum gehen ebenfalls auf ihn zurück.

[3]Der Bergman-Endomorphismus ist ohne diese Namensgebung definiert in [Koecher], II.1.3., S. 38 i. V. m. I.2.5., S. 16. Die Verbindung zum Bergman-Kern wird dann ab IV.6, S. 126ff deutlich. In [Loos 1], 2.11, S. 20 und [Loos 2], 2.9. ist die Bezeichnung *Bergman-Endomorphismus* nicht erwähnt.

Denn der Bergman-Kern $K : B \times \overline{B} \to \mathbb{C}$ kann durch den Bergman-Endomorphismus als

$$K(z,w) = \det B(z,w)^{-1}$$

ausgedrückt werden. Insbesondere stellt die Jordan-Tripeldeterminante dann über den Bergman-Endomorphismus die Verbindung zum Bergman-Kern her, da

$$K(z,w) = \det B(z,w)^{-1} = \Delta(z,w)^{-p}$$

für alle $z, w \in B$, wobei p das Geschlecht des Gebiets ist. Insgesamt ist also die Beziehung zwischen Jordan-Tripelsystemen und beschränkten symmetrischen Gebieten dargelegt.

Wir unterteilen in symmetrische Räume vom kompakten und vom nicht-kompakten Typ. Dabei wird unterschieden, ob die Gebiete isomorph zu Quotienten kompakter Gruppen bzw. zu Quotienten nicht-kompakter Gruppen sind. Die Räume vom kompakten Typ bilden die Grundlage für die Hardy-Räume, die vom nicht-kompakten Typ die für Bergman-Räume.

Beispiel 5.2.5. *Wir beginnen mit Beispielen für Räume vom kompakten Typ.*

1. Sei die reelle Jordan-Algebra $X = \mathbb{R}^n$. Deren Komplexifizierung ist

$$Z = X^{\mathbb{C}} = X \otimes \mathbb{C} = X \oplus iX.$$

Ferner sei K eine komplexe kompakte zusammenhängende Lie-Gruppe, die mit einem Automorphismus σ der Periode 2 ausgestattet ist. Die dazugehörige Fixpunktuntergruppe ist $K_\sigma = \{s \in K | \sigma s = s\}$, die entsprechende Identitätskomponente ist K_σ^0. Nun sei L eine abgeschlossene Untergruppe von K, die

$$(K^\sigma)^0 \subset L \subset K^\sigma$$

erfüllt. Dann ist der Quotientenraum $S := K/L$ ein kompakter zusammenhängender Riemannscher symmetrischer Raum ([Helgason], Theorem 9.1., S. 326). Mit $e := \{L\}$ bezeichnen wir den Basispunkt von S. Wir betrachten nun den n-Torus $K = \mathbb{T}^n$ mit dem involutiven Automorphismus $\theta(s) := s^{-1}$.
Dazu können wir $L = 1$ annehmen. $S = K = \mathbb{T}^n = U(1) \times \ldots \times U(1)$ ist ein kompakter symmetrischer Raum mit Basispunkt $e = (1, \ldots, 1)$.
Im einfachsten Fall ($n = 1$) ist $S = \mathbb{T} = U(1)$, $L = 1$ und $K = U(1) \times U(1)$.

2. Sei $X = \mathcal{H}_r(\mathbb{C})$ der reelle Vektorraum der selbstadjungierten ($r \times r$)-Matrizen mit Einträgen in $\mathbb{C}$, wobei $\mathbb{C}$ hier als reelle Divisionsalgebra aufgefasst wird. Mit dem

Anti-Kommutator-Produkt $x \circ y = \frac{xy+yx}{2}$ wird der Vektorraum eine reelle Matrix-Jordan-Algebra vom Rang r. Die $(r \times r)$-Einheitsmatrix ist das Einselement der Algebra. Die Komplexifizierung $Z = X \oplus iX = X \otimes \mathbb{C}$ einer reellen Jordan-Algebra wird eine komplexe Jordan-$*$-Algebra mit dem Produkt $z \circ w$ und der Involution $z = x + iy \mapsto z^* = x - iy$, für $x, y \in X$. Die Komplexifizierung erhalten wir im Falle

$$Z = \mathcal{H}_r(\mathbb{C}) \otimes \mathbb{C} = \mathbb{C}^{r \times r}$$

durch die Abbildung $x \oplus iy \mapsto x + iy$ für alle $x, y \in \mathcal{H}_r(\mathbb{C})$.

Hier ist $K = \{z \mapsto uzv^* | u \in U(r, \mathbb{C}), v \in U(r, \mathbb{C})\} = U(r, \mathbb{C})$. Das Einselement in Z ist die $(r \times r)$-Einheitsmatrix. Also ist $L = \{\mapsto uzu^t | u \in U(r, \mathbb{R})\} = O(r)$ und somit gilt für den Shilov[4]-Rand

$$S = U(r, \mathbb{C})/U(r, \mathbb{R}).$$

3. Sei $\mathcal{H}_r(\mathbb{R})$ der reelle Vektorraum der selbstadjungierten $(r \times r)$-Matrizen mit Einträgen in $\mathbb{R}$, wobei $\mathbb{R}$ hier als reelle Divisionsalgebra aufgefasst wird. Mit dem Anti-Kommutator-Produkt wird der Vektorraum eine Matrix-Jordan-Algebra vom Rang r. Die $(r \times r)$-Einheitsmatrix ist das Einselement der Algebra. Als Komplexifizierung haben wir mit $z^t = z$

$$Z = \mathcal{H}_r(\mathbb{R}) \otimes \mathbb{C} = \{\mathbb{C}^{r \times r} : z^t = z\} = \mathbb{C}^{r \times r}_{sym}.$$

Es ist $K = \{z \mapsto uzu^t | u \in U(r, \mathbb{C})\} = U(r, \mathbb{C}) \times U(r, \mathbb{C})$. Das Einselement in Z ist die $(r \times r)$-Einheitsmatrix. Also ist $L = \{\mapsto uzu^* | u \in U(r, \mathbb{C})\}$ und somit gilt für den Shilov-Rand

$$S = (U(r, \mathbb{C}) \times U(r, \mathbb{C}))/U(r, \mathbb{C}) = U(r, \mathbb{C}).$$

Hier ist zu beachten, dass S keine Gruppe ist.

Beispiel 5.2.6. *Nun gehen wir zum nicht-kompakten Typ über. Hier sei $Z = \mathbb{C}^{p \times q}$ die komplexifizierte Jordan-Algebra der komplexen $(p \times q)$-Matrizen. Die Einheitskugel $\mathbb{B}$ von Z bezüglich der gewöhnlichen Operatornorm ist durch*

$$\mathbb{B} = \{z \in \mathbb{C}^{p \times q} | I_p - zz^* > 0\}$$

gegeben, wobei I_p die $(p \times p)$-Einheitsmatrix ist. Die Blockmatrizen

$$SU(p, q; \mathbb{C}) = \left\{ \begin{pmatrix} a & b \\ c & d \end{pmatrix} \in SL(p+q, \mathbb{C}) \middle| \begin{array}{c} a^*a - c^*c = I_r \\ b^*b - d^*d = I_q \\ a^*b = c^*d \end{array} \right\}$$

---

[4]Georgii Evgen'evich Shilov, 1917-1975.

wirken transitiv $\mathbb{B}$ durch die Moebius-Transformation

$$\begin{pmatrix} a & b \\ c & d \end{pmatrix}(z) = \frac{az+b}{cz+d}$$

für alle $z \in \mathbb{B}$. Daraus folgt, dass $\mathbb{B}$ eine symmetrische Einheitskugel (=komplexe Matrixkugel) der Größe $p \times q$ ist. Das assoziierte Jordan-Tripelprodukt auf Z ist das verallgemeinerte Anti-Kommutatorprodukt

$$\{za^*w\} = \frac{1}{2}(za^*w + wa^*z)$$

für alle $a, w, z \in Z$.

Folgende homogene Räume vom nicht-kompakten Typ können durch

$$B = G/K \subset Z$$

beschrieben werden, wobei G eine halbeinfache Lie-Gruppe und $K \subset G$ eine maximal kompakte Untergruppe von G ist. Insbesondere fällt K mit der Identitätskomponente der Automorphismengruppe $Aut(\mathbb{B})^0$ zusammen.

1. Zunächst sei $Z = \mathbb{C}$. Dann ist $G = SU(1,1;\mathbb{C})$ und $K = \mathbb{T} = S(U(1;\mathbb{C}) \times U(1;\mathbb{C})) = U(1;\mathbb{C})$ mit der Cayley-Transformation als Gruppenaktion.

2. Es sei $p \geq q$ und $Z = \mathbb{C}^{p \times q}$. Wir definieren das Gebiet

$$\Omega = \{z \in Z \,|\, spec(I_q - zz^*) > 0\} = \{z \in Z \,|\, I_q - zz^* \gg 0\}.$$

Dieses Gebiet Ω identifizieren wir mit dem Quotienten G/K, wobei $G = SU(p,q,\mathbb{C})$ und

$$K = S(U(p,\mathbb{C}) \times U(q,C)) = \left\{ \begin{pmatrix} a & 0 \\ 0 & d \end{pmatrix} \,|\, a \in U(p,\mathbb{C}), d \in U(q,\mathbb{C}), \det(a)\det(d) = 1 \right\}.$$

Die Gruppenaktion von G auf Ω definieren wir durch die Moebius-Transformation (für Details s. [Knapp 2], Abschnitt VII.9, S. 499ff).

3. Im Falle $p = q = r$ haben wir $Z = \mathbb{C}_{sym}^{r \times r}$ mit $G = SU(r,r;\mathbb{C})$ und $K = S(U(r,\mathbb{C}) \times U(r,\mathbb{C}))$.

5.3 Hardy- und Bergman-Räume

Zunächst sei Z ein irreduzibles[5] Jordan-Tripelsystem vom Rang r mit charakteristischen Multiplizitäten a, b. Die Dimension ist dann durch $n = r + a\frac{r(r-1)}{2} + rb$ gegeben. Das Geschlecht eines Gebietes ist durch $p = 2 + a(r-1) + b$ definiert. Mit S bezeichnen wir den

---

[5]Ein Jordan-Tripelsystem Z ist **irreduzibel**, wenn das dazugehörige Gebiet irreduzibel ist. Ein irreduzibles Gebiet kann nicht als direktes Produkt niedriger dimensionaler symmetrischer Gebiete geschrieben werden.

Shilov-Rand des Gebietes B. Dann ist $S = L\backslash K$, wobei $L = \{l \in K : le = E\}$, wobei e der Basispunkt ist. Da die Gruppe $K = GL(B)$ transitiv auf S operiert, existiert ein eindeutiges K-invariantes Wahrscheinlichkeitsmaß dz auf S. Somit können wir den L^2-Raum $L^2(S) := L^2(S, dz)$ komplexer Funktionen mit innerem Produkt

$$\langle h, k \rangle := \int_S \overline{h(z)} k(z) dz$$

und Translationsaktion von K auf $L^2(S)$

$$(\lambda_s h)(z) := h(s^{-1} z).$$

definieren.

Definition 5.3.1. *Der **Hardy-Raum**[6] $H^2(S)$ besteht aus allen holomorphen Funktionen $h : G \to \mathbb{C}$ mit der Hardy-Norm*

$$\|h\|^2 := \sup_{r \to 1} \int_S |h(rz)|^2 dz < \infty.$$

Man kann zeigen, dass eine Einbettung $H^2(S) \subset L^2(S)$ als abgeschlossener Unterraum existiert, so dass

$$\lim_{r \to 1} \int_S |h(rz)|^2 dz = 0.$$

Diese Einbettung ist invariant unter der Linkstranslation λ_s von K. Die orthogonale Projektion

$$P_S : L^2(S) \to H^2(S)$$

bezeichnet man als **Szegö[7]-Projektion**. Es gilt folgende Beziehung zwischen dem Hilbert-Raum $H^2(S)$ und der Jordan-Theorie:

Proposition 5.3.2. *Der reproduzierende Szegö-Kern des Hilbert-Raums $H^2(S)$ ist*

$$P_S(z, w) = \Delta(z, w)^{-\frac{n}{r}},$$

wobei Δ die Jordan-Tripeldeterminante von Z ist.

Kommen wir nun zu den Bergman-Räumen. Auch hier sei Z ein irreduzibles komplexes Jordan-Tripelsystem vom Rang r mit Dimension $n = r + a\frac{r(r-1)}{2} + rb$, dabei sind a und b die charakteristischen Multiplizitäten. Außerdem ist wie oben p das Geschlecht des

---

[6]Diese Räume sind nach Godfrey Harold Hardy (7. Februar 1877, Cranleigh (England) - 1. Dezember 1947, Cambridge (England)) benannt. Er führte sie in *The mean value of the modulus of an analytic function*, Proc. London Math. Soc. **14** (1914), S. 269-277 ein.

[7]Gábor Szegö (20. Januar 1895 in Kunhegyes in Ungarn - 7. August 1985 in Palo Alto), ungarischer Mathematiker.

Gebiets. Außerdem sei $\langle z|w \rangle$ die zugrundeliegende hermitesche Struktur von Z. Zunächst betrachten wir den Einheitsball $\mathbb{B}$. Dazu benötigen wir noch ein Lebesgue-Maß $d\mu_\nu$ derart, dass $d\mu_\nu(\mathbb{B}) = 1$ gilt. Man kann durch Integration von 5.1 in Polarkoordinaten zeigen, dass

$$\int_{\mathbb{B}} (1 - |z|^2)^\nu d\mu_\nu(z) \tag{5.1}$$

genau dann endlich ist, falls der reelle Parameter $\nu > -1$ ist. Man definiert dann das gewichtete Lebesgue-Maß wie folgt:

$$d\mu_\nu(z) = c_\nu(1 - |z|^2)^\nu d\mu(z),$$

wobei $c_\nu = \frac{\Gamma(\nu+2)}{\Gamma(\nu+1)}$ zur Normalisierung dient. Der gewichtete Bergman-Raum ist dann durch

$$H^2_\nu(\mathbb{B}) = L^2_\nu(\mathbb{B}) \cap O(\mathbb{B})$$

mit $L^2_\nu(\mathbb{B}) = L^2(\mathbb{B}, d\mu_\nu(z))$ definiert. Der Bergman-Kern ist $E_{\mathbb{B}}(z,w) = (1 - z\overline{w})^{-(\nu+2)}$ und die unitäre Darstellung ist $\pi(g_\nu) = (Detg'(z))^{\frac{\nu}{2}}$ mit $g \in Aut(\mathbb{B})$ und der Jacobi-Determinante $Detg'(z)$. Die Bergman-Projektion ist

$$\begin{aligned}
P_\nu(f)(z) &= \int_{\mathbb{B}} f(z) E_{\mathbb{B},\nu}(z,w) d\mu_\nu(z) \\
&= \int_{\mathbb{B}} \frac{f(z)}{(1 - z\overline{w})^{\nu+2}} d\mu_\nu(z).
\end{aligned}$$

Kommen wir nun zu einem beliebigen symmetrischen Gebiet $B = G/K$, womit $G = Aut(B)$ gilt. Dann ist das unendliche Lebesgue-Maß $d\mu(z) = \Delta(z,z)^{-p} dV(z)$, das $Aut(B)$ K-invariant lässt. Mit Hilfe der Integration in Polarkoordinaten sieht man, dass $\Delta(z,z)^{\nu-p}$ für $\nu > p-1$ erforderlich ist, um ein endliches invariantes Maß auf B zu erhalten. Dann gilt folgende Behauptung ([Upmeier 4], Lemma 2.9.18, S. 144).

Lemma 5.3.3. *Es sei* $\nu > p - 1$. *Dann gilt:*

$$\int_B \Delta(z,z)^{\nu-p} dz d\overline{z} = \pi^n \frac{\Gamma_\Lambda(\nu - \frac{n}{r})}{\Gamma_\Lambda(\nu)},$$

wobei Γ_Λ *die Koecher-Gindikin-Γ-Funktion[8] (in r Variablen) ist.*

Das bedeutet nichts anderes, als dass

$$d\mu_\nu(z) = \frac{\Gamma_\Lambda(\nu)}{\pi^n \Gamma_\Lambda(\nu - \frac{n}{r})} \Delta(z,z)^{\nu-p} dz d\overline{z}$$

---

[8]Die Koecher-Gindikin-Γ-Funktion eines symmetrischen Kegels Λ ist definiert durch

$$\Gamma_\Lambda(\mathbf{s}) = \int_B \exp(-tr(x)) \Delta_{\mathbf{s}}(x) \Delta(x)^{-\frac{n}{r}} dx$$

mit G-invariantem Maß $\Delta(x)^{-\frac{n}{r}} dx$ auf B und $\mathbf{s} = (s_1, \ldots x_r)$.

ein Wahrscheinlichkeitsmaß auf B ist, und wir definieren den Lebesgue-Raum wie folgt:

$$L_\nu^2(B) = L^2(B, d\mu_\nu(z)),$$

mit dem inneren Produkt

$$\langle f|g\rangle_\nu = \int_B \overline{f(z)} g(z) d\mu_\nu(z).$$

Der klassische Lebesgue-Raum ergibt sich für $\nu = p$. Damit kann der gewichtete Bergman-Raum definiert werden.

Definition 5.3.4. *Es sei B der symmetrische Raum $B = G/K$, $\nu > p - 1$ ein reeller Parameter. Dann heißt der abgeschlossene Unterraum*

$$H_\nu^2(B) = \{f \in L_\nu^2(B) \cap \mathcal{O}(B)\}$$

*von $L_\nu^2(B)$ ist der **gewichtete Bergman-Raum** (oder ν-Bergman-Raum) auf B.*

Ebenso entspricht dieser Unterraum für $\nu = p$ dem Standard-Bergman-Raum und ist K-invariant bzgl. der Translationsaktion

$$(\lambda_s f)(z) = f(s^{-1}z)$$

für $s \in K$ und $z \in B$. Nun können wir den reproduzierenden Kern mit Hilfe der Jordan-Theorie beschreiben.

Proposition 5.3.5. *Sei $B = G/K$ ein symmetrischer Raum und $\nu > p - 1$ ein reeller Parameter. Dann hat der gewichtete Bergman-Raum $H_\nu^2(B)$ den reproduzierenden (ν-)Kern*

$$E_\nu(z, w) = \Delta(z, w)^{-\nu} = \det B(z, w)^{-\frac{\nu}{p}},$$

wobei $\Delta(z, w)$ die Jordan-Tripeldeterminante von Z und B der Bergman-Operator ist.

Es ist bekannt, dass der (Standard-)Bergman-Raum $H^2(\mathbb{B})$ mit dem gewichteten Bergman-Raum für $\nu = 2$ identisch ist. Daher gilt für den den Einheitskreis $\mathbb{B}$:

Proposition 5.3.6. *Der Bergman-Raum $H^2(\mathbb{B})$ hat den reproduzierenden Bergman-Kern*

$$E_\mathbb{B}(z, w) = (1 - z\overline{w})^{-2}.$$

Für den gewichteten Bergman-Raum $H_\nu^2(\mathbb{B})$ gilt

$$E_{\mathbb{B},\nu}(z, w) = (1 - z\overline{w})^{-\nu}.$$

Damit sind die beiden grundlegenden Hilbert-Räume holomorpher Funktionen beschrieben, die wir in den folgenden Kapiteln benötigen.

5.4 Hilbert-Darstellungen

Es sei G eine lokalkompakte (topologische) Gruppe und H ein separabler (komplexer) Hilbert-Raum. Eine lineare Darstellung π von G in H ist ein Homomorphismus von G in die Gruppe der beschränkten linearen Operatoren $\mathcal{L}(H)(= GL(H))$ in H. Der Raum $\mathcal{L}(H)$ trägt die starke Operatortopologie. Eine Hilbert-Darstellung U von G ist eine stetige Darstellung von G auf einen Hilbert-Raum H. Sie heißt unitäre Darstellung, falls alle Operatoren $U(x)$ für alle $x \in G$ unitär sind, d. h. sie ist ein Homomorphismus der Gruppe G in die unitäre Gruppe von H, der stetig in der starken Operatortopologie (punktweise Konvergenz der Operatoren) ist, d.h. für jedes $\xi \in H$ ist die Abbildung

$$g \to \pi(g)\xi$$

stetig in der stark stetigen Operatortopologie. Zwei Darstellungen U, V von G auf H_1, H_2 sind unitär äquivalent, falls eine lineare surjektive Isometrie $Q : H_1 \to H_2$ derart besteht, dass $QU(x) = V(x)Q$ für alle $x \in G$.

Insbesondere existiert auf dem Hilbert-Raum H ein G-invariantes hermitesches inneres Produkt. Die Funktionen $g \to \phi_{\xi,\eta}(g) = (\pi(g)\xi, \eta)$ auf G werden (Matrix-)**Koeffizienten** von π genannt. Die Dimension der Darstellung π heißt **Hilbert-Dimension** von H und wird mit $\dim \pi$ bezeichnet. Den Raum H nennt man **Darstellungsraum** zur (Darstellung) π und bezeichnet ihn mit H_π. Sind die einzigen abgeschlossenen Unterräume von $H_\pi \neq 0$ unter der Abbildung π der Nullraum 0 und H selbst, dann spricht man von einer **irreduziblen Darstellung** π.

Segal ([Segal], Theorem 3) hat folgendes allgemeines Plancherel-Theorem bewiesen:

Theorem 13. *Gegeben sei eine lokalkompakte unimodulare Gruppe G vom Typ I[9] mit dem Haar-Maß d_G. Dann existiert ein eindeutiges positives Maß μ auf dem unitären Dual[10] $\hat{G}$, so dass*

$$\int\limits_G |f(x)|^2 d_G(x) = \int\limits_{\hat{G}} Spur(\hat{U}(f)\hat{U}^*(f))d\mu(\hat{U})$$

für alle $f \in L^1(G) \cap L^2(G)$ und Punkte $\hat{U}$ in $\hat{G}$.

Das Maß μ heißt **Plancherel-Maß** von $\hat{G}$, das zum gegebenen Haar-Maß von G gehört.

---

[9]Segal hat etwas allgemeiner eine postliminale unimodulare separable lokalkompakte Gruppe vorausgesetzt. Diese sind stets vom Typ I (s. [Dixmier], Theorem 5.5.22, S. 126).

[10]Die Definition des unitären Duals findet man wegen des inhaltlichen Zusammenhangs später in Definition 7.3.14, S. 183.

5.5 Diskrete Reihe

Definition 5.5.1. *Eine irreduzible stetige unitäre Darstellung von G wird **quadrat-integrierbar** genannt, falls ein $\xi \in H_\pi, \xi \neq 0$ existiert, so dass der Koeffizient $L^2(G) \ni s \to (\pi(g)\xi; \xi)$ von π über G quadratintegrierbar ist.*

Wenn eine Funktion $\phi : G \to \mathcal{L}(H)$ auf einer unimodularen lokalkompakten Gruppe G quadratintegrierbar, stetig und positiv-definit ist, dann ist die Darstellung π_ϕ in der links-regulären Darstellung enthalten ([Dixmier], Lemma 14.1.1, S. 309). Ist eine Darstellung quadratintegrierbar und irreduzibel, sind alle Koeffizienten der Darstellung quadratinte-grierbar.

Theorem 14. *Es sei σ eine quadratintegrierbare irreduzible Darstellung von G. Für zwei Elemente ξ, η aus dem Darstellungsraum H_σ ist $\phi_{\xi,\eta}(g) = (\pi(g)\xi, \eta)$ für $g \in G$. Dann existiert eine eindeutige Konstante $\dim_\sigma$ mit $0 < \dim_\sigma < \infty$, so dass*

$$1. \int \phi_{\xi,\eta}(g)\overline{\phi_{\xi,\eta}(g)}dg = \frac{(\xi,\xi')(\eta,\eta')}{\dim_\sigma}$$

$$2. \phi_{\xi,\eta} * \phi_{\xi',\eta'} = \frac{(\xi,\eta')\phi_{\xi',\eta}}{\dim_\sigma}$$

für alle $\xi, \xi', \eta, \eta' \in H_\sigma$. Insbesondere gilt für eine zu σ assoziierte positiv-definite Funktion ϕ, die in $e \in H$ ausgewertet 1 ist:

$$1. \int \phi_{\xi,\eta}(g)\overline{\phi_{\xi,\eta}(g)}dg = \frac{1}{\dim_\sigma},$$

$$2. \phi * \phi = \frac{\phi}{\dim_\sigma}.$$

Definition 5.5.2. *Die Konstante $\dim_\sigma$ heißt die **formale Dimension** von σ.*

Bemerkung 5.5.3. *Die erste Beziehung aus der obigen Definition wird nach Issai Schur[11] auch **Schur-Orthogonalität** genannt.*

Wir fassen die Definition aus [Harish-Chandra 1] (S. 88) zusammen:

Definition 5.5.4. *Eine Klasse $\omega \in \widehat{G}$ wird **diskret**[12] genannt, falls jede Darstellung $\pi \in \omega$ quadratintegrierbar ist, und setzt die formale Dimension $\dim_\sigma(\omega) = \dim_\sigma(\pi)$. Mit $\widehat{G}_d$ bezeichnet man die Menge aller diskreten Klassen in $\widehat{G}$ und nennt sie **diskrete Reihe**.*

---

[11]Issai Schur (10. Januar 1875, Mahiljou - 10. Januar 1941, Tel Aviv), Schüler von Georg Frobenius, Dissertation an der Universität Berlin 1901.

[12]Der Begriff der diskreten Klasse stammt nach Mackey ([Mackey], S. 120) aus dem Artikel von V. Bargmann *Irreducible Unitary Representations of the Lorentz Group*. The Annals of Mathematics, Second Series, Vol. 48, No. 3, (1947), S. 568-640.

Man nennt die Familie stetiger irreduzibler unitärer Darstellungen einer lokalkompakten Gruppe G eine diskrete Reihe, wenn diese äquivalent zu den Unterdarstellungen der (links- bzw. rechts-)regulären Darstellungen dieser Gruppe G ist.

Ein Satz von Dixmier ([Dixmier], Prop. 14.3.2., S. 312) besagt:

Theorem 15. *Falls eine Koeffizientenfunktion eines irreduziblen unitären Hilbert-Darstellungsraums V einer unimodularen topologischen Gruppe G quadratintegrierbar ist, dann sind es alle. Äquivalent dazu ist, dass $V \subset L^2(G)$ mit der rechtsregulären Darstellung von G auf $L^2(G)$.*

Proposition 5.5.5. *([Dixmier], Proposition 18.8.5, S. 369) $\hat{U}$ ist quadratintegrierbar genau dann, wenn das Plancherel-Maß positiv ist. Dann ist insbesondere das Plancherel-Maß gleich der formalen Dimension.*

Definition 5.5.6. *Es sei A eine C^*-Algebra und π eine Darstellung von A. Man bezeichnet die Menge $\mathcal{S} \in \hat{A}$, die schwach in π enthalten ist, als* **Träger der Darstellung** *π.*

Nun können wir eine abgeschlossene Untermenge von $\hat{G}$ definieren:

Definition 5.5.7. *Der* **reduzierte Dual** *$\hat{G}_{red}$ von G ist der Träger der linksregulären Darstellungen von G.*

Hier weisen wir nochmals darauf hin, dass wir nur mit unimodularen Gruppen arbeiten, so dass wir nicht zwischen links- und rechtsregulären Darstellungen unterscheiden müssen. Wir betrachten die holomorphe diskrete Reihe für den beschränkten Fall.

Proposition 5.5.8. *Für $d\mu_\nu(z) = (1 - |z|^2)^{\nu-2} dz d\bar{z}$ auf $\mathbb{B}$ gilt, dass $1 \in H_\nu^2(\mathbb{B})$ genau dann quadratintegrierbar ist, wenn $\nu > 1$ ist.*

Hier ist zu zeigen, dass

$$\int_\mathbb{B} |g'(0)|^\nu dg) = \int_\mathbb{B} |\langle 1 | \pi_\nu(g) 1 \rangle|^2 dg < \infty$$

für $g \in SU(1,1)$ im beschränkten symmetrischen Gebiet $\mathbb{B} = \{|z| < 1\}$ gilt. Der Bergman-Raum ist

$$H_\nu^2(\mathbb{B}) := \{ f \in \mathcal{O}(\mathbb{B}) | \langle f, f \rangle_\nu = c_\nu \int_\mathbb{B} |f(z)|^2 (1 - z\bar{z})^{\nu-2} dV(z) < \infty \},$$

wobei $dV(z)$ das zweidimensionale Lebesgue-Maß ist. Im Bergman-Raum liegt die konstante Funktion 1, also $\mathbb{C} \subset H_\nu^2(\mathbb{B})$. Dann erhalten wir die nicht-konstante Darstellung

$$[U_\nu(g^{-1})1](z) = 1(g(z))(Det\, g'(z))^{\frac{\nu}{2}} = (Det\, g'(z))^{\frac{\nu}{2}}$$

([Upmeier 4], S. 146; [Upmeier 5], S. 75), wobei *Det* die Jacobi-Determinante ist. Für die Koeffizientenfunktion $G \to \mathbb{C}$ mit $\xi, \eta \in H^2_\nu(\mathbb{B})$ gilt:

$$\phi_{\xi,\eta}(g) = \langle \xi, U_\nu(g)\eta \rangle_\nu = \langle U_\nu(g^{-1})\xi, \eta \rangle_\nu,$$

dabei ist nach dem ersten Gleichheitszeichen die erste Komponente antiholomorph, nach dem zweiten Gleichheitszeichen die zweite.

Lemma 5.5.9. *Sei* $f \in \mathcal{O}(\mathbb{B}, \mathbb{C})$, *d. h.* $f(z) = \sum_{a \leq 0} a_n z^n$. *Dann gilt:*

$$\frac{\pi}{\nu - 1} f(0) = \langle 1, f \rangle_\nu.$$

Beweis:

Hierzu nutzen wir den binomischen Lehrsatz, indem wir zunächst $(1 - z\bar{z})^{\nu-2} = \sum_{k \geq 0} \binom{\nu-2}{k}(-z\bar{z})^k$ und später $\sum_{k \geq 0} \binom{\nu-2}{k}((-1)r^2)^k = (1 - r^2)$ verwenden. Zusätzlich führen wir eine Integration durch Polarkoordinaten durch. Außerdem gilt:

$$\sum_{n \geq 0} a_n \int_0^{2\pi} \exp(in\theta)d\theta = a_0 \int_0^{2\pi} \exp(i0\theta)d\theta + \sum_{n \geq 1} a_n \int_0^{2\pi} \exp(in\theta)d\theta = 2\pi a_0.$$

Somit ergibt sich folgende Rechnung:

$$
\begin{aligned}
\langle 1, f \rangle_\nu &= \int_\mathbb{B} (1 - z\bar{z})^{\nu-2} \overline{1(z)} f(z) dV(z) = \int_\mathbb{B} (1 - z\bar{z})^{\nu-2} f(z) dV(z) \\
&= \int_\mathbb{B} \sum_{k \geq 0} \binom{\nu - 2}{k}(-z\bar{z})^k \sum_{n \geq 0} a_n z^n dV(z) \\
&= \sum_{k \geq 0} \sum_{n \geq 0} (-1)^k \binom{\nu - 2}{k} a_n \int_\mathbb{B} z^{k+n} \bar{z}^k dV(z) \\
&= \sum_{k \geq 0} \sum_{n \geq 0} (-1)^k \binom{\nu - 2}{k} a_n \int_0^1 \int_0^{2\pi} r^{k+n} e^{i(k+n)\theta} r^k e^{-ik\theta} d\theta \, r \, dr \\
&= \sum_{k \geq 0} \sum_{n \geq 0} (-1)^k \binom{\nu - 2}{k} a_n \int_0^1 \int_0^{2\pi} r^{2k+n} e^{i\theta n} d\theta \, r \, dr \\
&= \sum_{k \geq 0} \sum_{n \geq 0} (-1)^k \binom{\nu - 2}{k} a_n \int_0^1 r^{2k+n+1} dr \int_0^{2\pi} e^{i\theta n} d\theta \\
&= 2\pi a_0 \sum_{k \geq 0} (-1)^k \binom{\nu - 2}{k} \int_0^1 r^{2k+1} dr \\
&= \pi a_0 \int_0^1 2r(1 - r^2)^{\nu-2} dr = -\pi a_0 \left[\frac{(1 - r^2)^{\nu-1}}{\nu - 1} \right]_0^1 = \frac{a_0 \pi}{\nu - 1} \\
&= \frac{\pi}{\nu - 1} f(0).
\end{aligned}
$$

$\square$

Nun setzen wir die Einsfunktion in die Koeffizientenfunktion $\phi_{\xi,\eta}$ ein, also

$$\begin{aligned}
\phi_{1,1}(g) &= \langle U_\nu(g^{-1})1,1\rangle_\nu \quad \text{(vorhergehendes Lemma)} \\
&= \frac{\pi}{\nu-1}[U_\nu(g^{-1})1](0) \\
&= \frac{\pi}{\nu-1}Det\,g'(0)^{\frac{\nu}{2}} \\
&= \frac{\pi}{\nu-1}\left(\frac{1}{(cz+d)^2}\right)^{\frac{\nu}{2}}\Bigg|_{z=0} = \frac{\pi}{\nu-1}d^{-\nu}
\end{aligned}$$

Also sind alle Koeffizienten nach Theorem 15 quadratintegrierbar.

5.6 Analytische Fortsetzung der holomorphen diskreten Reihe

Mit den nun gewonnenen Ergebnissen stellen wir die Beziehung der gewichteten Bergman-Räume zur (skalaren) holomorphen diskreten Reihe her. Hierzu sei Z ein irreduzibles Jordan-Tripelsystem vom Rang r mit den charakteristischen Multiplizitäten a, b. Die Dimension ist durch $n = r + a\frac{r(r-1)}{2} + rb$ gegeben, was zu

$$\frac{n}{r} = 1 + \frac{a}{2}(r-1) + b$$

äquivalent ist. Wir setzen als Parameter $\nu = \frac{n}{r}$. Das Geschlecht des Gebiets ist durch

$$p = 2 + a(r-1) + b$$

definiert. Um den Zusammenhang zu verstehen, betrachten wir diese Räume als Vervollständigungen des Raums der holomorphen Funktionen bezüglich verschiedener innerer Produkte. Die relevanten Vervollständigungen bezeichnen wir mit einem Parameter ν. Die dazu gehörenden Hilbert-Räume bilden die *analytische Fortsetzung* der (skalaren) holomorphen Reihe, die gerade der Familie der gewichteten Bergman-Räume entspricht. Der Hardy-Raum-Fall entspricht dem Parameter $\nu = \frac{n}{r}$ und der Bergman-Raum-Fall $\nu = p-1$. Alle diese Räume sind mit der projektiven Darstellung $U_\nu(g^{-1})h(z)$ versehen.

Wallach bestimmte diejeinigen Parameter ν, für die Darstellungen unitär sind, durch eine Art analytischer Fortsetzung bzgl. ν der holomorphen diskreten Reihe. Die Idee beruht der Positivität reproduzierender Kerne $\Delta(z,w)^\nu$. Wallach-Mengen sind definiert als

$$W(B) = \{\nu \in \mathbb{C}|(\Delta(z_i,z_j)^{-\nu})_{1\le i,j<n} \gg 0 \forall z_1,\ldots,z_n \in B\}.$$

Theorem 16. *Die Wallach-Menge ist eine disjunkte Vereinigung*

$$W(B) = \left\{l\frac{a}{2}|0 \le l < r\right\} \cup \left\{\nu > \frac{a}{2}(r-1)\right\},$$

die aus r diskreten Punkten $W_d(B) = \left\{0, \frac{a}{2}, \ldots, (r-1)\frac{a}{2}\right\}$ und einem stetigen Teil $W_c(B) = \left(\frac{a}{2}(r-1), \infty\right)$ besteht. Dabei ist r der Rang des Jordan-Tripelsystems, a ist die charakterische Multiplizität.

Nun kann gezeigt werden, dass für den Wert $\nu = \frac{n}{r}$, der $\frac{a}{2}(r-1) < \nu \le p-1$ erfüllt, die Hilbert-Raum-Vervollständigung isometrisch mit dem Hardy-Raum $H^2(S)$ koinzidiert, also $H^2_{\frac{\nu}{r}}(B) = H^2(S)$ gilt.

Ähnlich wie im Hardy-Raum-Fall ($\nu = \frac{n}{r}$) und im Bergman-Raum-Fall ($\nu > p-1$) spielen auch alle anderen Räume H_ν für Wallach-Parameter $\nu \in W(B)$ die Rolle von Zustandsräumen, auf denen eine geeignete Toeplitz-C^*-Algebra operiert. Die dazugehörige Strukturtheorie ist bislang nicht durchgeführt worden, obwohl es sicher viele Parallelen zum bekannten Fall (Hardy- bzw. Bergman-Raum) gibt und die C^*-Dualität ebenfalls eine große Rolle spielen wird. Allerdings wird es im Detail auch Unterschiede geben, wie z. B. die Wahl der geeigneten Gruppe.

Kapitel 6

Hardy-Toeplitz-C^*-Algebra $\mathcal{T}(S)$

Die Hardy-Toeplitz-C^*-Algebra $\mathcal{T}(S)$ ist eine C^*-Unteralgebra einer Koaktion der C^*-Algebren $C^*(K)$ und $\widehat{C}^*_{\lambda_E}(K)$ für eine kompakte Gruppe K. Dies kann auch so beschrieben werden, dass $\mathcal{T}(S)$ als Kokreuzprodukt passender Hopf-C^*-Algebren dargestellt isomorph zu einer C^*-Unteralgebra $\widehat{\mathcal{K}}(L^2(K))$ der kompakten Operatoren $\mathcal{K}(L^2(K))$ ist. Bevor wir diese Koaktion beschreiben, stellen wir die Szegö-Projektion als Linksfaltungsoperator dar. Mit diesem Linksfaltungsoperator wird die C^*-Algebra $\widehat{C}^*_{\lambda_E}(K)$ des Kokreuzprodukts erzeugt. Diese Ergebnisse von Upmeier ([Upmeier 3]) werden detailliert ausgeführt, um die „dualen" Methoden für den Bergman-Fall herauszustellen. Insbesondere wurde mit einem Dichtheitsargument der Beweis für die Existenz des Kokreuzprodukts verbessert (Proposition 6.3.5).

6.1 Die Szegö-Projektion als Linksfaltung

Zunächst beschreiben wir die Rechtsaktion auf der Ebene von Gruppen, diese heben wir dann auf den Funktionenraum $L^2(K)$. Danach konstruieren wir die Szegö-Projektion.

6.1.1 K-Rechtsaktion auf dem Shilov-Rand S

Sei K eine zusammenhängende kompakte Lie-Gruppe. $L \subset K$ sei eine abgeschlossene Untergruppe von K, die $K_\sigma^o \subset L \subset K_\sigma$ erfüllt, wobei $K_\sigma := \{s \in K | \sigma s = s\}$ die Untergruppe der Fixpunkte der involutiven Automorphismen (Automorphismen der Periode 2) und K_σ^o deren Einskomponente ist. Durch folgende Konstruktion wirkt K auf S: Die Aktion

$$S \times K \to S,$$

ist definiert durch $(tL, s) \mapsto stL$ für alle $s, t \in K$. Diese Aktion können wir auch als Stabilisatoruntergruppe von K am Basispunkt e schreiben. Nun sei L eine abgeschlossene Untergruppe von K, die

$$K_\sigma^o \subset L \subset K_\sigma$$

erfüllt. Dann wird der Faktorraum

$$S := L \backslash K$$

ein kompakter zusammenhängender Riemannscher symmetrischer Raum ([Helgason], Proposition 3.4., S. 209). Gehen wir nun zu den Komplexifizierungen der Gruppen K und L über, die wir mit $K^{\mathbb{C}}$ respektive $L^{\mathbb{C}}$ bezeichnen, dann ist auch $L^{\mathbb{C}}$ eine abgeschlossene Untergruppe von $K^{\mathbb{C}}$. Somit können wir die komplexe Faktormannigfaltigkeit

$$S^{\mathbb{C}} : L^{\mathbb{C}} \backslash K^{\mathbb{C}}$$

bilden, die in analoger Weise eine ebenfalls komplexifizierte Rechtstranslationsaktion von $K^{\mathbb{C}}$ auf $S^{\mathbb{C}}$ hat.

Im Weiteren gehen wir von einem K-zirkulären Gebiet ([Upmeier 4], Definition 1.6.4, S. 68) aus und lassen die Schreibweise der Komplexifizierung wegfallen.

Definition 6.1.1. *Ein Gebiet $G \subset S^{\mathbb{C}}$ heißt K-**zirkulär** genau dann, wenn G invariant unter der Translationsaktion von K ist, das bedeutet:*

$$z \in G, \quad s \in K \Rightarrow zs \in G.$$

Sei K eine kompakte Lie-Gruppe, weiter sei $L \subset K$ eine abgeschlossene Untergruppe von K. Üblicherweise bezeichnet

$$L \backslash K := \{ Lk : \forall\, k \in K \}$$

die Linksnebenklassen von L in K. Hingegen sind Rechtsnebenklassen definiert durch

$$K / L := \{ kL : \forall\, k \in K \}.$$

Wir nutzen $L \backslash K := \{ Lk : \forall\, k \in K \}$ als Schreibweise für Linksnebenklassen.

Beispiel 6.1.2. *Wir wählen $K = O(n, \mathbb{R})$ und $L = O(n - 1, \mathbb{R})$.*

Es ist $L \subset \begin{pmatrix} O(n-1, \mathbb{R}) & 0 \\ 0 & 1 \end{pmatrix} \subset K$. Da die Gruppe $O(n, \mathbb{R})$ transitiv auf $\mathbb{S}^{n-1}$ operiert, der Einheitsvektor $e_n = (1, 0, \dots, 0)$ die Isotropiegruppe $O(n - 1, \mathbb{R})$ hat und $O(n - 1, \mathbb{R}) \subset O(n, \mathbb{R})$ ist, gilt: $L \backslash K = \mathbb{S}^{n-1}$. Es gilt:

$$Lk \mapsto (1 \quad 0 \quad \dots \quad 0) \cdot \begin{pmatrix} k_{11} & \dots & k_{1n} \\ \vdots & & \vdots \\ k_{n1} & \dots & k_{nn} \end{pmatrix} = (k_{11} \quad \dots \quad k_{1n}).$$

Nun definieren wir die Rechtsaktion durch

$$\rho_k^S : L\backslash K \times K \;\to\; L\backslash K = S$$
$$(Lk',k) \;\mapsto\; L \cdot (k'k).$$

Dies heißt auf der Funktionenalgebra

$$\rho_k^S : \mathcal{F}(L\backslash K) \;\to\; \mathcal{F}(L\backslash K)$$
$$(\rho_k^S f)(Lk') \;\mapsto\; f(Lk'k).$$

Wir setzen zunächst $\mu^K = dk$ als Haar-Maß auf K. (Bei einer kompakten Lie-Gruppe ist es unimodular, also links- und rechtsinvariant.)

Beispiel 6.1.3. *Gegeben seien eine komplexwertige Funktion $f : L\backslash K \to \mathbb{C}$ und eine Projektion $\pi : K \to L\backslash K$:*
$$\tilde{f} = \pi \ltimes f : K \xrightarrow{\pi} L\backslash K \xrightarrow{f} \mathbb{C},$$

d. h. $\pi_* \tilde{f}$ ist kovarianter Pullback.
Wir bezeichnen mit μ das Borel-Maß auf K. Dann ist $\mu \rtimes \pi$ ein positives Radon-Maß auf $L\backslash K$; also ist die Projektion π ein kovarianter Push-Forward des Borel-Maßes μ (auf K) auf das Radon-Maß (auf $L\backslash K$):
$$\pi_* \mu^K = \mu \rtimes \pi.$$

Das Bildmaß der Projektion sei nun rechts-K-invariant. Dann gilt mit dem Satz von Fubini
$$\int\limits_{L\backslash K} f\, d(\mu \rtimes \pi) = \int\limits_{K} (\pi \ltimes f)\, d\mu.$$

Wir zeigen, dass $\mu \rtimes \pi$ auf $L\backslash K$ rechts-K-invariant ist:

$$(\mu \rtimes \pi) \rtimes \rho_k = \mu \rtimes \pi.$$

$$((\mu \rtimes \pi) \rtimes \rho)f(Lk') = (\mu \rtimes \pi)(\rho_k^S f)(Lk') = (\mu \rtimes \pi)f(Lk'k).$$

Dies bedeutet integriert:

$$\begin{aligned}
\int\limits_{L\backslash K} f(Lk'k)\, d(\mu \rtimes \pi \rtimes \rho)(Lk'k) \;&=\; \int\limits_{L\backslash K} (\rho_k^S f)(Lk')\, d(\rho(\mu \rtimes \pi))(Lk') \\[2mm]
&=\; \int\limits_{K} f(Lk'k)\, d(\mu \rtimes \pi)(Lk') \\[2mm]
&=\; \int\limits_{K} (\pi \ltimes f)(k')\, d\mu(k').
\end{aligned}$$

Somit ist die Rechts-K-Invarianz gezeigt.

6.1.2 Liftung der Aktion auf den Hilbert-Raum $L^2(S)$

Nun betrachten wir den unitären Dual $\hat{K}$ von K, d. h. die Menge aller Äquivalenzklassen der irreduziblen stetigen unitären Darstellungen von K. Für jedes $\alpha \in \hat{K}$ wählen wir eine Darstellung

$$\alpha : K \to U(H_\alpha),$$

wobei H_α ein komplexer Hilbert-Raum mit dem inneren Produkt $\langle , \rangle_\alpha$ und konjugiert-linear in der ersten Variable ist. Wegen der Kompaktheit von K ist die Dimension $d_\alpha = \dim H_\alpha < \infty$. Wir betrachten zwei Hilbert-Räume: den L^2-Raum $L^2_\mu(K)$ der komplexwertigen Funktionen mit dem inneren Produkt

$$\langle h|k \rangle_K := \int_K \overline{h(s)}k(s)ds$$

und dem Haar-Maß $d\mu$ und $L^2_{\mu \ltimes \pi}(L\backslash K)$, für den wir eine Einbettung und eine orthogonale Projektion π benötigen, so dass

$$j : L^2(S) \overset{\pi}{\underset{\hookrightarrow}{\leftarrow}} L^2(K)$$
$$f \mapsto f \circ \pi = \pi \ltimes f = \pi^* f = F$$

gilt.

Mit dem kontravarianten Pullback π^* entlang der natürlichen Projektion $\pi : K \to L\backslash K$, für die $\pi(e) = o$ ist, identifizieren wir $L^2(S)$ mit dem abgeschlossenen Unterraum

$$L^2(S) \approx L^2(K)^L := \{ F \in L^2(K) : F(lk) = F(k) \quad \forall \quad l \in L \} \sqsubset L^2(K)$$

der L-linksinvarianten Funktionen auf $L^2(K)$. Dieser Unterraum ist invariant unter der Linkstranslationsaktion von K auf $L^2(K)$, die durch

$$(l_s F)(t) = F(s^{-1}t)$$

für alle $s, t \in K$ und $F \in L^2(K)$ definiert ist.

Ist nun l_s integrierbar, d. h. $l_s \in L^1(K)$, dann können wir den Faltungsoperator mit dem Symbol λ_s als beschränkten Operator

$$\lambda_s : L^2(K) \to L^2(K)$$
$$(\lambda_s F)(t) \mapsto \int_K F(s^{-1}t)u(s)ds$$

für alle $F \in L^2(K)$ und $t \in K$ definieren. Mit diesem Faltungsoperator erzeugt man die spatiale (oder reduzierte) Gruppen-C^*-Algebra $C^*(K) = C^*_{\lambda_s}(\lambda_s | l_s \in L^1(K))$, realisiert auf $L^2(K)$.

Die Orthogonalprojektion $P_K : L^2(K) \to L^2(S)$ ist gegeben durch

$$(P_K F)(s) = (PF)(ek) = \int_L F(ls)dl$$

für $l \in L$, $k \in K$ und $F \in L^2(K)$.

Wir betrachten folgendes Diagramm:

$$
\begin{array}{ccc}
L^2(K) & \xrightarrow{\rho_k^K} & L^2(K) \\
\big\downarrow{\scriptstyle P_K} & & \big\uparrow{\scriptstyle i_K} \\
L^2(K)^L & \xrightarrow{\rho_k^K} & L^2(K)^L \\
\big\downarrow{\scriptstyle j^*} & & \big\uparrow{\scriptstyle j} \\
L^2(S) & \xrightarrow{\rho_k^S} & L^2(S) \\
\big\downarrow{\scriptstyle P_S} & & \big\uparrow{\scriptstyle i_S} \\
H^2(S) & \xrightarrow{\rho_k^S} & H^2(S),
\end{array}
$$

das mit unitären Abbildungen j, j^* und ρ_k^S gebildet wird, wobei j und j^* sowie die Projektionen P_K bzw. P_S und i_K bzw. i_S zueinander dual sind. Zunächst zeigen wir, dass j sowohl die Norm wie auch die Metrik erhält.

Lemma 6.1.4. *Die Abbildung j ist eine isometrische Einbettung, d. h. für $jf = \pi \circ f$ ist:*

$$\langle jf \,|\, jg \rangle_K = \langle f \,|\, g \rangle_S,$$

wobei $f, g \in L^2(S)$ sind.

Beweis:

In K haben wir das innere Produkt

$$\langle jf \,|\, jg \rangle_K = \int_K (\overline{jf})(jg)d\mu.$$

Dann gilt mit dem Bildmaß $\mu \rtimes \pi = \sigma$ angewandt auf das Produkt $\overline{f}g$:

$$
\begin{aligned}
\int_K (\overline{jf})(jg)d\mu &= \int_K (\overline{f \circ \pi})(g \circ \pi)d\mu \\
&= \int_K (\overline{f}g) \circ \pi d\mu \\
&= \int_S \overline{f}g\, d(\mu \rtimes \pi) = \int_S \overline{f}g\, d\sigma \\
&= \langle f \,|\, g \rangle_S.
\end{aligned}
$$

$\square$

Lemma 6.1.5. *Sei j eine metrische Projektion von $L^2(S) \to L^2(K)^L$, ρ_k^K eine Rechts-aktion auf K und ρ_k^S eine Rechtsaktion auf S. Dann gilt*

$$j\rho_k^S = \rho_k^K j.$$

Beweis:

Es sei $f \in L^2(S)$, $e \in L$ und $k \in K$. Dann gilt einerseits

$$(j\rho_k^S)f(h) = jf(hk) = f(e(hk))$$

und andererseits

$$(\rho_k^K j)f(h) = \rho_k^K f(eh) = f((eh)k) = f(e(hk)).$$

$\square$

Folgerung 6.1.6. *Unter der Abbildung j liegt $L^2(S)$ als abgeschlossener Unterraum in $L^2(K)$, d. h.*

$$jL^2(S) \sqsubset L^2(K).$$

Beweis:

Wir wissen, dass $L^2(S)$ vollständig ist. Da j eine isometrische Einbettung ist, ist $jL^2(S)$ ebenfalls vollständig. Daraus folgt, dass $jL^2(S)$ abgeschlossen in $L^2(K)$ ist. $\square$

Da jeder abgeschlossene Unterraum eines Hilbert-Raums das Bild einer stetigen Projektion ist, können wir Folgendes formulieren:

Folgerung 6.1.7. *Es existiert eine Projektion P_K, für die gilt:*

$$P_K : L^2(K) \underset{i_K}{\overset{P_K}{\rightleftarrows}} jL^2(S)\,,$$

dabei ist i_K die Inklusionsabbildung auf K.

Diese Abbildung P_K ist eine **metrische Projektion**, d. h.

$$P_K(s) = \{k \in K : \langle k, s \rangle = \langle K, s \rangle\}.$$

Beweis:

Es ist $jL^2(S) = \{F \in L^2(K) : \text{links-L-invariant}\}$, d. h. es gilt $F(lk) = F(k)$ für alle $k \in K$ und $l \in L$. Daher ist $jL^2(S) = L^2(K)^L$, also

$$(P_K F)(k) = \int_L F(lk)\,dl.$$

$\square$

Beispiel 6.1.8. *Hier greifen wir Beispiel 6.1.2 auf. Es sei* $S = \mathbb{S}^{n-1} = O(n-1,\mathbb{R})\backslash O(n,\mathbb{R})$. *Dann ist*

$$P_K : L^2(O(n,\mathbb{R})) \to L^2(O(n-1,\mathbb{R}))^{O(n,\mathbb{R})}$$

definiert durch

$$P_K F(k) = \int\limits_{O(n-1)} F(lk)dl.$$

Lemma 6.1.9. *Sei* P_K *eine Projektion von* $L^2(K) \to L^2(K)^L$ *und* ρ_k^K *eine Rechtsaktion auf* K, *dann gilt:*

$$P_K \rho_k^K = \rho_k^K P_K.$$

Beweis:

Es sei $F \in L^2(K)$, $k,k' \in K$ und $l \in L$. Dann ist

$$
\begin{aligned}
(P_K \rho_k^K)F(k') &= P_K \rho_k^K F(k') = P_K F(k'k) = \int_L F(lk'k)dl \\
(\rho_k^K P_K)F(k') &= \rho_k^K (P_K F)(k') = (P_K F)(k'k) = \int_L \rho_k^K F(lk')dl = \int_L F(lk'k)dl.
\end{aligned}
$$

$\square$

Lemma 6.1.10. *Sei* i_K *eine Inklusionsabbildung von* $L^2(K) \to L^2(K)^L$ *und* ρ_k^K *eine Rechtsaktion auf* K. *Dann gilt:*

$$i_K \rho_k^K = \rho_k^K i_K.$$

Beweis:

Es sei $\tilde{f} \in L^2(K)^L$. Dann berechnen wir

$$
\begin{aligned}
(i_K \rho_k^K)\tilde{f}(ek') &= i_K \rho_k^K \tilde{f}(ek') = i_K \tilde{f}(k'k) = F(k'k) = F(\tilde{k}) \\
(\rho_k^K i_K)\tilde{f}(ek') &= \rho_k^K F(k') = F(k'k) = F(\tilde{k}).
\end{aligned}
$$

$\square$

Lemma 6.1.11. *Sei* j^* *eine Projektion von* $L^2(K)^L \to L^2(S)$, ρ_k^K *eine Rechtsaktion auf* K *und* ρ_k^S *eine Rechtsaktion auf* S. *Dann gilt*

$$j^* \rho_k^K = \rho_k^S j^*.$$

Beweis:

Es sei $\tilde{f} \in L^2(K)^L$. Eine kurze Rechnung ergibt:

$$
\begin{aligned}
(j^* \rho_k^K)\tilde{f}(ek') &= j^* \tilde{f}((ek')k) = f(k'k) \\
(\rho_k^S j^*)\tilde{f}(ek') &= \rho_k^S f(k') = f(k'k).
\end{aligned}
$$

$\square$

Lemma 6.1.12. *Sei i_S eine Inklusionsabbildung von $H^2(S) \to L^2(S)$ und ρ_k^S eine Rechtsaktion auf S. Dann gilt*

$$i_S \rho_k^S = \rho_k^S i_S.$$

Beweis:

$$
\begin{aligned}
(i_S \rho_k^S)\phi(s) &= i_S \phi(sk) = f(sk) \\
(\rho_k^S i_S)\phi(s) &= \rho_k^S f(s) = f(sk).
\end{aligned}
$$

$\square$

Lemma 6.1.13. *Sei P_S eine Projektion von $L^2(S) \to H^2(S)$ und ρ_k^S eine Rechtsaktion auf S. Dann gilt:*

$$P_S \rho_k^S = \rho_k^S P_S,$$

wobei P_S die Szegö-Projektion mit reproduzierendem Szegö-Kern $E(z,w) = \Delta(z,w)^{\frac{n}{r}}$ ist.

Beweis:

Es sei $f \in L^2(S)$. Dann haben wir auf der linken Seite

$$
\begin{aligned}
(P_S \rho_k^S)f(s) &= P_S(\rho_k^S f)(s) = \int_S \Delta(e - st^*)^{-\frac{n}{r}} (\rho_k^S f)(t)dt \\
&= \int_S \Delta(e - st^*)^{-\frac{n}{r}} f(tk)dt
\end{aligned}
$$

und auf der rechten Seite

$$
\begin{aligned}
(\rho_k^S P_S)f(s) &= \rho_k^S(P_S f(s)) = P_S f(sk) = \int_S \Delta(e - skt'^*)^{-\frac{n}{r}} f(t')dt' \\
&= \int_S \Delta(e - st^*)^{-\frac{n}{r}} f(tk)dt.
\end{aligned}
$$

für $kt'^* = t^* \Rightarrow t'k^{-1} = t \Rightarrow t' = tk.$ $\square$

Analog kann man dies für die holomorphe Fortsetzung zeigen, also den Übergang von $s \in S$ zu $z \in \mathbb{B}$. Nun kommen wir zu den Hardy-Räumen $H^2(S) \sqsubset L^2(S)$, die abgeschlossen in $L^2(S)$ sind, mit der Einbettung i_S und der Projektion P_S

$$H^2(S) \underset{\longleftarrow P_S}{\overset{i_S \longrightarrow}{\rightleftarrows}} L^2(S).$$

Lemma 6.1.14. *$H^2(S)$ ist rechts-K-invariant, d. h.*

$$\rho_k^S H^2(S) = H^2(S).$$

Beweis:

Dies besagt, dass folgendes Diagramm kommutativ ist:

$$
\begin{array}{ccc}
L^2(S) & \xrightarrow{\ \rho_k^S\ } & L^2(S) \\
\Big\downarrow{\scriptstyle P_S} & & \Big\downarrow{\scriptstyle P_S} \\
H^2(S) & \xrightarrow{\ \rho_k^S\ } & H^2(S)
\end{array}
$$

Es gilt:

$$f \text{ holomorph} \quad \Leftrightarrow \quad \rho_k^S \circ f \text{ holomorph},$$

weil ρ_k biholomorph ist. $\qquad\qquad\qquad\qquad\qquad\qquad\qquad\qquad\qquad\qquad$ $\square$

Nun haben wir gezeigt, dass

$$L^2(K) \overset{P_K}{\to} jL^2(S) \overset{j^*}{\to} L^2(S) \overset{P_S}{\to} H^2(S)$$

ist. Somit ergibt sich für den Operator:

$$T = i_K \circ j \circ i_S \circ P_S \circ j^* \circ P_K,$$

hierbei können wir $i_K = P_K^*$ setzen. Wegen des Diagramms gilt insbesondere:

$$T\rho_k^K = \rho_k^K T.$$

Beweis:

Wir verwenden nun schrittweise die oben aufgeführten Lemmata und erhalten

$$
\begin{aligned}
T\rho_k^K &= i_K j i_S P_S j^* P_K \rho_k^K = i_K j i_S P_S j^* \rho_k^K P_K \\
&= i_K j i_S P_S \rho_k^S j^* P_K \\
&= i_K j i_S \rho_k^S P_S j^* P_K \\
&= i_K j \rho_k^S i_S P_S j^* P_K \\
&= i_K \rho_k^K j i_S P_S j^* P_K \\
&= \rho_k^K i_K j i_S P_S j^* P_K \\
&= \rho_k^K T.
\end{aligned}
$$

$$\square$$

Zudem gilt folgender Satz von Serban Strătilă und László Zsidó ([Strătilă 1], 18.4.(14), S. 261, mit [Strătilă 2], 10.4.(2), S. 251):

Theorem 17. *Sei G eine lokalkompakte unimodulare Gruppe, $L^2(G)$ der Hilbert-Raum der quadratintegrierbaren Funktionen auf G, $T \in \mathcal{L}(L^2(G))$ und λ der (Links-)Faltungsoperator. Falls T mit allen Rechtstranslationen ρ_G kommutiert, also $\rho_G T = T\rho_G$ gilt, dann ist*

$$T \in W_\lambda^*(G),$$

wobei $W_\lambda^*(G) := W^*\langle \lambda_g : g \in G \rangle$ ist.

Die Elemente in $W_\lambda^*(G)$, d. h. die Operatoren, sind nur „indirekt" definiert, nämlich als schwacher Limes von λ_g für $g \in G$. Im Allgemeinen kann man sie nicht als λ_u für eine integrierbare Funktion u auf G schreiben. Falls G eine Lie-Gruppe ist, kann man häufig Darstellungen der Form λ_u für eine (nicht glatte) Distribution u auf G finden. Wir zeigen nun für den Operator T, dass er ein Linksfaltungsoperator ist.

Eine Distribution E^K existiert auf K derart, dass

$$(TF)(k) = \int_K F(k'^{-1}k)dE^K(k')$$
$$= \int_K (\lambda_{k'}F)(k)dE^K(k')$$

für $F \in L^2(K), k \in K$ gilt. Mit Theorem 17 folgt, dass für $T = T = i_K \circ j \circ i_S \circ P_S \circ j^* \circ P_K$ gilt:

$$T \in W_\lambda^*(K),$$

also T ein Integraloperator ist, dessen Kern eine Distribution ist. Die folgende Proposition übernehmen wir ohne ausführlichen Beweis (s. [Upmeier 4], Proposition 3.5.13., S 206).

Proposition 6.1.15. *Es existiert eine L-biinvariante Distribution E auf K mit der Dichte bzgl. h mit*

$$dE(s) = \Delta(e, es^{-1})^{-\frac{n}{r}}dh = \Delta(es, e)^{-\frac{n}{r}}dh,$$

so dass

$$\int_K h(s)dE(s) = \lim_{a \in \Lambda} \int_K E(e\exp(a)s, e)h(s)ds$$

für alle Testfunktionen $h \in C^\infty(K)$ gilt, wobei E der Szegö-Kern ist.

Bemerkung 6.1.16. *Die Dichte $dE(h)$ sieht regulär aus, hat aber eine Singularität für $h = 1$, denn es ist $\Delta(e, e) = 0$.*

Beweisskizze:
Zunächst gilt für jedes $\alpha \in \hat{S} \cap \Lambda^\#$ mit orthonormaler Basis B_α von H_α, dass die Reihe

$$E(z, w) = \sum_{\alpha \in \hat{S} \cap \Lambda^\#} d_\alpha \Phi_\alpha(z)$$

kompakt konvergiert, wobei $\hat{S}$ der unitäre Dual von $S = L\backslash K$ und $\Lambda^\#$ der Polarkegel[1] ist. Dabei gehen die L-invarianten sphärischen Funktionen ϕ_α auf S, die zu jeder unitären irreduziblen Darstellung α gehören, hier wesentlich ein. Denn es wird

$$dE(h) = \sum_{\alpha \in \hat{S} \cap \Lambda^\#} d_\alpha \cdot \phi_\alpha(s) \cdot ds$$

gesetzt, wobei d_α die Dimension von H_α ist. $\qquad\square$
Die bisherigen Ergebnisse dieses Abschnitts fassen wir in folgendem Satz zusammen:

---

[1]Der Polarkegel ist der Dualraum des konvexen Kegels, der zu einem K-zirkulären Gebiet assoziiert ist (siehe hierzu [Upmeier 4], S. 162f).

Theorem 18. *Sei $T \in W_\lambda^*$. Dann ist T ein Linksfaltungsoperator λ_E mit Szegö-Kern E, d. h.*

$$T \equiv \lambda_E.$$

Beweis:

Sei $F \in L^2(K)$ und $k_0 \in K$. Wir setzen für den Operator T die Abbildungen ein. Dabei können wir für die Szegö-Projektion P_S als Integral schreiben, weil wir nach dem Satz von Strătilă und Zsidó wissen, dass eine linksinvariante Distribution existiert. Somit gilt:

$$
\begin{aligned}
(TF)(k_0) &= (i_K j i_S P_S j^* P_K F)(k_0) = (j i_S P_S j^* P_K F)(k_0) \\
&= (i_S P_S j^* P_K F)(ek_0) = (P_S j^* P_K F)(ek_0) \\
&= \int_S \Delta(ek_0, s)^{-\frac{n}{r}} (j^* P_K F)(s)\,ds.
\end{aligned}
$$

Hier benötigen wir folgende Überlegung durch duale Paarung:

$$
\begin{aligned}
\int_S \Delta(ek_0, s)^{-\frac{n}{r}} (j^* P_K F)(s)\,ds &= \langle g | j^* F \rangle_S \\
&= \langle jg | F \rangle_K \\
&= \int_K \overline{(jg)(k)} F(k)\,dk \\
&= \int_K \overline{g(ek)} F(k)\,dk.
\end{aligned}
$$

Somit können wir nun das oben Begonnene fortführen:

$$
\begin{aligned}
\int_S \Delta(ek_0, s)^{-\frac{n}{r}} (j^* P_K F)(s)\,ds &= \int_K \Delta(ek_0, ek)^{-\frac{n}{r}} (j^* P_K F)(k)\,dk \\
&= \int_K \Delta(ek_0, ek)^{-\frac{n}{r}} \int_L F(lk)\,dl\,dk && \text{Fubini} \\
&= \int_L \int_K \Delta(ek_0, ek)^{-\frac{n}{r}}\,dk\, F(lk)\,dl && \scriptstyle lk = h^{-1}k_0 \text{ und Fubini} \\
&= \int_L \int_K \Delta(ek_0, el^{-1}h^{-1}k_0)^{-\frac{n}{r}} F(h^{-1}k_0)\,dh\,dl \\
&= \int_L \int_K \Delta(e, el^{-1}h^{-1})^{-\frac{n}{r}} F(h^{-1}k_0)\,dh\,dl && \text{L-Invarianz} \\
&= \int_K \Delta(e, eh^{-1})^{-\frac{n}{r}} F(h^{-1}k_0)\,dh \\
&= \int_K F(h^{-1}k_0)\,dE(h) \\
&= \int_K \lambda_h F(k_0)\,dE(h).
\end{aligned}
$$

Die letzte Zeile besagt nun, dass ein Linksfaltungsoperator λ_E zur Distribution E vorliegt.

$\square$

Aus diesem Satz und der Definition des Operators T ergibt sich folgender Schluss:

Folgerung 6.1.17. *Sei λ_E der Linksfaltungsoperator mit Szegö-Kern E. Dann ist*

$$\lambda_E = T$$

die Szegö-Projektion P_S.

Beweis:

Aus dem vorherigen Theorem 18 wissen wir, dass $\lambda_E = T$ gilt. Nun setzen wir wieder für den Operator T die nacheinander auszuführenden Abbildungen ein und erhalten

$$\begin{aligned}
T &= i_K \circ ji_s \circ P_S \circ j^* \circ P_K = ji_s \circ P_S \circ j^* \circ P_K \\
&= j \circ P_S \circ j^* \circ P_K \\
&= j \circ P_S \circ P_S \\
&= j \circ P_S.
\end{aligned}$$

Dabei haben wir verwendet, dass $i_K \circ j = j$, $i_S = P_S^*$ und wegen der Projektionseigenschaft $P_S = P_S^* = P^2$ gilt. Die Abbildung j bildet in den linksinvarianten Unterraum $L^2(K)^L$ ab, so dass wegen der L-Invarianz des Faltungsoperators, d. h. $j^*T = T$, gilt:

$$T = j^* j P_S = P_S.$$

$\square$

Beispiel 6.1.18. *Betrachten wir das nun auf der Einheitskreislinie als einfachsten Fall. Dazu sei $S = L\backslash K$ mit $S = \mathbb{T}$, $K = \mathbb{T}$ und $L = 1$. Es ist $H^2(\mathbb{T}) \sqsubset L^2(\mathbb{T})$. Wir betrachten nun das Haar-Maß auf $\mathbb{T}$. Wegen $z \in \mathbb{T}$ betrachten wir genauer $z = \exp(it)$, $t \in \mathbb{R}$. Es gilt:*

$$dz = i\exp(it)dt = izdt,$$

woraus

$$\frac{dz}{z} = idt$$

folgt. Das bedeutet für das normalisierte Haar-Maß:

$$d\mu(z) = \frac{dt}{2\pi} = \frac{1}{2\pi i}\frac{dw}{z}, \quad w \in \mathbb{B}.$$

Somit ergibt das Haar-Integral

$$\int_{\mathbb{T}} f(z)d\mu(z) = \frac{1}{2\pi i}\int_{\mathbb{T}} f(w)\frac{dw}{z}.$$

Nun betrachten wir den Szegö-Projektor und wenden das Cauchy-Integral an:

$$
\begin{aligned}
(P_S f)(w) &= \frac{1}{2\pi i} \int_{\mathbb{T}} \frac{f(z)}{z-w}\,dz \\[2mm]
&= \int_{\mathbb{T}} \frac{z f(z)}{z-w}\,d\mu(z) \\[2mm]
&= \int_{\mathbb{T}} \frac{f(z)}{1-\frac{w}{z}}\,d\mu(z) \quad \bar{z}=z^{-1} \\[2mm]
&= \int_{\mathbb{T}} \frac{f(z)}{1-w\bar{z}}\,d\mu(z) \quad z=ws^{-1}=s^{-1}w \\[2mm]
&= \int_{\mathbb{T}} \frac{f(ws^{-1})}{1-s}\,d\mu(s) \\[2mm]
&= \int_{\mathbb{T}} f(s^{-1}w)\frac{d\mu(s)}{1-s} \\[2mm]
&= \int_{\mathbb{T}} (\lambda_s f)(w)\frac{d\mu(s)}{1-s} \\[2mm]
&= \int_{\mathbb{T}} (\lambda_s f)(w)\,dE(s)
\end{aligned}
$$

für $w \in \mathbb{B}, f \in L^2(\mathbb{T})$. Das heißt für die Einheitskreislinie, dass das Cauchy-Integral über $\mathbb{T}$ mit der Szegö-Projektion von auf $\mathbb{T}$ quadratintegrierbaren Funktionen übereinstimmt. Man beachte die Singularität für $s = 1$.

Beispiel 6.1.19. *Für den Szegö-Kern $E(z,w)$ gilt, dass er die Szegö-charakteristische Funktion $E_e(z)$ für das jeweilige Gebiet erfüllen muss.*

1. Für den Torus gilt nach [Upmeier 4], Proposition 2.10.66., S. 169:

$$
E_S(u) = E_e(z) = E(z,e).
$$

Hier ist dann nur noch festzuhalten, dass $E(z,w) = \Delta(z,w)^{-1}$, wobei $\Delta(z,w)$ die Jordan-Tripeldeterminante ist. Also ergibt sich:

$$
E_e(z) = \frac{1}{1-z}
$$

und somit für die Projektion

$$
(P_S f)(s) = \int_S \overline{f(s)}\,\frac{1}{1-s}\,ds.
$$

2. Es ist $s \in S = U(r)$ und $u, v \in K = U(r) \times U(r)$. Dann ist

$$
s = (u,v) \mapsto u^{-1}v,
$$

also es = $u^{-1}v$. Nach [Upmeier 4], Proposition 2.8.6., S. 126, ist

$$E(z,w) = \Delta(z,w)^{-\frac{n}{r}}.$$

$$E_S(u) = \Delta(e-u)^{-r}$$

$$E_K(s) = \Delta(e-es)^{-r}.$$

Also ist

$$E_K(u,v) = \Delta(e-u^{-1}v).$$

Die Dimension von $H_r(\mathbb{C})\otimes\mathbb{C}$ ist r^2 und der Rang r (s. [Upmeier 4], Beispiel 1.3.51, S. 23). Also haben wir

$$E(z,w) = \Delta(z,w)^{-r}.$$

3. Die Dimension von $H_r(\mathbb{R})\otimes\mathbb{C}$ ist $\frac{r(r+1)}{2}$ und der Rang r (s. [Upmeier 4], Beispiel 1.3.51, S. 23). Also haben wir

$$E(z,w) = \Delta(z,w)^{-\frac{r+1}{2}}.$$

6.2 Hardy-Toeplitz-Operatoren

Definition 6.2.1. *Für eine beschränkte Funktion $\phi \in L^\infty(K)$ heißt der beschränkte Operator*

$$M_\phi : L^2(K) \;\to\; L^2(K)$$

$$M_\phi(f)(s) \;\mapsto\; \phi(s)f(s)$$

*für alle $f \in L^2(K)$ und $s \in K$ der **Multiplikationsoperator** mit Symbol ϕ.*

Dieser Multiplikationsoperator mit dem Symbol ϕ kann mit einem injektiven C^*-Algebrahomomorphismus von $L^\infty(K)$ in die abelsche C^*-Algebra der beschränkten Operatoren $\mathcal{L}(L^2(K))$ identifiziert werden. Die Rechtstranslationsaktion von K auf $L^2(K)$ induziert eine adjungierte Aktion von K auf $\mathcal{L}(L^2(K))$, die

$$Ad(\rho_s)f = \rho_s f$$

mit Multiplikationsoperator $\rho_s f = f(ts)$ für alle $s \in K$ erfüllt. Insbesondere ist $\rho_s f \in L^\infty(K)$.

Definition 6.2.2. *Für eine beschränkte Funktion $\phi \in L^\infty(S)$ heißt der beschränkte Operator*

$$M_\phi : L^2(S) \;\to\; L^2(S)$$

$$M_\phi(f)(z) \;\mapsto\; \phi(z)f(z)$$

*für alle $f \in L^2(S)$ und $z \in S$ der **Multiplikationsoperator** mit Symbol ϕ.*

Dieser Multiplikationsoperator mit dem Symbol ϕ kann mit einem injektiven C^*-Algebrahomomorphismus von $L^\infty(S)$ in die abelsche C^*-Algebra der beschränkten Operatoren $\mathcal{L}(L^2(S))$ identifiziert werden. Die Rechtstranslationsaktion von K auf $L^2(S)$ induziert eine adjungierte Aktion von K auf $\mathcal{L}(L^2(S))$, die

$$Ad(\rho_s)f = \rho_s f$$

mit Multiplikationsoperator $\rho_s f = f(zs)$ für alle $s \in K$ erfüllt. Insbesondere ist $\rho_s f \in L^\infty(S)$. Nun betrachten wir den Hardy-Raum $H^2(S)$ über dem K-zirkulären Gebiet G mit der Szegö-Projektion $P_S : L^2(S) \to H^2(S)$.

Definition 6.2.3. *Für eine beschränkte Funktion $\phi \in L^\infty(S)$ definieren wir den beschränkten Operator*

$$T_\phi : L^2(S) \quad \to \quad H^2(S)$$
$$T_\phi(f)(z) \quad \mapsto \quad P_\nu(M_\phi f)(z)$$

*für alle $f \in H^2(S)$. Diesen Operator T_ϕ bezeichnet man als **Hardy-Toeplitz-Operator** mit Symbol ϕ.*

Nun ist das Produkt von Toeplitz-Operatoren schon kein Toeplitz-Operator mehr, aber das Produkt der Multiplikationsoperatoren auf der Gruppe bleibt ein Multiplikationsoperator. Genauer gilt für $f \in L^\infty(S)$, dass T_f ein beschränkter Operator auf $L^2(S)$ ist, der

1. $\|T_f\| \leq \|f\|_\infty$ und

2. $T_f^* = T_{\bar{f}}$

erfüllt. Ist zudem noch $f_1 \in H^2(S) \cap L^\infty(s)$, dann gilt:

1. $T_f T_{f_1} = T_{f f_1}$ und

2. $T_{\overline{f_1}} T_f = T_{\overline{f_1} f}$.

Daher betrachten wir die zusammengesetzte Abbildung.

$$
\begin{array}{ccc}
L^2(K) & \xrightarrow{\;M_{\bar{f}}^K\;} & L^2(K) \\
\left\downarrow{\scriptstyle P_K}\right. & & \left\uparrow{\scriptstyle i_K}\right. \\
L^2(K)^L & \xrightarrow{\;M_f^K\;} & L^2(K)^L \\
\left\downarrow{\scriptstyle j^*}\right. & & \left\uparrow{\scriptstyle j}\right. \\
L^2(S) & \xrightarrow{\;M_f^S\;} & L^2(S) \\
\left\downarrow{\scriptstyle P_S}\right. & & \left\uparrow{\scriptstyle i_S}\right. \\
H^2(S) & \xrightarrow{\;T_f^S\;} & H^2(S).
\end{array}
$$

Der Toeplitz-Operator auf S ist dann

$$T_f^S = P_S M_f^S i_S = P_S M_f P_S.$$

Das letzte Gleichheitszeichen gilt, weil $i_S = P^*(S)$ und für Projektionsoperatoren $P_S^* = P_S$ gilt. Auch hier müssen die einzelnen Relationen untersucht werden:

Lemma 6.2.4. *Sei P_K eine Projektion von $L^2(K) \to L^2(K)^L$, $M_{\tilde{g}}^K$ ein Multiplikationsoperator. Dann gilt*

$$P_K M_{\tilde{g}}^K = M_{\tilde{g}}^K P_K.$$

Beweis:

Es sei $F \in L^2(K)$. Wegen $\tilde{g} \in C(K)$ gilt $P_K(\tilde{g}(k)F(k)) = \tilde{g} P_K F(k)$. Somit ergibt sich:

$$
\begin{aligned}
(P_K M_{\tilde{g}}^K)F(k) &= P_K(\tilde{g}(k)F(k)) = \tilde{g}(k)P_K F(k) \\
(M_{\tilde{g}}^K P_K)F(k) &= M_{\tilde{g}}(P_K F)(k) = \tilde{g}(k)P_K F(k).
\end{aligned}
$$

$\square$

Lemma 6.2.5. *Sei j^* eine Projektion von $L^2(K)^L \to L^2(S)$, $M_{\tilde{g}}^K$ ein Multiplikationsoperator und M_g^S ein Multiplikationsoperator, dann gilt:*

$$j^* M_{\tilde{g}}^K = M_{\tilde{g}}^S j^*.$$

Beweis:

Es sei $\tilde{f} \in L^2(K)^L$. Dann gilt:

$$
\begin{aligned}
(j^* M_{\tilde{g}}^K)\tilde{f}(ek) &= j^*((\tilde{g}(k)\tilde{f})(ek)) = \tilde{g}(k)f(k) \\
(M_{\tilde{g}}^K j^*)\tilde{f}(ek) &= (M_{\tilde{g}}^K f)(k) = \tilde{g}(k)f(k).
\end{aligned}
$$

$\square$

Lemma 6.2.6. *Sei P_S eine Projektion von $L^2(S) \to H^2(S)$, M_f^S ein Multiplikationsoperator. Dann gilt:*

$$P_S M_f^S = M_f^S P_S.$$

Beweis:

Es sei $f \in L^2(S)$. Dann ergibt sich

$$
\begin{aligned}
(P_S M_g^S)f(k) &= P_S((gf)(k)) = g(k)(P_S f)(k) \\
(M_g^S P_S)f(k) &= M_g^S(P_S F)(k) = g(k)(P_S f)(k).
\end{aligned}
$$

$\square$

Lemma 6.2.7. *Sei i_K eine Inklusionsabbildung von $L^2(K)^L \to L^2(K)$ und $M_{\tilde{g}}^K$ ein Multiplikationsoperator. Dann gilt:*

$$i_K M_g^K = M_g^K i_k.$$

Beweis:

Es sei $\tilde{f} \in L^2(K)^L$. Wir berechnen:

$$
\begin{aligned}
(i_K M_g^K)\tilde{f}(ek) &= i_K(g\tilde{f})(ek) = g(k)i_K\tilde{f}(ek) = g(k)F(k) \\
(M_g^K i_K)\tilde{f}(ek) &= M_g^k F(k) = g(k)F(k).
\end{aligned}
$$

$\square$

Lemma 6.2.8. *Sei j eine Projektion von $L^2(K)^L \to L^2(S)$, $M_{\tilde{g}}^K$ ein Multiplikationsoperator und M_g^S ein Multiplikationsoperator. Dann gilt:*

$$j M_{\tilde{g}}^S = M_{\tilde{g}}^K j.$$

Beweis:

Es sei $f \in L^2(S)$. Mit einer kurzen Rechnung erhalten wir

$$
\begin{aligned}
(j M_g^S)f(k) &= j(M_g^S f)(k) = j(g(k)f(k)) = g(k)f(ek) \\
(M_{\tilde{g}}^K j)f(k) &= M_{\tilde{g}}^K f(ek) = \tilde{g}f(ek).
\end{aligned}
$$

$\square$

Lemma 6.2.9. *Sei i_S eine Projektion von $L^2(S) \to H^2(S)$, M_f^S ein Multiplikationsoperator und $T_f^S = P_S M_f^S i_S$ der Toeplitz-Operator. Dann gilt:*

$$i_S T_g^S = M_g^S i_S.$$

Beweis:

Es sei $\phi \in H^2(S)$. Dann ergibt sich:

$$
\begin{aligned}
(i_S T_g^S)\phi(s) &= i_S(P_S M_g^S i_s)\phi(s) = i_S(P_S(g(s)\phi(s))) = i_S(g(s)P_S\phi(s)) = g(s)\phi(s) \\
(M_g^S i_S)\phi(s) &= M_g^S \phi(s) = g(s)\phi(s).
\end{aligned}
$$

$\square$

Nun führen wir die Lemmata zu dem folgenden Satz zusammen und beachten, dass $i_K = P_K^*$, $i_S = P_S^*$ und die Projektoreigenschaft $P = P^*$ gelten.

Theorem 19. *Der Toeplitz-Operator ist definiert als*

$$
\begin{aligned}
T_f^S &= P_S j^* P_K M_f^K i_K j i_S = P_S j^* P_K M_f^K (i_K j i_S)^* \\
&= P_S j^* P_K M_f^K i_S^* j^* i_K^* = P_S j^* P_K M_f^K P_S j^* P_K \\
&= P_S^2 M_f^K P_S^2 = P_S M_f^K P_S.
\end{aligned}
$$

6.3 Hardy-Toeplitz-C^*-Algebra $\mathcal{T}(S)$ und ihre Realisierung als Kokreuzprodukt

In diesem Abschnitt nutzen wir die Katayama-Dualität aus. Dazu konstruieren wir eine Koaktion von K auf $\widehat{C}^*_{\lambda_E}(K)$, wobei für diese Algebra gilt, dass $C^*(K) \subset \widehat{C}^*_{\lambda_E}(K) \subset W^*_\lambda(K)$. Nachdem wir sichergestellt haben, dass das Kokreuzprodukt definierbar ist, zeigen wir, dass die Hardy-Toeplitz-C^*-Algebra eine C^*-Unteralgebra von $\mathcal{L}(L^2(K))$ ist.

Zunächst gehen wir von der Gruppen-C^*-Algebra $C^*(K)$ aus und betrachten diese als kokommutative Hopf-C^*-Algebra mit ihrer Komultiplikation

$$
\Delta_K : C^*(K) \to C^*(K) \overleftarrow{\otimes} C^*(K),
$$

hier ist $u \in L^1(K)$. Diesen C^*-Monomorphismus kann man durch Linkstranslationsoperatoren auf die W^*-Algebra erweitern

$$
\Delta_K^{ext} : W^*(K) \to W^*(K) \overline{\otimes} W^*(K)
$$

mit $u \in M(K)$, dabei ist $M(K)$ die Maßalgebra. Schränken wir diesen erweiterten W^*-Monomorphismus auf $\widehat{C}^*_{\lambda_E}(K)$ ein, erhalten wir die C^*-Koaktion

$$
\Delta_K |_{\widehat{C}^*_{\lambda_E}(K)} : \widehat{C}^*_{\lambda_E}(K) \to \widehat{C}^*_{\lambda_E}(K) \overleftarrow{\otimes} C^*(K).
$$

Nun kommt der Kac-Takesaki-Operator in der Katayama-Dualität zum Zuge, mit dem gezeigt wird, dass

$$
\begin{array}{ccc}
W^*_\lambda(K) \overline{\otimes} L^\infty(K) & \longrightarrow & \mathcal{L}(L^2(K)) \\
\cup \uparrow & & \cup \uparrow \\
\widehat{C}^*_\lambda(K) \hat{\otimes} C(K) & \longrightarrow & \widehat{\mathcal{K}}(L^2(K)) \\
\cup \uparrow & & \cup \uparrow \\
C^*(K) \hat{\otimes} C^*(K) & \longrightarrow & \mathcal{K}(L^2(K)).
\end{array}
$$

Proposition 6.3.1. *Es existiert ein W^*-Isomorphismus*

$$Ad(V^\square) : W^*(K) \otimes L^\infty(K) \to \mathcal{L}(L^2(L)),$$

der definiert ist durch

$$Ad(V^\square)(\lambda_u^\blacklozenge(id_H \otimes f)) = \lambda_u \cdot f$$

für alle $u \in \mathcal{M}(K)$ und $f \in L^\infty(K)$.

Beweis:

Wir wählen den Kac-Takesaki-Operator $V^\square(\phi \otimes \psi)(s,t) = \phi(s)\psi(s^{-1}t)$, der

$$\lambda_g^\blacklozenge = V^\square(\lambda_g \otimes 1_K)V^{\square *}$$

für alle $\lambda_g \in W^*(K)$ und $s,t \in K$ erfüllt. Denn für die äquivalente Gleichung $\Delta_K(\lambda_s)V^\square = V^\square(\lambda_s \otimes 1_K)$ ist

$$
\begin{aligned}
\lambda_g^\blacklozenge V^\square(\phi \otimes \psi)(s,t) &= V^\square(\lambda_g \otimes \lambda_g)(\phi \otimes \psi)(s,t) \\
&= V^\square(\phi \otimes \psi)(g^{-1}s, g^{-1}t) \\
&= \phi(g^{-1}s)\psi(s^{-1}t) \\
&= \lambda_g\phi(s)\psi(s^{-1}t) \\
&= V^\square(\lambda_g \otimes 1_K)(\phi \otimes \psi)(s,t)
\end{aligned}
$$

für alle $s,t \in K$. Damit erfüllt $\square$ die Kovarianzrelationen, so dass ein W^*-Isomorphismus $\pi : \mathcal{L}(L^2(K)) \to W^*(K) \otimes L^\infty(K)$ mit $\pi(\lambda_s) = \lambda_s \otimes \lambda_s$ für $s \in K$ und $\pi(f) = id_H \otimes f$ für $f \in L^\infty(K)$ erfüllt. Wie in den vorhergehenden Integrationen (s. Folgerung 4.7.8) sehen wir auch hier, dass $\pi(\lambda_u) = \lambda_u^\blacklozenge$ für alle $u \in M(K)$. $\qquad\square$

Es fehlt noch der Nachweis, dass dies eine C^*-Unteralgebra ist. Dies beweisen wir, indem wir für die triviale Aktion als Spezialfall der bidualen Linkskoaktion aus Theorem 11 den Isomorphismus zeigen.

Proposition 6.3.2. *Es existiert ein injektiver C^*-Homomorphismus*

$$\square : \widehat{C}_{\lambda_E}^*(K) \otimes C(K) \to \mathcal{K}(L^2(K))$$

auf dem Kokreuzprodukt, für das

$$\left[Ad(V^\square)((\lambda_u^\blacklozenge(id_H \otimes f))\right]^{\square^{-1}} = \lambda_u \cdot f$$

für alle $a \in \widehat{C}_{\lambda_E}^*(K)$ und $f \in C(K)$ gilt.

Beweis:

Hier wird der Beweis geführt wie in Theorem 11, Seite 88, indem man zeigt, dass für die triviale Aktion $id^\square$, $\lambda_u \in \widehat{C}^*_{\lambda_E}(K)$ und $f \in C(K)$ gilt:

$$Ad(id_H \otimes V^\square)(id_H^\square(id_H \otimes f)) = (id_H \otimes \lambda_u)(id_H \otimes f)) = \lambda_u f.$$

$\square$

Dann ist der Toeplitz-Operator, wie wir gerade gesehen haben, definiert als

$$T_f^S = P_S M_{\tilde{f}}^K P_S,$$

wobei P_S die im Abschnitt 7.2 vorgestellte Szegö-Projektion auf dem Shilov-Rand ist. Die von den Toeplitz-Operatoren erzeugte C^*-Algebra definieren wir nun.

Definition 6.3.3. *Die Hardy-Toeplitz-C^*-Algebra $\mathcal{T}(S)$ über S ist definiert als unitale C^*-Algebra*

$$\mathcal{T}(S) = C^*(T_S(f) : f \in C(S)),$$

die durch alle Hardy-Toeplitz-Operatoren $T_S(f)$ mit stetigem Symbol $f \in C(S)$ erzeugt wird.

Die beiden folgenden Propositionen werden benötigt, um zu begründen, dass das algebraische Produkt $C^\infty(G) \odot \mathbb{C}^\infty(G)$ dicht in $A(G \times G)$ für lokalkompakte Gruppen G liegt.

Proposition 6.3.4. *([Losert], S. 370) Sei G eine lokalkompakte Gruppe und $A(G)$ die Fourier-Algebra[2]. Dann gibt es einen kanonischen Isomorphismus*

$$\Psi : A(G) \otimes_{pr} A(G) \to A(G \times G),$$

der nicht notwendigerweise normerhaltend ist. Dabei ist $\otimes_{pr}$ das projektive Tensorprodukt[3].

Für diese Proposition wird [Takesaki 2], Ex. 1(a), S. 192, für beschränkte lineare Abbildungen von Banach-Räumen verwendet. Für uns ist wichtig, dass Ψ stets ein dichtes Bild hat, was wir im Folgenden zeigen.

Proposition 6.3.5. *Sei $E := \Psi[A(G) \otimes_{pr} A(G)] \subset A(G \times G)$ ein linearer Unterraum. Dann ist E dicht in $A(G \times G)$.*

---

[2]Wir weisen auf die Definition der Fourier-Algebra in [Eymard], Definition 3.5, S. 209 hin.
[3]Die Definition des projektiven Tensorprodukts findet man in [Takesaki 2], S. 189.

Beweis:

Nach Proposition 6.3.4. existiert ein stetiger Isomorphismus vom projektiven Tensorprodukt

$$\Psi : A(G) \otimes_{pr} A(G) \to A(G \otimes G).$$

Nun sei $f \in A(G \times G)$ eine beliebige, aber feste Funktion. Dann existiert ein $g \in A(G) \otimes_{pr} A(G)$ mit

$$\Psi(g) = f.$$

Die projektive Vervollständigung des algebraischen Tensorprodukts

$$A(G) \otimes A(G) \subset A(G) \otimes_{pr} A(G)$$

ist dicht. Das bedeutet, dass für eine endliche Menge E_α das α-Netz

$$g = p - \lim_\alpha \sum_{i \in E_\alpha} f_i^\alpha \otimes g_i^\alpha$$

konvergiert. Wegen der Stetigkeit von Ψ gilt:

$$
\begin{aligned}
f = \Psi(g) \ &= \ \Psi(p - \lim_\alpha \sum_{i \in E_\alpha} f_i^\alpha \otimes g_i^\alpha) \\
&= \ p - \lim_\alpha (\Psi(\sum_{i \in E_\alpha} f_i^\alpha \otimes g_i^\alpha)).
\end{aligned}
$$

Da der Ausdruck $f_\alpha = \Psi(\sum_{i \in E_\alpha} f_i^\alpha \otimes g_i^\alpha)$ in $\Psi(A(G) \otimes A(G))$ liegt, konvergiert f_α gegen $f \in A(G \times G)$. $\qquad\square$

Wir stellen noch ein Hilfsmittel bereit.

Lemma 6.3.6. *Es sei E eine Distribution, $f \in C^\infty(K)$, $u \in C^\infty(K)$ und λ eine reguläre Darstellung. Dann gilt:*

$$\Delta_K(\lambda_{Ef})(1 \otimes \lambda_u^K) = \lim_{n \to \infty} \sum_{i \in I_n} \lambda_{E\phi_i^n}^K \otimes \lambda_{\psi_i^n}^K.$$

Beweis:

Abgesehen davon, dass $\lambda_E f = \lambda_E \ast f$ gilt, benötigen wir noch, dass im Falle der Konvergenz von F_i gegen F in $A(K)$ auch

$$\lambda_g \ast F_i \to \lambda_g \ast F$$

gilt.

$$
\begin{aligned}
\lim_{n \to \infty} \sum_{i \in I_n} \lambda^K_{E\phi_i^n} \otimes \lambda^K_{\psi_i^n}
&= \lim_{n \to \infty} \sum_{i \in I_n} \lambda^{K \times K}_{E\phi_i^n \otimes \psi_i^n} \\
&= \lim_{n \to \infty} \sum_{i \in I_n} \lambda^{K \times K}_{(E \otimes 1)(\phi_i^n \otimes \psi_i^n)} \\
&= \lim_{n \to \infty} \sum_{i \in I_n} \lambda^{K \times K}_{E \otimes 1} \rtimes (\phi_i^n \otimes \psi_i^n) \\
&= \lambda^{K \times K}_{E \otimes 1} \rtimes F \\
&= \lambda^{K \times K}_{(E \otimes 1)F} \qquad\qquad \text{[Landstad/Philipps/Raeburn/Sutherland], S. 754}\\
&= \lambda^{K \times K}_{G} \\
&= \Delta_K(\lambda_{Ef})(1 \otimes \lambda^K_u)
\end{aligned}
$$

$\square$

Daraus ergibt sich unmittelbar die

Folgerung 6.3.7.

$$
\lim_{n \to \infty} \sum_{i \in I_n} \lambda^K_{E\phi_i^n} \otimes \lambda^K_{\psi_i^n} \in \widehat{C}^*_\lambda(K) \odot C^*_\lambda(K).
$$

Theorem 20. *([Upmeier 4], Theorem 4.10.21, S. 319) Die Einschränkung des W^*-Monomorphismus der Gruppen-von Neumann-Algebra $W^*_\lambda(K)$ auf die Hardy-Multiplieralgebra $\widehat{C}^*_\lambda(K)$ definiert eine C^*-Koaktion*

$$
\Delta_K : \widehat{C}^*_\lambda(K) \to \widehat{C}^*_\lambda(K) \overleftarrow{\otimes} \widehat{C}^*_\lambda(K)
$$

von K auf $\widehat{C}^*_\lambda(K)$.

Beweis:

Es genügt zu zeigen, dass die Einschränkung des W^*-Monomorphismus auf $\widehat{C}^*_\lambda(K)$ in die Linksmultiplier-Algebra $\widehat{C}^*_\lambda(K) \overleftarrow{\otimes} C^*(K)$ geht, weil diese Einschränkung als C^*-Koaktion aufgefasst wird, also als Aktion von $C^*(K)$ auf $\widehat{C}^*_\lambda(K)$.

Nun sei $A(K)$ die Fourier-Algebra von K. Es ist bekannt, dass der Banach-Raum-Dual $A(K)\check{\ }$ der Fourier-Algebra $A(K)$ die W^*-Algebra $W^*(K)$ ist, also $W^*(K) = A(K)\check{\ }$. Diese Dualität kann durch die Bilinearform

$$
\begin{aligned}
W^*(K) \times A(K) &\to \mathbb{C} \\
(T, f) &\mapsto \langle T, f \rangle
\end{aligned}
$$

ausgedrückt werden ([Eymard], Théorème 3.10, S. 210). Der Prädual $A(K)_\#$ operiert auf $W^*(K)$, also

$$
\langle T \rtimes f; g \rangle = \langle T; fg \rangle.
$$

Dies setzen wir nun für die passenden Algebren ein, also seien $\lambda_E \in \mathcal{L}(L^2(K)$ und $u \in C^\infty(K) \subset L^1(K)$. Dann gilt:

$$\begin{aligned}
\langle \lambda_E \rtimes g; f \rangle &= \langle \lambda_E; gf \rangle \\
&= \int_K g(k)f(k)E(k)dk \\
&= \int_K f(k)(Eg)(k)dk \\
&= \langle \lambda_{Eg}; f \rangle .
\end{aligned}$$

Also ist $\lambda_{Eg} = \lambda_E \rtimes g$, so dass auch $\lambda_E \rtimes g \in W_\lambda^*(K)$ für $g \in C^\infty(K)$, da $C^\infty(K)$ dicht in $A(K)$ liegt ([Eymard], Proposition 3.26, S. 219). Aus den vorhergehenden beiden Propositionen wissen wir, dass $C^\infty(K) \odot C^\infty(K)$ dicht in $A(K \times K)$.

Dann ist $F(s,t) = f(s)u(s^{-1}t) \in C^\infty(K) \odot C^\infty(K) \subset A(K \times K)$, und es sind sämtliche Limiten

$$F(s,t) = \lim_{n \to \infty} \sum_{i \in I_n} \Phi_i^n(t)\Psi_i^n(t) \in A(K \times K)$$

mit endlichem I_n und $\Psi_i^n, \Phi_i^n \in C^\infty(K)$ für alle n und $i \in I_n$.

Nach [Landstad/Philipps/Raeburn/Sutherland] (Abschnitt 2, S. 754) gibt es einen Kac-Takesaki-Operator (Kapitel 4.4) $V^\square(\phi \otimes \psi)(s,t) = \phi(s)\psi(s^{-1}t)$, so dass

$$\begin{aligned}
\Delta_K(\lambda_{Ef}^K)(i \otimes \lambda_u^K) &= \Delta(\lambda_E^K \rtimes f)(i \otimes \lambda_u^K) \\
&= V^\square(i \otimes \lambda_u^K)V^{\square *} \\
&= E(s)f(s)u(s^{-1}t) = E(s)F(s,t) = \lambda_G^{K \times K}(s,t)
\end{aligned}$$

mit einer regulären Darstellung $G \in L^1(G \times G)$, die in unserem Fall die Distribution E beinhaltet. Dann gilt mit dem Lemma 6.3.6 und der Folgerung 6.3.7 die Behauptung. $\square$

Theorem 21. *([Upmeier 4], Theorem 4.10.38, S. 323) Die Hardy-Toeplitz-C^*-Algebra $\mathcal{T}(S)$ ist eine C^*-Unteralgebra von $\mathcal{L}(L^2(K))$, die durch*

$$\mathcal{T}(S) = \lambda_E(\widehat{C}_\lambda^*(K) \otimes C(K))\lambda_E$$

als Kokreuzprodukt beschrieben ist.

Die Behauptung des Theorems bedeutet, dass die Toeplitz-Operatorenalgebra eine sogenannte erbliche C^*-Unteralgebra ist, deren Inklusionen in die Multiplieralgebra $\lambda_E(\widehat{C}_\lambda^*(K) \otimes C(K))\lambda_E \hookrightarrow \widehat{C}_\lambda^*(K) \overleftarrow{\otimes} C(K)$ strikt sind. Mit den Inklusionen können dann Hopf-C^*-Algebren definiert werden.

Beweis:

Zunächst zeigen wir, dass $\mathcal{T}(S) \subseteq \lambda_E(\widehat{C}^*_\lambda(K) \circledast C(K))\lambda_E$.

Es sei E die Szegö-Projektion, d. h. die orthogonale Projektion

$$\lambda_E : L^2(S) \to H^2(S).$$

Ferner sei

$$P_K : L^2(K) \to L^2(S)$$

die orthogonale Projektion auf den abgeschlossenen Unterraum aller links-L-invarianten Funktionen auf K. Es gibt für jede Funktion $f \in C(S)$ eine Funktion $\tilde{f}(k) := f(e \cdot k)$ auf K (e ist Basispunkt von S und $k \in K$, s. S. 105), so dass wir $M_f = P_K M_{\tilde{f}} P_K$ für den korrespondierenden Multiplikationsoperator haben. Daraus ergibt sich:

$$T_S(f) = \lambda_E M_f \lambda_E.$$

Nun sei umgekehrt $\lambda_E(\widehat{C}^*_\lambda(K) \circledast C(K))\lambda_E \subseteq \mathcal{T}(S)$. Dazu schreiben wir λ_E ausführlich:

$$P_S j^* P_K(\widehat{C}^*_\lambda \circledast C(K))i_K j i_S \subseteq \mathcal{T}(S).$$

Mit dem Satz von Stone-Weierstraß ist sichergestellt, dass Summen und Limite abgeschlossen in $\mathcal{T}(S)$ sind. Wir definieren eine stetige Funktion $F(k_0, k_1, \ldots k_n)$ auf K^{n+1} mit Hilfe bestimmter $u_j \in C^\infty(K)$ und $F_j \in C(K)$. Diese Funktion ist durch folgende *Trennung der Variablen* charakterisiert:

$$F(k_0, k_1, \ldots k_n) = \prod_{j=1}^{n} u_j(k_{j-1}k_j^{-1})F_j(k_j).$$

Diese Funktion F liegt in einem C^*-Algebra-Tensorprodukt, welches die Punkte auf K^{n+1} trennt und somit nach Stone-Weierstraß dicht in $C(K^{n+1})$ liegt, so dass gilt:

$$u_1(k_0 k_1^{-1})F_1(k_1) \cdot \ldots \cdot u_n(k_{n-1}k_n^{-1})F_n(k_n) = f_0(ek_0)f_1(ek_1) \cdot \ldots \cdot f_n(ek_n)$$

mit $f_0, \ldots, f_n \in C(S)$.

Dies sehen wir, indem wir die unitale, punktetrennende Algebra durch die Hülle

$$\mathcal{F} := \left\langle \sum_\alpha f_0^\alpha(ek_0) \cdots \ldots f_n^\alpha(ek_n) \,\middle|\, f_0, \ldots f_n \in C(S) \right\rangle$$

bilden. Es ist $\mathcal{F} \subset C(K^{n+1})$, so dass mit dem Satz von Stone-Weierstraß folgt, dass $\mathcal{F}$ dicht in $C(S)$ liegt. Die Funktion F liegt im Abschluss der Algebra F, daher können Produkte umgebildet werden, indem man die Variablen $k_0 k_1^{-1} = h_1$ in $u_1(k_0 k_1^{-1})F_1(k_1))$ umtransformiert.

Es ist zu zeigen, dass für festes $n \in \mathbb{N}$ gilt

$$P_S j^* P_K l^K_{Eu_1} M^K_{F_1} l^K_{Eu_2} M^K_{F_2} \ldots l^K_{Eu_n} M^K_{F_n} i_K j i_S = T^S_{f_0} \ldots T^S_{f_n},$$

d.h.

$$\langle\phi|P_S j^* P_K l^K_{Eu_1} M^K_{F_1} i_K j i_S \psi\rangle_S = \langle\phi|T^S_{f_0} T^S_{f_1}\psi\rangle_S$$

für $\phi, \psi \in H^2(S)$. Durch duale Paarung erhalten wir einerseits

$$
\begin{aligned}
\langle\phi|T^S_{f_0} T^S_{f_1}\psi\rangle
&= \langle\phi|P_S M^S_{f_0} P_S P_S M^S_{f_1} P_S \psi\rangle_S \\
&= \langle\phi|P_S M^S_{f_0} P_S M^S_{f_1} \psi\rangle_S && \text{wegen } P_S^2 = P_S \text{ und } P_S\psi=\psi \\
&= \langle P_S^*\phi|M^S_{f_0} P_S M^S_{f_1} \psi\rangle_S && \text{wegen } i_S = P_S^* \\
&= \langle\phi|M^S_{f_0} P_S M^S_{f_1} \psi\rangle_S && \text{Multiplikationsoperator anwenden} \\
&= \langle\phi|f_0 P_S f_1 \psi_S\rangle_S \\
&= \int_S \overline{\phi(s)} f_0(s) P_S(f_1\psi)(s)\,ds \quad s = ek \\
&= \int_K \overline{\phi(ek)} f_0(ek) P_S(f_1\psi)(ek)\,dk && \text{linksinvariantes Haar-Maß} \\
&= \int_K \overline{\phi(ek_0)} f_0(ek_0)\,dk_0 \int_K E(k_0 k^{-1}) f_1(ek_1)\psi(ek_1)\,dk_1 \\
&= \int_K \overline{\phi(ek_0)}\,dk_0 \int_K (u_1 E)(k_0 k_1^{-1}) F_1(k_1)\psi(ek_1)\,dk_1
\end{aligned}
$$

und andererseits

$$
\begin{aligned}
\langle\phi|P_S j^* P_K l^K_{Eu_1} M^K_{F_1} i_K j i_S \psi\rangle_S
&= \langle P_S^*\phi|j^* P_K l^K_{Eu_1} M^K_{F_1} i_K j i_S \psi\rangle_S \\
&= \langle j i_S\phi|P_K l^K_{Eu_1} M^K_{F_1} i_K j i_S \psi\rangle_K \\
&= \langle P_K^* j i_S\phi|l^K_{Eu_1} M^K_{F_1} i_K j i_S \psi\rangle_K \\
&= \langle i_K j i_S\phi|l^K_{Eu_1} M^K_{F_1} i_K j i_S \psi\rangle_K \\
&= \langle\widetilde{\phi}|l^K_{Eu_1} F_1 \widetilde{\psi}\rangle_K \\
&= \int_K \overline{\widetilde{\phi}(k_0)}(l^K_{Eu_1} F_1\widetilde{\psi})(k_0)\,dk_0 \\
&= \int_K \overline{\phi(ek_0)}\,dk_0 \int_K (Eu_1)(k)(F_1\widetilde{\psi})(k^{-1}k_0)\,dk \\
&= \int_K \overline{\phi(ek_0)}\,dk_0 \int_K (Eu_1)(k) F_1(k^{-1}k_0)\psi(ek^{-1}k_0)\,dk \\
&= \int_K \overline{\phi(ek_0)}\,dk_0 \int_K (Eu_1)(k_0 k_1^{-1}) F_1(k_1)\psi(ek_1)\,dk_1.
\end{aligned}
$$

Zum Verständnis der Iteration berechnen wir noch das Produkt aus drei Toeplitz-Operatoren.

Lemma 6.3.8. *Es gilt*

$$(P_S f)(ek_0) = \int_K E(k_0 k_1^{-1}) f(ek_1) \, dk_1.$$

Beweis:

$$
\begin{aligned}
(P_S f)(ek_0) &= \int_K E(k)\widetilde{f}(k^{-1}k_0)\,dk \\[2mm]
&= \int_K E(k)f(ek^{-1}k_0)\,dk \quad \text{setze } k_1 = k^{-1}k_0 \\[2mm]
&= \int_K E(k_0 k_1^{-1})f(ek_1)\,dk_1.
\end{aligned}
$$

$\square$

Dann ergibt sich einerseits

$$
\begin{aligned}
\langle \phi | T_{f_0}^S T_{f_1}^S T_{f_2}^S \psi \rangle_S
&= \langle \phi | P_S M_{f_0}^S P_S M_{f_1}^S P_S M_{f_2}^S \psi \rangle_S \\[2mm]
&= \langle \phi | f_0 P_S f_1 P_S f_2 \psi \rangle_S \\[2mm]
&= \int_S \overline{\phi(s)} f_0(s) P_S(f_1 \cdot P_S(f_2 \cdot \psi))(s)\,ds \\[2mm]
&= \int_K \overline{\phi(ek_0)} f_0(ek_0) P_S(f_1 \cdot P_S(f_2 \cdot \psi))(ek_0)\,dk_0 \quad \text{linksinvariantes Haar-Maß} \\[2mm]
&= \int_K \overline{\phi(ek_0)} f_0(ek_0)\,dk_0 \int_K E(k_0 k^{-1})(f_1 \cdot P_S(f_2 \cdot \psi))(ek_1)\,dk_1 \\[2mm]
&= \int_K \overline{\phi(ek_0)} f_0(ek_0)\,dk_0 \int_K E(k_0 k^{-1}) f_1(ek_1) P_S(f_2 \cdot \psi)(ek_1)\,dk_1 \\[2mm]
&= \int_K \overline{\phi(ek_0)} f_0(ek_0)\,dk_0 \int_K E(k_0 k^{-1}) f_1(ek_1) \int_K E(k_1 k_2^{-1})(f_2 \cdot \psi)(ek_2) \\
&\hspace{10cm} dk_0 dk_1 dk_2 \\[2mm]
&= \int_K \int_K \int_K \overline{\phi(ek_0)} f_0(ek_0) E(k_0 k_1^{-1}) f_1(ek_1) E(k_1 k_2^{-1}) f_2(ek_2)\psi(ek_2) \\
&\hspace{10cm} dk_0 dk_1 dk_2 \\[2mm]
&= \int_K \int_K \int_K \overline{\phi(ek_0)} f_0(ek_0) f_1(ek_1) f_2(ek_2) E(k_0 k_1^{-1}) E(k_1 k_2^{-1})\psi(ek_2) \\
&\hspace{10cm} dk_0 dk_1 dk_2 \\[2mm]
&= \int_K \int_K \int_K \overline{\phi(ek_0)} f_0(u_1 E)(k_0 k_1^{-1}) F_1(k_1)(u_2 E)(k_1 k_2^{-1}) F_2(k_2)\psi(ek_2) \\
&\hspace{10cm} dk_0 dk_1 dk_2
\end{aligned}
$$

und andererseits

$$\langle\phi|P_S j^* P_K l^K_{Eu_1} M^K_{F_1} l^K_{Eu_2} M^K_{F_2} i_K j i_S \psi\rangle_S$$

$$= \langle\widetilde{\phi}|l^K_{Eu_1} M^K_{F_1} l^K_{Eu_2} M^K_{F_2} \widetilde{\psi}\rangle_K$$

$$= \int_K \overline{\widetilde{\phi}(k_0)}(l^K_{Eu_1}(F_1 \cdot l^K_{Eu_2} F_2 \cdot \widetilde{\psi}))(k_0)dk_0$$

$$= \int_K \overline{\widetilde{\phi}(k_0)} \int_K (Eu_1)(k_0 k_1^{-1})(F_1 \cdot l_{Eu_2}(F_2 \cdot \widetilde{\psi}))(k_1)dk_0 dk_1$$

$$= \int_K \overline{\phi(k_0)}(ek_0) \int_K (Eu_1)(k_0 k_1^{-1})F_1(k_1)(l_{Eu_2} F_2 \cdot \widetilde{\psi})(k_1)dk_0 dk_1$$

$$= \int_K \overline{\phi(k_0)}(ek_0) \int_K (Eu_1)(k_0 k_1^{-1})F_1(k_1) \int_K (Eu_2)(k_1 k_2^{-1})F_2(k_2)\psi(ek_2)dk_0 dk_1 dk_2$$

$$= \int_K \int_K \int_K \overline{\phi(ek_0)}f_0(ek_0)(u_1 E)(k_0 k_1^{-1})F_1(k_1)(u_2 E)(k_1 k_2^{-1})F_2(k_2)\psi(ek_2)dk_0 dk_1 dk_2.$$

Das bedeutet allgemein für festes $n \in \mathbb{N}$ einerseits

$$\langle\phi|T^S_{f_0} T^S_{f_1} \dots T^S_{f_n}\psi\rangle_S$$

$$= \langle\phi|P_S M^S_{f_0} P_S M^S_{f_1} \dots P_S M^S_{f_n}\psi\rangle_S$$

$$= \langle\phi|f_0 P_S f_1 \dots P_n f_n\psi\rangle_S$$

$$= \int_S \overline{\phi(s)}f_0(s)P_S(f_1 \cdot P_S(f_2 \dots P_S f_n \cdot \psi))(s)ds$$

$$= \int_K \overline{\phi(ek_0)}f_0(ek_0)P_S(f_1 \cdot P_S(f_2 \cdot \dots \cdot P_S f_n \cdot \psi))(ek_0)dk_0$$

$$= \int_K \overline{\phi(ek_0)}f_0(ek_0)dk_0 \int_K E(k_0 k^{-1})(f_1 \cdot P_S(f_2 \cdot \dots \cdot P_S f_n \cdot \psi))(ek_1)dk_1$$

$$\vdots$$

$$= \int_K \overline{\phi(ek_0)}f_0(ek_0)dk_0 \int_K E(k_0 k^{-1})f_1(ek_1) \int_K \dots$$

$$\dots \int_K E(k_{n-1}k_n^{-1})(f_n \cdot \psi(ek_n))dk_0 dk_1 \dots dk_n$$

$$= \int_K \dots \int_K \overline{\phi(ek_0)}f_0(ek_0)E(k_0 k_1^{-1})f_1(ek_1) \dots$$

$$\dots E(k_{n-1}k_n^{-1})f_n(ek_n)\psi(ek_n)dk_0 dk_1 \dots dk_n$$

$$= \int_K \dots \int_K \overline{\phi(ek_0)}f_0(ek_0) \dots f_n(ek_n)E(k_0 k_1^{-1}) \dots E(k_{n-1}k_n^{-1})\psi(ek_n)dk_0 dk_1 \dots dk_n$$

$$= \int_K \dots \int_K \overline{\phi(ek_0)}(u_1 E)(k_0 k_1^{-1})F_1(k_1)(u_2 E)(k_1 k_2^{-1})F_2(k_2) \dots$$

$$\dots (u_n E(k_{n-1}k_n^{-1}))F_n(k_n)\psi(ek_n)dk_0 dk_1 \dots dk_n$$

und andererseits

$$\langle\phi|P_S j^* P_K l^K_{Eu_1} M^K_{F_1} l^K_{Eu_2} M^K_{F_2}$$
$$\ldots l^K_{Eu_n} M^K_{F_n} i_K j i_S \psi\rangle_S$$
$$= \langle\widetilde{\phi}|l^K_{Eu_1} M^K_{F_1} \ldots l^K_{Eu_n} M^K_{F_n} \widetilde{\psi}\rangle_K$$
$$= \int_K \overline{\widetilde{\phi}(k_0)}(l^K_{Eu_1}(F_1 \cdots l^K_{Eu_2} F_2 \ldots l^K_{Eu_n} F_n \cdots \widetilde{\psi}))(k_0) dk_0$$
$$= \int_K \overline{\widetilde{\phi}(k_0)} \int_K (Eu_1)(k_0 k_1^{-1})(F_1 \cdot l_{Eu_2}(F_2 \ldots l_{Eu_n} F_n \cdot \widetilde{\psi}))(k_1) dk_0 dk_1$$
$$= \int_K \overline{\phi(k_0)}(ek_0) \int_K (Eu_1)(k_0 k_1^{-1}) F_1(k_1)(l_{Eu_2} F_2 \cdot \widetilde{\psi})(k_1) dk_0 dk_1$$
$$\vdots$$
$$= \int_K \overline{\phi(k_0)}(ek_0) \int_K (Eu_1)(k_0 k_1^{-1}) F_1(k_1) \int_K \ldots$$
$$\ldots \int_K (Eu_n)(k_{n_1} k_n^{-1}) F_n(k_n) \psi(ek_2) dk_0 dk_1 \ldots dk_n$$
$$= \int_K \ldots \int_K \overline{\phi(ek_0)}(u_1 E)(k_0 k_1^{-1}) F_1(k_1) \ldots$$
$$\ldots (u_n E)(k_{n-1} 1 k_n^{-1}) F_n(k_n) \psi(ek_2) dk_0 dk_1 \ldots dk_n.$$

Damit ist gezeigt, dass das Kokreuzprodukt $\lambda_E(\widehat{C}^*_\lambda(K) \otimes C(K))\lambda_E$ in der Hardy-Toeplitz-Algebra $\mathcal{T}(S)$ liegt. Also haben wir insgesamt gezeigt, dass $\mathcal{T}(S) = \lambda_E(\widehat{C}^*_\lambda(K) \otimes C(K))\lambda_E$ ist. $\qquad\square$

Kapitel 7

Bergman-Toeplitz-C^*-Algebra $T_\nu(B)$

In diesem Kapitel betrachten wir eine Familie von Hilbert-Räumen analytischer Funktionen auf dem symmetrischen Raum B, der durch ein irreduzibles komplexes Jordan-Tripelsystem Z ausgedrückt werden kann. Anstatt kompakter Gruppen werden nunmehr (unimodulare) lokalkompakte Gruppen und die zugrundeliegenden Räume studiert, insofern sind lokalkompakte Lie-Gruppen die geeigneten Objekte der Untersuchung. Diese sind: $G = Aut(B), \mathfrak{g} = \mathfrak{aut}(\mathfrak{b})$ halbeinfache Lie-Gruppen mit kompaktem Zentrum K.

7.1 Bergman-Projektion als Linksfaltungsoperator

Zunächst ist die Aufgabe, die wohldefinierte Bergman-Projektion als einen Faltungsoperator auf der Gruppe G auszudrücken. Wir beginnen mit den klassischen Bergman-Projektionen, um die abstraktere Vorgehensweise auf G zu motivieren.

Im Kapitel 5.3 haben wir die Bergman-Räume auf den Gebieten $\mathbb{B}$ und B kennengelernt und aus Kapitel 5.6 kennen wir den Zusammenhang zwischen skalarwertiger holomorpher Reihe und gewichteten Bergman-Räumen.

Jetzt betrachten wir eine beliebige halbeinfache Lie-Gruppe G mit einer kompakten Untergruppe K. Die holomorphe diskrete Reihe fassen wir als Prototypen für den gewichteten Bergman-Raum auf. Dazu bezeichnen wir den Hilbert-Darstellungsraum mit

$$\langle G \rangle_\nu = \mathcal{O}(G/K) \cap L_\nu^2(G/K).$$

Für eine holomorphe diskrete Reihe sind die K-endlichen Vektoren Funktionen, die eingeschränkt auf beschränkte symmetrische Gebiete zu Polynomen werden. Betrachtet man die wohlbekannte Peter-Weyl-Zerlegung der K-finiten Vektoren, so erhält man stets einen eindeutig bestimmten K-Typ vom kleinsten Gewicht (engl.: *lowest K-type*), der mit Multiplizität 1 auftritt und den konstanten Polynomen entspricht. Dieser eindeutig bestimmte lowest K-type $\langle K\rangle_\nu$ existiert sogar in jeder Darstellung einer diskreten Reihen $\langle G\rangle_\nu$ und hat immer endliche Dimension. Sei daher

$$j : \langle K\rangle_\nu \to \langle G\rangle_\nu$$

die K-invariante Einbettung und

$$\langle K\rangle_\nu = \mathbb{C}\langle e_i : 1 \le i \le \dim\langle K\rangle_\nu\rangle$$

eine Orthonormalbasis. Zunächst sei π eine unitäre Darstellung

$$\pi : G \to U(\langle G\rangle_\nu)$$
$$g \mapsto \pi(g_\nu),$$

die wir im Weiteren mit $g^\nu := \pi(g_\nu)$ bezeichnen. Im allgemeinen Fall der diskreten Reihe kann zu einer Abbildung einer Orthonormalbasis $e_i \in \langle K\rangle_\nu$ auf ein K-invariantes Orthonormalsystem $j(e_i) \in \langle G\rangle_\nu$ verallgemeinert werden, d. h.

$$j : \langle K\rangle_\nu \to \langle G\rangle_\nu,$$

wobei diese Abbildungen keine Funktionen auf B mehr sein müssen. Im Diagramm verdeutlichen wir die Abbildung

$$
\begin{array}{ccc}
\langle K\rangle_\nu & \xrightarrow{\ j\ } & \langle G\rangle_\nu \\
\downarrow{\scriptstyle E(g)} & & \downarrow{\scriptstyle g^\nu} \\
\langle K\rangle_\nu & \xrightarrow{\ j\ } & \langle G\rangle_\nu
\end{array}
$$

und können sehen, dass $E(g) = j^* g^\nu j \in End(\langle K\rangle_\nu)$ ist. Die duale Abbildung wird durch jj^* gebildet, was wir im Diagramm verdeutlichen wollen

$$\langle K\rangle_\nu \underset{\longleftarrow{\scriptstyle j^*}}{\overset{\longrightarrow{\scriptstyle j}}{\rule{0pt}{0pt}}} \langle G\rangle_\nu\, jj^*.$$

Ferner sei $e_i \in \langle K\rangle_\nu$ eine Orthonormalbasis. Dann ist die Abbildung $E(g) \in End(\langle K\rangle_\nu)$ in höheren Dimensionen durch eine Matrix darstellbar als

$$E_{ij}(g) = \langle e_i | j^* \pi_\nu(g) e_j \rangle_{\langle K\rangle_\nu} = \langle j(e_i) | \pi_\nu(g) e_j \rangle_{\langle G\rangle_\nu},$$

also ist die Koeffizientenfunktion $E_{ij} \in L^2(G) \otimes End(\langle K\rangle_\nu)$, aber nicht in $L^1(G)$. Wir betrachten nun

$$jj^* = \sum_{i=1}^{\dim\langle K\rangle_\nu} j(e_i) \otimes j^*(e_i)$$

mit $j(e_i) \in \langle G \rangle_\nu$ und dem letzten Ausdruck $j^*(e_i) \in \langle K \rangle_\nu$ als Rang-1-Operator. Dann ist

$$
\begin{aligned}
\langle \phi | j j^* \psi \rangle_{\langle G \rangle_\nu} &= \langle j^* \phi | j^* \psi \rangle_{\langle K \rangle_\nu} \\
&= \sum_{i=1}^{\dim \langle K \rangle_\nu} \langle j^* \phi | e_i \rangle_{\langle K \rangle_\nu} \langle e_i | j^* \psi \rangle_{\langle K \rangle_\nu} \\
&= \sum_{i=1}^{\dim \langle K \rangle_\nu} \langle \phi | j(e_i) \rangle_{\langle G \rangle_\nu} \langle j(e_i) | \psi \rangle_{\langle G \rangle_\nu} \\
&= \sum_{i=1}^{\dim \langle K \rangle_\nu} \langle \phi | [j(e_i) \otimes (j^*(e_i))] \psi \rangle_{\langle G \rangle_\nu}.
\end{aligned}
$$

Außerdem definieren wir die Einbettung I durch

$$
\begin{aligned}
I : \langle G \rangle_\nu &\hookrightarrow L^2(G) \otimes \langle K \rangle_\nu =: L^2(G, \langle K \rangle_\nu) \\
\phi(g) &\mapsto \widetilde{\phi}(g) := j^*(g^\nu \phi).
\end{aligned}
$$

Die unitäre Aktion ist

$$
(g^{-\nu} \phi)(z) = \phi(g(z)) g'(z)^{\frac{\nu}{2}}.
$$

G operiert irreduzibel auf $\langle G \rangle_\nu$:

$$
G \ltimes \langle G \rangle_\nu \to \langle G \rangle_\nu.
$$

Die dazugehörige duale Abbildung ist

$$
\begin{aligned}
I^* : L^2(G, \langle K \rangle_\nu) &\to \langle G \rangle_\nu \\
\widetilde{\phi}(g) &\mapsto j(g^\nu \phi) = ((j j^*) g^\nu)(\phi) = g^\nu(\phi).
\end{aligned}
$$

Wir fassen diese Abbildung in einem Diagramm zusammen:

$$
\begin{array}{ccc}
L^2(G, \langle K \rangle_\nu) & \xleftarrow{\rho_g \otimes id_{\langle K \rangle_\nu}} & L^2(G, \langle K \rangle_\nu) \\
{\scriptstyle I^*} \big\downarrow & & \big\uparrow {\scriptstyle I} \\
\langle G \rangle_\nu & \xleftarrow{\rho_g \otimes id_{\langle K \rangle_\nu}} & \langle G \rangle_\nu \ni \phi.
\end{array}
$$

Dann können wir die Projektion $P = II^*$ definieren:

$$
P : L^2(G, \langle K \rangle_\nu) \to L^2(G, \langle K \rangle_\nu).
$$

Zunächst zeigen wir die folgende Behauptung.

Proposition 7.1.1.

$$\rho_g(\widetilde{\phi})(y) = \widetilde{g^\nu(\phi)}.$$

Beweis:

$$
\begin{aligned}
(\rho_g\widetilde{\phi})(y) &= \widetilde{\phi}(yg) \\
&= j^*((yg)^\nu\phi) \\
&= j^*(y^\nu(g^\nu\phi)) \\
&= \widetilde{g^\nu\phi}(y).
\end{aligned}
$$

$\square$

Daraus ergibt sich sofort

Folgerung 7.1.2. *Für*

$$\langle G\rangle_\nu^{\widetilde{\ }} = \{\widetilde{\phi} : \phi \in \langle G\rangle_\nu\} \subset L^2(G, \langle K\rangle_\nu)$$

gilt, dass $\langle G\rangle_\nu^{\widetilde{\ }}$ *ein rechts-G-invarianter Unterraum ist.*

Ebenso folgt daraus mit dem Satz von Strătilă und Zsidó (Theorem 17).

Folgerung 7.1.3. *Die Projektion* $P \in L^2(G, \langle K\rangle_\nu)$ *ist ein Linksfaltungsoperator in* $W_\lambda(G)$.

Im Weiteren betrachten wir

$$\widetilde{\phi}(g) := j^*(g^{-\nu}(g))$$

mit $g^\nu \in \langle G\rangle_\nu$. Es ist $E(g) := j^*g^\nu j \in End(\langle K\rangle_\nu)$ dargestellt als Diagramm

$$
\begin{array}{ccc}
L^2(G, \langle K\rangle_\nu) & \xrightarrow{\ j^*\ } & \langle G\rangle_\nu \\
\Big\downarrow{\scriptstyle E(g)} & & \Big\downarrow{\scriptstyle \pi_\nu(g)} \\
L^2(G, \langle K\rangle_\nu) & \xleftarrow{\ \ j\ \ } & \langle G\rangle_\nu
\end{array}
$$

Theorem 22. *(Vektorwertige Version) Sei* $e_i \in \langle K\rangle_\nu$ *eine Orthonormalbasis und* λ_E *die Bergman-Projektion auf* $\langle G\rangle_\nu$. *Dann gilt:*

$$\int_G (j^*(gt^{-1})^\nu j)j^*(t^\nu\phi)dt = \frac{\dim\langle K\rangle_\nu}{\dim\langle G\rangle_\nu}\widetilde{\phi}(g).$$

Bemerkung 7.1.4. *Man beachte die Ähnlichkeit zur Schur-Orthogonalität (Theorem 14). Außerdem ist die Dimension* $\dim\langle G\rangle_\nu$ *im von Neumannschen Sinne zu verstehen.*

Beweis:

Es ist

$$\lambda_E : L^2(G) \to \langle G\rangle_\nu^{\widetilde{}} \subset L^2(G)$$

mit

$$(\lambda_E f)(g) = \int\limits_G E(s)f(s^{-1}g)\,ds.$$

Wir wählen $\widetilde{\phi}(g) = j^*(g^\nu \phi)$, dann ist

$$
\begin{aligned}
(\lambda_E f_\phi)(g) &= \int\limits_G E(s)f_\phi(s^{-1}g)\,ds\\[4pt]
&= \int\limits_G E(s)j^*((s^{-1}g)^\nu \phi)\,ds\\[4pt]
&= \int\limits_G E(gt^{-1})j^*(t^\nu \phi)\,dt\\[4pt]
&= \int\limits_G [j^*(gt^{-1})^\nu j]j^*(t^\nu \phi)\,dt.
\end{aligned}
$$

Diesen Integranden berechnen wir mit der Schur-Orthogonalität, wobei $\epsilon \in \langle K\rangle_\nu$ ist.

$$
\begin{aligned}
\langle \epsilon|(j^*(gt^{-1})^\nu j)(j^*(t^\nu \phi))\rangle &= \langle \epsilon|j^*(gt^{-1})^\nu j(e_i)\rangle\langle j(e_i)|t^\nu \phi\rangle\\[4pt]
&= \langle (tg^{-1})^\nu j\epsilon|j(e_i)\rangle\langle j(e_i)|t^\nu \phi\rangle\\[4pt]
&= \langle t^\nu((g^{-1})^\nu j\epsilon)|j(e_i)\rangle\langle j(e_i)|t^\nu \phi\rangle
\end{aligned}
$$

Dies bedeutet integriert für

$$\langle \epsilon|\int\limits_G (j^*(gt^{-1})^\nu j)(j^*(t^\nu \phi))\,dt\rangle = \int\limits_G \langle j(e_i)|t^\nu \phi\rangle\langle t^\nu((g^{-1})^\nu j\epsilon)|j(e_i)\rangle\,dt.$$

Mit der Schur-Orthogonalität gilt:

$$
\begin{aligned}
\int\limits_G \langle j(e_i)|t^\nu \phi\rangle\langle t^\nu((g^{-1})^\nu j\epsilon)|j(e_i)\rangle\,dt &= \frac{1}{\dim\langle G\rangle_\nu}\langle je_i|je_i\rangle\langle g^{-\nu} j\epsilon|\phi\rangle\\[4pt]
&= \frac{\dim\langle K\rangle_\nu}{\dim\langle G\rangle_\nu}\langle j\epsilon|g^\nu \phi\rangle\\[4pt]
&= \frac{\dim\langle K\rangle_\nu}{\dim\langle G\rangle_\nu}\langle \epsilon|j^* g^\nu \phi\rangle\\[4pt]
&= \frac{\dim\langle K\rangle_\nu}{\dim\langle G\rangle_\nu}\langle \epsilon|\widetilde{\phi}(g)\rangle.
\end{aligned}
$$

$\square$

Im allgemeinen Fall gilt:

Theorem 23. *(Matrix-Version) Die Abbildung*

$$\frac{\dim\langle G\rangle_\nu}{\dim\langle K\rangle_\nu}\lambda_{E_{ij}} : L^2(G) \to \langle G\rangle_\nu$$

ist eine Orthogonalprojektion in $\langle G\rangle_\nu$.

Beweis:

Wir müssen zeigen, dass $\lambda_{E_{ij}}\widetilde{\phi} = \widetilde{\phi} \cdot \frac{\dim\langle K\rangle_\nu}{\dim\langle G\rangle_\nu}$ ist.

$$
\begin{aligned}
(\lambda_{E_{ij}}\widetilde{\phi})(s) &= \int_G E_{ij}(t)(\lambda_t\widetilde{\phi})(s)dt \\[2mm]
&= \int_G E_{ij}(t)\widetilde{\phi}(t^{-1}s)dt \\[2mm]
&= \int_G E_{ij}(t)j^*[\pi_\nu(t^{-1}s)\phi]dt \\[2mm]
&= \int_G (j^*\pi_\nu j)(t)j^*[(\pi_\nu\phi)(t^{-1}s)]dt \\[2mm]
&= \sum_{i=1}^{\dim\langle K\rangle_\nu} \int_G (j^*\pi_\nu)(t)j(e_i)(j(e_i))^*(\pi_\nu\phi)(t^{-1}s)dt \\[2mm]
&= \sum_{i=1}^{\dim\langle K\rangle_\nu} \int_G (j^*\pi_\nu)(t)j(e_i)(j(e_i)|(\pi_\nu\phi)(t^{-1}s))dt \\[2mm]
&= \sum_{i=1}^{\dim\langle K\rangle_\nu} \int_G (j^*\pi_\nu)(t)j(e_i)(j(e_i)|\pi_\nu(t^{-1}s)\phi(t^{-1}s))dt \\[2mm]
&= \sum_{i=1}^{\dim\langle K\rangle_\nu} \int_G (j^*\pi_\nu)(t)j(e_i)(j(e_i)|\pi_\nu(t^{-1})\pi_\nu(s)\phi(t^{-1}s))dt \\[2mm]
&= \sum_{i=1}^{\dim\langle K\rangle_\nu} \int_G (j^*\pi_\nu)(t)j(e_i)(j(e_i)|\pi_\nu^{-1}(t)\pi_\nu(s)\phi(t^{-1}s))dt \\[2mm]
&= \sum_{i=1}^{\dim\langle K\rangle_\nu} \int_G (j^*\pi_\nu)(t)j(e_i)(\pi_\nu(t)je_i|\pi_\nu(s)\phi(t^{-1}s))dt.
\end{aligned}
$$

Die Auswertung des ersten Teils realisieren wir durch die duale Paarung mit einer Konstanten.

$$
\begin{aligned}
\langle \epsilon | \lambda_{E_{ij}} \widetilde{\phi}(s) \rangle \;&=\; \sum_{i=1}^{\dim\langle K\rangle_\nu} \int_G \langle \epsilon | j^* \pi_\nu(t) j e_i \rangle (\pi_\nu(t) j e_i | \pi_\nu(s) \phi(t^{-1}s)) dt \\[2mm]
&=\; \sum_{i=1}^{\dim\langle K\rangle_\nu} \int_G (j\epsilon | \pi_\nu(t) j e_i)(\pi_\nu(t) j e_i | \pi_\nu(s)\phi) dt \\[2mm]
&=\; \sum_{i=1}^{\dim\langle K\rangle_\nu} \frac{1}{\dim\langle G\rangle_\nu} (j\epsilon | \pi_\nu(s))(j e_i | j e_i) dt \qquad\qquad \text{(wg. Schur-Orthogonalität)} \\[2mm]
&=\; \frac{\dim\langle K\rangle_\nu}{\dim\langle G\rangle_\nu} (j\epsilon | \pi_\nu(s)\phi) \\[2mm]
&=\; \frac{\dim\langle K\rangle_\nu}{\dim\langle G\rangle_\nu} (\epsilon | j^* \pi_\nu(s)\phi) \\[2mm]
&=\; \frac{\dim\langle K\rangle_\nu}{\dim\langle G\rangle_\nu} \langle \epsilon | \widetilde{\phi}(s) \rangle \qquad\qquad\qquad \text{(wg. reproduzierender Kerneigenschaft)}.
\end{aligned}
$$

Damit ist gezeigt, dass $\lambda_{E_{ij}} \widetilde{\phi} = \widetilde{\phi}$ ist. Also ist $\lambda_{E_{ij}}$ eine orthogonale Projektion. $\qquad\square$

Die vorangegangenen Betrachtungen spezialisieren wir für den klassischen Fall, dass $\langle G\rangle_\nu = H_\nu^2(B)$ ist. Dazu definieren wir zunächst die (isometrische) Abbildung für den eindimensionalen Fall

$$
\begin{aligned}
j : \mathbb{C}\cdot 1 = \langle K\rangle_\nu \;&\to\; \langle G\rangle_\nu \\
c\cdot 1 \;&\mapsto\; c\cdot 1(z) = c\cdot 1.
\end{aligned}
$$

Diese Abbildung von $1 \in \langle K\rangle_\nu$ auf $1 \in \langle G\rangle_\nu$ genügt zur Einbettung. Dazu konstruieren wir die duale Abbildung j^*, also die duale Abbildung von $\langle G\rangle_\nu \to \mathbb{C}\cdot 1$.

$$
\begin{aligned}
j^*(\phi) = 1(j^*\phi) = \langle 1 | j^*(\phi) \rangle_{\langle K\rangle_\nu} \;&=\; \langle j(1) | \phi \rangle_{\langle G\rangle_\nu} \\[2mm]
&=\; \int_G \overline{j(1)(z)} \phi(z) d\mu_\nu(z) \\[2mm]
&=\; \int_G \overline{1(z)} \phi(z) d\mu_\nu(z) \qquad\qquad [(j1)(z)=1(z)=1] \\[2mm]
&=\; \int_G \phi(z) d\mu_\nu(z).
\end{aligned}
$$

Die Einbettung I definieren wir durch

$$
\begin{aligned}
I : \langle G\rangle_\nu \;&\hookrightarrow\; L^2(G) \otimes \langle K\rangle_\nu =: L^2(G, \langle K\rangle_\nu) \\
\phi(g) \;&\mapsto\; \widetilde{\phi}(g) := j^*(g^\nu \phi)
\end{aligned}
$$

mit der Linksaktion $\widetilde{\phi}(g) = (g \ltimes \phi)(o) = (\det g'(o))^{\frac{\nu}{p}} \phi(o.g)$ mit $(\det g'(o))^{\frac{\nu}{p}} \in \langle K\rangle_\nu = \mathbb{C}$ und $\phi(o.g) \in \langle K\rangle_\nu$. Diese Abbildung ist eine isometrische Einbettung.

Lemma 7.1.5. *Es sei $\phi \in \langle G \rangle_\nu$. Dann gilt*

$$j^*\phi = \phi(0).$$

Beweis:

Wir wissen, dass $j^*\phi = \langle 1|\phi \rangle_{\langle G \rangle_\nu}$ gilt. Damit haben wir mit der Eigenschaft für das m-homogene Polynom ϕ_m

$$
\begin{aligned}
j^*\phi &= \langle 1|\phi \rangle_{\langle G \rangle_\nu} \\
&= \sum_m \langle 1|\phi_m \rangle_{\langle G \rangle_\nu} \\
&= \langle 1|\phi_0 \rangle_{\langle G \rangle_\nu} \\
&= \phi(0)\langle 1|1 \rangle_{\langle G \rangle_\nu} \\
&= \phi(0) \int_G 1 d\mu_\nu(z) \\
&= \phi(0),
\end{aligned}
$$

wobei wir berücksichtigen, dass wegen der Normalisierungseigenschaft für μ_ν gilt: $\int_G 1 d\mu_\nu(z) = 1$. $\qquad\square$

Proposition 7.1.6. *Es sei $\nu > p-1$, $\phi \in \langle G \rangle_\nu$. Dann ist*

$$g \mapsto \phi(g(0))[\det g'(0)]^{\frac{\nu}{p}}$$

in $L^2(G)$.

Beweis:

Wir betrachten die Einbettung $\widetilde{\phi}(g) := j^*(g^{-\nu}\phi) = j^*(\pi^{-1}\phi)(g^{-1})$, also

$$
\begin{aligned}
\langle G \rangle_\nu &\to L^2(G, \langle K \rangle_\nu) \\
\phi(g) &\mapsto \widetilde{\phi}(g^{-1}).
\end{aligned}
$$

Hierfür gilt:

$$
\begin{aligned}
\widetilde{\phi}(g^{-1}) &= j^*(g^{-\nu}\phi) \\
&= \int_G (g^{-\nu}\phi)(z) d\mu_\nu(z) \\
&= \int_G \phi(g(z))g'(z)^{\frac{\nu}{2}} d\mu_\nu(z) \quad \in \mathbb{C} \\
&= \phi(g(0))[\det g'(0)]^{\frac{\nu}{p}}.
\end{aligned}
$$

Wegen $\phi \in \langle G \rangle_\nu$ ist noch zu zeigen, dass

$$\int\limits_G |\phi(g(0))|^2 |\det g'(0)|^{\frac{2\nu}{p}}\, dg < +\infty.$$

Nach einem Satz von Dixmier (siehe Abschnitt 5.5) genügt es, in $\phi = 1$ auszuwerten, so dass aus der Gültigkeit von $\int\limits_G |\det g'(0)|\, dg < +\infty$ die Quadratintegrierbarkeit folgt. $\qquad\square$

Beispiel 7.1.7. *Es sei $\nu > 1$ und $\phi(z) = z^n$ mit $z \in \mathbb{B}$ und $n \geq 0$. Dann ist*

$$
\begin{aligned}
\widetilde{\phi}(g^{-1}) \;&=\; \int\limits_{\mathbb{B}} (1 - |z|^2)^{\nu-2} \frac{1}{(cz+d)^\nu} \left(\frac{az+b}{cz+d} \right)^n dz d\bar{z} \\
&=\; \int\limits_{\mathbb{B}} (1 - |z|^2)^{\nu-2} \frac{(az+b)^n}{(cz+d)^{\nu+1}} dz d\bar{z} \\
&=\; \widetilde{\phi}\left(\begin{array}{cc} a & b \\ c & d \end{array} \right).
\end{aligned}
$$

Die unitäre projektive Darstellung

$$(g^{-\nu}\phi)(z) = \phi(g(z)) \det(g'(z))^{\frac{\nu}{p}}$$

hat einen holomorphen Anteil $\phi(g(z))$ und einen unitären Anteil $\det(g'(z))^{\frac{\nu}{p}}$. Da

$$\|(g^{-\nu})\phi\| = \|\phi\|$$

gilt, genügt es stets, für ein ϕ den Nachweis zu führen. Aus diesem Grunde führt man ihn mit der Einsfunktion $\phi = 1$.

7.2 Bergman-Toeplitz-Operatoren

In diesem Abschnitt studieren wir Toeplitz-Operatoren, die auf die diskrete Reihe $\langle G \rangle_\nu$ wirken. Wir schauen als Erstes die Toeplitz-Operatoren auf den gewichteten Bergman-Räumen $H_\nu^2(\mathbb{B})$ und $H^2(B)$ an. Dazu benötigen wir den Multiplikationsoperator auf $L_\nu^2(\mathbb{B})$, den wir wie folgt definieren.

Definition 7.2.1. *Für eine beschränkte Funktion $\phi \in L^\infty(\mathbb{B})$ heißt der beschränkte Operator*

$$
\begin{aligned}
M_\phi : L_\nu^2(\mathbb{B}) \;&\to\; L_\nu^2(\mathbb{B}) \\
M_\phi(f)(z) \;&\mapsto\; f(z)h(z)
\end{aligned}
$$

*für alle $f \in L_\nu^2(\mathbb{B})$ und $z \in \mathbb{B}$ der **Multiplikationsoperator** mit Symbol $f\phi$.*

Dieser Multiplikationsoperator mit dem Symbol ϕ kann mit einem injektiven C^*-Algebrahomomorphismus von $L^\infty(\mathbb{B})$ in die abelsche C^*-Algebra der beschränkten Operatoren $\mathcal{L}(L^2_\nu(\mathbb{B}))$ identifiziert werden. Völlig analog definieren wir den Multiplikationsoperator auf $L^2_\nu(B)$.

Definition 7.2.2. *Für eine beschränkte Funktion $\phi \in L^\infty(B)$ heißt der beschränkte Operator*

$$
\begin{aligned}
M_\phi : L^2_\nu(B) \;&\to\; L^2_\nu(B) \\
M_\phi(f)(z) \;&\mapsto\; \phi(z)f(z)
\end{aligned}
$$

für alle $f \in L^2_\nu(B)$ und $z \in B$ der **Multiplikationsoperator** *mit Symbol ϕ.*

Gehen wir nun auf die jeweiligen gewichteten Bergman-Räume, so können wir den Toeplitz-Operator als Hintereinanderausführung der Bergman-Projektion und des Multiplikationsoperators definieren.

Definition 7.2.3. *Für eine beschränkte Funktion $\phi \in L^\infty(\mathbb{B})$ bzw. $\phi \in L^\infty(B)$ definieren wir den beschränkten Operator*

$$
\begin{aligned}
T_\phi : L^2_\nu(\mathbb{B}) \;&\to\; H^2_\nu(\mathbb{B}) \\
T_\phi(f)(z) \;&\mapsto\; P_\nu(M_\phi f)(z)
\end{aligned}
$$

bzw.

$$
\begin{aligned}
T_\phi : L^2_\nu(B) \;&\to\; H^2_\nu(B) \\
T_\phi(f)(z) \;&\mapsto\; P_\nu(M_\phi f)(z)
\end{aligned}
$$

für alle $f \in H^2_\nu(\mathbb{B})$ bzw. $f \in H^2_\nu(B)$. Diesen Operator T_ϕ bezeichnet man als **Bergman-Toeplitz-Operator** *mit Symbol ϕ.*

Beispiel 7.2.4. *Die Definition des Bergman-Toeplitz-Operators mit Symbol ϕ bedeutet in der Integraldarstellung, dass*

    1. für $H^2(\mathbb{B})$ gilt:

$$
T_\phi(f)(z) = \int_{\mathbb{B}} E_{\mathbb{B}}(z,w)f(z)d\mu(z) = \int_{\mathbb{B}} \frac{\phi(z)f(z)}{(1-z\overline{w})^2}d\mu(z),
$$

    2. für $H^2_\nu(\mathbb{B})$ gilt:

$$
T_\phi(f)(z) = \int_{\mathbb{B}} E_{\mathbb{B},\nu}(z,w)f(z)d\mu_\nu(z) = \int_{\mathbb{B}} \frac{\phi(z)f(z)}{(1-z\overline{w})^\nu}d\mu_\nu(z),
$$

3. für $H^2_\nu(B)$ gilt:

$$T_\phi(f)(z) = \int\limits_B E_{B,\nu}(z,w)f(z)d\mu_\nu(z) = \int\limits_B \frac{\phi(z)f(z)}{\Delta(z,w)^{\frac{\nu}{p}}}d\mu_\nu(z).$$

In der folgenden Definition fassen wir den Toeplitz-Operator $T_\nu(f)$ als Element der Menge der Operatoren auf $\langle G\rangle_\nu$ auf. Mit der Operation $\tilde{\ }$ gehen wir zu Operatoren $\tilde{T}_\nu(f) \in Op(\langle G\rangle_\nu^{\check{\ }})$ über. Wir haben dann folgendes Diagramm:

$$
\begin{array}{ccc}
\langle G\rangle_\nu^{\check{\ }} & \xleftarrow{\tilde{T}_\nu(f)} & \langle G\rangle_\nu^{\check{\ }} \\
\uparrow{\scriptstyle\tilde{\ }} & & \uparrow{\scriptstyle\tilde{\ }} \\
\langle G\rangle_\nu & \xleftarrow{T_\nu(f)} & \langle G\rangle_\nu.
\end{array}
$$

Da wir dann immer noch nicht den Toeplitz-Operator kennen, nutzen wir in Anlehnung an die Konstruktion im vorhergehenden Abschnitt die Verbindung mit der Einbettung in $L^2(G,\langle K\rangle_\nu)$, um einen Rechtsmultiplikationsoperator anwenden zu können. Damit ergibt sich folgendes Bild:

$$
\begin{array}{ccc}
f\tilde{\phi} \in L^2(G,\langle K\rangle_\nu) & \xleftarrow{M_f\otimes 1} & L^2(G,\langle K\rangle_\nu) \ni \tilde{\phi} \\
{\scriptstyle P_E=\lambda_E}\downarrow & & \uparrow{\scriptstyle I} \\
\tilde{T}_\nu(f)\phi \in \langle G\rangle_\nu^{\check{\ }} & \xleftarrow{\tilde{T}_\nu(f)} & \langle G\rangle_\nu^{\check{\ }} \ni \tilde{\phi} \\
\uparrow{\scriptstyle\approx} & & \uparrow{\scriptstyle\approx} \\
T_\nu(f)\phi \in \langle G\rangle_\nu & \xleftarrow{T_\nu(f)} & \langle G\rangle_\nu \ni \phi.
\end{array}
$$

Nun ist es möglich, ein Definition des Bergman-Toeplitz-Operators anzugeben.

Definition 7.2.5. *Der Bergman-Toeplitz-Operator $T_\nu(f)$ auf $\langle G\rangle_\nu$ ist über $\tilde{T}_\nu(f)$ indirekt definiert als*

$$T_\nu(f)\hat{=}\tilde{T}_\nu(f) = \lambda_{E_{ij}}M_f\lambda_{E_{ij}}.$$

Dabei ist das Symbol $f \in L^\infty(G)$ beliebig. Später führen wir eine Symbolklasse ein, die der Analysis zugänglich ist. Die Bergman-Toeplitz-Operatoren erzeugen eine C^*-Algebra.

Definition 7.2.6. *Die ν-Bergman-Toeplitz-C^*-Algebra $\mathcal{T}_\nu(B)$ über B (mit $B \subset Z$) ist definiert als unitale C^*-Algebra*

$$\mathcal{T}_\nu(B) = C^*(T_\nu(f)|f \in C(\overline{B})),$$

die durch alle ν-Bergman-Toeplitz-Operatoren mit stetigem Symbol $f \in C(\overline{B})$ erzeugt wird.

Wir prüfen, ob der Bergman-Toeplitz-Operator mit dem klassischen Toeplitz-Operator auf $H^2_\nu(B)$ übereinstimmt.

$$
\begin{aligned}
\lambda_E(f\widetilde{\phi})(g) &= \int_G E(gs^{-1})\tilde{f}(s)\widetilde{\phi}(s)\,ds \\
&= \int_G (j^*\pi_\nu j)(gs^{-1})\tilde{f}(s)j^*(\pi_\nu\phi)(s)\,ds \\
&= \left[(j^*\pi_\nu)\left(\int_G (\pi_\nu^{-1}jj^*\pi_\nu\phi)(s)\tilde{f}(s)\,ds\right)\right](g) \\
&= \left[\int_G (\pi_\nu^{-1}jj^*\pi_\nu\phi)(s)f(s)\,ds\right]^{\sim}[g] \\
&= \tilde{T}_\nu\phi(g).
\end{aligned}
$$

In der dritten Zeile nutzen wir aus, dass der von g abhängige Ausdruck als Skalar vor das Integral gezogen werden kann.

Um zu zeigen, dass $\mathcal{T}_f(\phi) = \mathcal{T}_\nu(\phi f)$ ist, genügt es, für jedes ψ die Paarung $\langle\psi|T_f(\phi)\rangle$ auszuwerten.

Lemma 7.2.7.
$$
(\psi|T_f(\phi))_{H^2(B)} = \int_G \langle\widetilde{\psi}(s)|\widetilde{\phi}(s)\rangle_{\mathbb{C}}\,\tilde{f}(s)\,dg.
$$

Beweis:

$$
\begin{aligned}
(\psi|T_f(\phi))_{H^2(B)} &= \int_G (\psi|(\pi_\nu j\tilde{f}\phi)(s))_{\langle G\rangle_\nu}\,dg \\
&= \int_G \langle(j^*\pi_\nu\psi)(s)|\widetilde{\phi}(s)\rangle\tilde{f}(s)\,dg \\
&= \int_G \langle\widetilde{\psi}(s)|\widetilde{\phi}(s)\rangle\,dg.
\end{aligned}
$$

Wir nutzen nun aus, dass

$$
\widetilde{\phi}(g) = (j^*\pi_\nu\phi)(g) = (\pi_\nu\phi)(0) = (\det g'(0))^{\frac{\nu}{p}}\phi(0.g).
$$

Im zweiten Gleichheitszeichen steckt die holomorphe diskrete Reihe (von rechts operierend). Es gilt:

$$
\widetilde{\psi}(g) = (\det g'(0))^{\widetilde{\frac{\nu}{p}}}\phi(0.g).
$$

Außerdem ist

$$(\det g'(z))^{\frac{\nu}{p}} K(zg, wg)\overline{(\det g'(w))^{\frac{\nu}{p}}} = K(z, w),$$

weil

$$(\det g'(0))^{\frac{\nu}{p}} K(0.g, 0.g)\overline{(\det g'(0))^{\frac{\nu}{p}}} = K(0, 0) = 1$$

$$
\begin{aligned}
K(0.g, 0.g) &= (\det g'(0))^{-\frac{\nu}{p}}\overline{(\det g'(0))^{-\frac{\nu}{p}}} \\
&= \left[\overline{(\det g'(0))^{\frac{\nu}{p}}}(\det g'(0))^{\frac{\nu}{p}}\right]^{-1}.
\end{aligned}
$$

Weiter gilt:

$$
\begin{aligned}
(\psi|T_f(\phi)) &= \int_G \langle\overline{\psi}(g)|\overline{\phi}(g)\rangle\check{f}(g)dg \\
&= \int_G (\overline{(\det g'(0))^{\frac{\nu}{p}}}\psi^*(0.g)(\det g'(0))^{\frac{\nu}{p}})\phi(0.g)f(0.g)dg \\
&= \int_G K^{-1}(0.g, 0.g)\psi^*(0.g)\phi(0.g)f(0.g)dg \\
&= \int_B \Delta^{-p}(w, w)\Delta^{\nu}(w, w)\overline{\psi(w)}\phi(w)f(w)dwd\overline{w} \\
&= \int_B \Delta^{\nu-p}(w, w)\overline{\psi(w)}\phi(w)f(w)dwd\overline{w} \\
&= (\psi|\phi f)_{H^2_\nu(B)} \\
&= (\psi|P_\nu(\phi f)).
\end{aligned}
$$

Beim Übergang von der dritten zur vierten Zeile nutzen wir aus, dass $K^{-1}(w, w) = \Delta^\nu(w, w)$ und $\Delta^{-\nu}(w, w)dwd\overline{w}$ das G-invariante Maß ist.

Daraus folgt: $T_f(\phi) = P_\nu(\phi f)$. $\qquad\qquad\square$

7.3 Bergman-Toeplitz-C^*-Algebra $T(B)$ und ihre Realisierung als Kreuzprodukt

Nun wollen wir die Bergman-Toeplitz-C^*-Algebra auf dem Kreuzprodukt $\widehat{C}_0(G) \rtimes C^*_\rho(G)$ realisieren. Dazu beschreiben wir zunächst die C^*-Algebren $\widehat{C}_0(G)$ und $C^*_\rho(G)$. Anschließend bilden wir das Kreuzprodukt und wenden darauf die Katayama-Dualität an. Damit zeigen wir, dass die Bergman-Toeplitz-C^*-Algebra eine C^*-Unteralgebra des Kreuzprodukts $\widehat{C}_0(G) \rtimes C^*_\rho(G) \otimes End(\langle K\rangle_\nu)$ ist.

7.3.1 Die C^*-Algebra $\widehat{C}_0(G)$

Ein $\mathbb{C}$-Vektorraum E kann durch ein lineares Erzeugendensystem

$$E = \mathbb{C}\langle b_i : i \in I\rangle$$

mit $b_i \in E$ beschrieben werden, so dass

$$b = \sum_{i \in I} \lambda_i b_i$$

für $\lambda_i \in \mathbb{C}$ gilt. Bei einer freien Algebra A mit Erzeugern $a_j \in A$ für $j \in I$, die mit $\mathbb{C}[a_1, \ldots, a_n]$ bezeichnet werden, ist dies äquivalent zum linearen Erzeugendensystem

$$\mathbb{C}\langle a_1 \cdot \ldots \cdot a_n\rangle$$

mit

$$a = \sum_{j \in I} \lambda_j a_1 \cdot \ldots \cdot a_n.$$

Beispiel 7.3.1. *Die Polynomalgebra A über $\mathbb{C}$ in der Unbekannten z ist wie folgt definiert*

$$A = \mathbb{C}[z] = \mathbb{C}\langle z^n : n \geq 0\rangle.$$

Nun gehen wir über zu einer topologische Struktur. Für eine Banach-Algebra E benötigen wir einen topologischen Raum mit einer Basis, den wir als lineare Hülle des Erzeugendensystems auffassen können, also

$$E = \overline{\mathbb{C}\langle b_i : i \in I\rangle}.$$

Dieses lineare Erzeugnis ist dicht, d. h. für ein Element $b \in E$ gilt:

$$b = \lim_{n \to \infty} \sum_{i \in I} \lambda_i^{(n)} b_i$$

mit $\lambda_i^{(n)} \in \mathbb{C}$, so dass

$$\left\| b - \sum_{i \in I} \lambda_i^{(n)} b_i \right\| \to 0$$

gilt.

Beispiel 7.3.2. *Betrachten wir $L^2(\mathbb{T}) = \overline{\mathbb{C}\langle \theta^k : k \in \mathbb{Z}\rangle}$ mit der linearen Basis $\theta = e^{it}$. Dann ist*

$$f(\theta) = \sum_{k \in \mathbb{Z}} \lambda_k \theta^k = \lim_{n \to \infty} \sum_{k=-n}^{n} \lambda_k^{(n)} \theta^k,$$

wobei

$$\lambda_k^{(n)} = \begin{cases} \lambda_k & : \quad -n \leq i \leq n \\ 0 & : \quad |k| > n \end{cases}$$

gilt.

Völlig analog beschreiben wir C^*-Algebren, in denen dann stets der konjugierte Erzeuger hinzukommt.

Beispiel 7.3.3. *Für die C^*-Algebra $C(\mathbb{T}) = \overline{\mathbb{C}[z, z^*]}$ gilt mit dem Satz von Stone-Weierstraß:*

$$f(z) = \lim_{n \to \infty} \sum_{\substack{k,l \geq 0 \\ k+l \leq n}} \lambda_{k,l}^n z^k \overline{z}^l.$$

Für die weiteren Betrachtungen definieren wir $C_0(G)$ als C^*-Algebra der komplexwertigen Funktionen auf G, die im Unendlichen verschwinden.[1] In unserem konkreten Fall ist $\widehat{C}_0(G) = \overline{\mathbb{C}[\lambda_g \widetilde{f} : g \in G, f \in C(\overline{\mathbb{B}})]}$, wobei $\mathbb{B} = G/K$ eine C^*-Konstruktion über Schnitte von beliebig vielen C^*-Algebren ist. Dann ist für $F \in \widehat{C}_0(G)$

$$F(z) = \lim_{n \to \infty} \sum_{g_1,\dots,g_k} \sum_{f_1,\dots,f_k} \lambda_{f_1 \dots f_k}^n \, {}_{g_1 \dots g_k} \, (\lambda_{g_1} \widetilde{f}_1(z)) \cdot \ldots \cdot (\lambda_{g_k} \widetilde{f}_k(z))$$

mit $z \in \mathbb{B}$. Wir müssen hier noch beachten, dass $(\lambda_g \widetilde{f})^* = \lambda_g \widetilde{f}^*$ und die $*$-Invarianz in $C(G)$ gilt. Es gilt offensichtlich, dass $C_0(G) \subset \widehat{C}_0(G) = C(\overline{G})$, denn das Verschwinden in Null bedeutet, dass der Grenzwert hat den Wert 0. Da der Grenzwert einen beliebigen festen Wert annehmen kann, ist $C_0(G)$ tatsächlich in $\widehat{C}_0(G)$ enthalten, insbesondere ein Ideal von $\widehat{C}_0(G)$. Ferner ist leicht zu sehen, dass $\widehat{C}_0(G) \subset C_b(G)$ gilt. Denn stetige Funktionen f auf einem Kompaktum sind beschränkt, also ist F beschränkt. Es ist bekannt, dass $C_b(G)$ eine C^*-Algebra ist. Jede abgeschlossene $*$-Unteralgebra einer C^*-Algebra ist wieder eine C^*-Algebra und der Schnitt beliebig vieler C^*-Algebren ist wieder eine C^*-Algebra. Genau genommen nutzen wir das stetige Feld von C^*-Algebren aus, in dem die Menge der Schnitte $G \to \coprod_{g \in G} C^*(\{\lambda_g \widetilde{f}\})$ eine C^*-Algebra ist ([Pedersen], Abschnitt 10.3f, S. 218f; [Blackadar], Abschnitt IV.1.6.1, S. 340 f).

Der Algebra $C_0(G)$ stehen die kompakten Operatoren $\mathcal{K}(L^2(G))$ auf $L^2(G)$ und $C_b(G)$ die Multiplieralgebra dieser kompakten Operatoren gegenüber. Unsere Algebra $\widehat{C}_0(G)$ steht als eine gewisse Vervollständigung der kompakten Operatoren zwischen diesen beiden, aber wir können sie durch das Kreuzprodukt beschreiben.

7.3.2 Die Aktion auf der C^*-Algebra $C_\rho^*(G)$

Es sei A eine C^*-Algebra und G eine lokalkompakte topologische Gruppe. Dann haben wir drei verschiedene Möglichkeiten, eine stetige Aktion der Gruppe G auf der C^*-Algebra A algebraisch aufzufassen:

---

[1] Eine stetige Funktion f auf lokal kompaktem G **verschwindet im Unendlichen**, wenn für jedes $\epsilon > 0$ die Menge $\{s | s \in G, |f(s)| \geq \epsilon\}$ kompakt ist. Für eine nicht-kompakte Gruppe G ist $C_0(G)$ eine Kompaktifizierung der Algebra der stetigen Funktionen auf G mit kompaktem Träger $C_c(G)$, im kompakten Fall ist $C_0(G) = C_c(G)$.

1. als Abbildung eines Gruppenhomomorphismus $\square$ in die Automorphismengruppe der C^*-Algebra:

$$\square : G \;\to\; Aut(A)$$
$$g \;\mapsto\; \square_g,$$

wobei $\square_g$ die Automorphismen $\square(g)$ für $g \in G$ sind,

2. als Aktion der Gruppe G auf der C^*-Algebra A:

$$\square : G \times A \;\to\; A$$
$$(g,a) \;\mapsto\; \square_g(a),$$

3. als C^*-Homomorphismus der C^*-Algebra A in die C^*-Algebra A:

$$\square : A \;\to\; A \otimes C_0(G) = C_0(G, A)$$
$$a \;\mapsto\; \square(a) = \sum_i a_i \otimes f_i,$$

hierbei ist $(\square(a))(g) = \square_g^{-1}(a)$, d. h. zu jedem $a \in A$ gibt es einen Homomorphismus $\square_g$. Wir beachten, dass

$$A \ni \square_g^{-1}(a) = (\square(a))(g) = \sum_i a_i \otimes f_i(g) = \sum_i a_i \cdot f_i(g)$$

mit $f_i \in C_0(G), a_i \in A, g \in G$ und dem Multiplikationsoperator gilt, wobei $f_i(g) \in \mathbb{C}$.

Ziel des folgenden Abschnitts ist, ein passendes Kreuzprodukt zu definieren. Ein Kreuzprodukt ist eine C^*-Algebra, die durch Vervollständigung von $C_c(G, A)$ bzgl. der Norm entsteht, wobei $C_c(G, A)$ der Darstellungsraum eines C^*-dynamischen Systems vermöge der kovarianten Darstellung ist. Wir wollen dieses Kreuzprodukt auf den C^*-Algebren definieren, die durch Linkstranslationen und Rechtsfaltungen entstehen. Daher muss zunächst überprüft werden, ob die betrachteten Algebren C^*-Algebren sind. Dazu zeigen wir, dass $\widehat{C}_0(G)$ dicht in der C^*-Algebra $C_b(G)$ liegt. Dann weisen wir nach, dass $\square_s$ eine stark stetige Abbildung ist. Anschließend definieren wir das reduzierte Kreuzprodukt.

Also müssen wir nach der allgemeinen algebraischen Betrachtung für unseren Fall spezialisieren. Dazu sei $G = Aut(B)$, wobei $B = G/K = K \backslash G \subset Z$. Ferner wählen wir $A = \widehat{C}_0(G) = C^*(\lambda_g \tilde{f} : \tilde{f} \in C_b(G),$ so dass $f \in C(\overline{B}), \tilde{f}(h) = f(0 \cdot h))$, wobei $0 \in B$, $f \in C(\overline{B})$ sowie $\lambda_g \tilde{f}(s) = f(g^{-1}s)$, und $\square = \lambda$. Also ist nun $\square : G \to Aut(\widehat{C}_0(G))$ und für alle $F \in \widehat{C}_0(G)$ gilt

$$\square_g F := \lambda_g F.$$

Dann ist

$$(\square_g F)(s) = (\lambda_g F)(s) = F(g^{-1}s).$$

Um zu zeigen, dass die Aktion ein injektiver strikter C^*-Homomorphismus ist, muss zunächst sichergestellt sein, dass die Algebra $\widehat{C}_0(G)$ in $C_b(G)$ liegt.

Proposition 7.3.4. *Es sei G eine lokalkompakte Gruppe. Dann gilt:*

$$\widehat{C}_0(G) \subset C_b(G).$$

Beweis:

Da wir stetige Funktionen auf der kompakten Menge $\overline{G/K}$ betrachten, folgt mit dem Extremwertsatz (oder Weierstraßschen Hauptlehrsatz), dass diese Funktionen beschränkt sind, d.h.

$$\sup_{z \in B} |f(z)| = \sup_{z \in \overline{B}} |f(z)| = M < \infty$$

für $M \in \mathbb{R}^+$. Folglich gilt für die Liftung $\widetilde{f}(g) = f(o \cdot g)$:

$$\sup_{g \in G} |\widetilde{f}(g)| = \sup_{z \in B} |f(z)| = M.$$

Wenden wir auf die Liftung eine Linkstranslation an, also $\lambda_s \widetilde{f}(g) = \widetilde{f}(s^{-1}g)$, dann gilt:

$$\sup_{g \in G} |\lambda_s \widetilde{f}(g)| = \sup_{g \in G} |\widetilde{f}(g)| = M.$$

Somit ist $\mathcal{M} = \{\lambda_g \widetilde{f} | f \in C(\overline{B})\} \subset C_b(G)$. Ferner ist $C_b(G)$ eine C^*-Algebra, also ist $\widehat{C}_0(G)$ die kleinste durch $\lambda_s \widetilde{f}$ erzeugte C^*-Algebra. Daher gilt:

$$\widehat{C}_0(G) = C^*[\lambda_g \widetilde{f} : g \in G, f \in C(\overline{B})] \subset C_b(G).$$

$\square$

Theorem 24. *Es sei $G = Aut(\mathbb{B})$ eine lokalkompakte Gruppe. Dann ist mit*

$$\widehat{C}_0(G) = C^*(\lambda_s(\widetilde{f}) | f \in C(\overline{B})) \subset C_b(G)$$

$\widehat{C}_0(G)$ gleichmäßig dicht in $C_b(G)$.

Beweis:

Aus der vorhergehenden Proposition wissen wir, dass $\widehat{C}_0(G) \subset C_b(G)$ ist. $C_b(G)$ ist die Einpunkt-Kompaktifizierung $C(\beta G)$ von $C(G)$. Somit können wir wegen Kompaktheit von $C_b(G)$ den Satz von Stone-Weierstraß[2] anwenden, um zu zeigen, dass $\widehat{C}_0(G)$ gleichmäßig dicht in $C_b(G)$ liegt. Dazu muss gezeigt werden, dass die Banach-Algebra $\widehat{C}_0(G)$ $*$-invariant ist und Punkte von G trennt.

---

[2]**Satz von Stone-Weierstraß**: Sei X ein lokalkompakter Hausdorff-Raum und A eine $\mathbb{C}$-Unteralgebra von $C_c(X)$, die die Punkte trennt und mit jedem f auch die konjugierte Funktion $\overline{f}$ enthält. Gibt es zu jedem $x \in X$ ein $f \in A$ mit $f(x) \neq 0$, so liegt A gleichmäßig dicht in $C_c(X, \mathbb{C}, \|\tau\|_\infty)$. (siehe bspw. [Hewitt/Ross], S. 151, Fußnote 1d).

1. $\widehat{C}_0(G)$ ist $*$-invariant, weil

$$\overline{\lambda_s(\widetilde{f})(g)} = \overline{\widetilde{f}(0 \cdot s^{-1}g)} = \overline{\widetilde{f}}(0 \cdot s^{-1}g)$$

für $g, s \in G$, $\widetilde{f} \in C_b(G)$ und $f \in C(\overline{B})$.

2. Um die Punktetrennung zu zeigen, seien $g_1, g_2 \in G$ und $z \in B(= G/K)$ gegeben. Wegen $g_1 \neq g_2$ existiert ein $z \in B$ mit $g_1(z) \neq g_2(z)$. Dann existiert ein $s \in G$ mit $z = s^{-1}(0)$, so dass $s^{-1}g_1(0) \neq s^{-1}g_2(0)$ in B gilt. Somit existiert ein $f \in C(\overline{B})$, für das

$$f(0 \cdot s^{-1}g_1) \neq f(0 \cdot s^{-1}g_2),$$

also mit Zurückliftung

$$(\lambda_s \widetilde{f})(g_1) \neq (\lambda_s \widetilde{f})(g_2)$$

gilt.

$\square$

Folgerung 7.3.5. *Die Algebra $\widehat{C}_0(G)$ ist eine C^*-Algebra.*

Beweis:

Aus der Proposition wissen wir, dass $\widehat{C}_0(G)$ eine involutive Unteralgebra der C^*-Algebra $C_b(G)$ ist. Mit dem vorhergehenden Satz haben wir gesehen, dass $\widehat{C}_0(G)$ abgeschlossen in $C_b(G)$ liegt. Also ist $\widehat{C}(G)$ auch eine C^*-Algebra. $\square$

Bekannt ist, dass für einen Vektorraum $E \subset A = C^*(E)$ und eine stetige Abbildung $G \to A$ mit $g \mapsto \square_g(a_0)$ für alle $a_0 \in E$ folgt, dass $\square$ stetig für alle $a \in A$ ist.

Klar ist dies auch für die endlichen Produkte und Summen. Offen ist dies für Limite. Dazu sei $Alg(E) \subset A$ dicht in $A = C^*(E)$. Dann gibt es $a \in A$, so dass $\square$ stetig. Es ist leicht zu sehen, dass $\square$ ein C^*-Homomorphismus ist.

Lemma 7.3.6. *Die Abbildung $\square$ ist ein (injektiver) strikter C^*-Homomorphismus, d. h.*

$$\square : \widehat{C}_0(G) \ \to \ \widehat{C}_0(G) \boxtimes C_0(G)$$
$$F \ \mapsto \ (\square F)(g) = \square_g^{-1} F$$

mit $F \in \widehat{C}_0(G)$ und $g \in C_0(G)$.

Beweis:

Es sei $F \in \widehat{C}_0(G)$ und $\square = \square_s F = \lambda_s F$. Dann ist

$$\square_s F(g) = \lambda_s(\lambda_t F)(g) = \lambda_t F(s^{-1}g) = F(t^{-1}(s^{-1}g)) = F((st)^{-1}g) = (l_{st}F)(g),$$

und für die Erzeuger $\lambda_t \tilde{f}$ bedeutet dies:

$$\lambda_s(\lambda_t \tilde{f})(g) \;=\; \lambda_t \tilde{f}(s^{-1}g) = \tilde{f}(t^{-1}s^{-1}g) = f(0 \cdot t^{-1}s^{-1}g)$$
$$(\lambda_{st}\tilde{f})(g) \;=\; \tilde{f}((st)^{-1}g) = f(0 \cdot (st)^{-1}g) = f(0 \cdot t^{-1}s^{-1}g).$$

$\square$

Nun weisen wir die Wohldefiniertheit der stark stetigen Aktion $\square$ nach. Dafür müssen wir noch zeigen, dass $\square$ für alle Elemente in $\widehat{C}_0(G)$ stark stetig ist.

Theorem 25. *Es sei $G = Aut(B)$ eine lokalkompakte Gruppe, $\widehat{C}_0(G)$ eine C^*-Unteralgebra von $C_b(B)$. Dann ist für $\lambda_s \in Aut(\widehat{C}_0(G))$ für $g, s \in G$*

$$\lambda_s : G \times \widehat{C}_0(G) \to \widehat{C}_0(G)$$

eine stark stetige Abbildung, d. h. es gilt: $\lambda_s(f) \to \lambda_e(f) = f$ in der Supremumsnorm für $s \to e$, wobei $e \in G$ das Einselement der Gruppe ist.

Beweis:
Daher ist noch zu zeigen, dass für alle $(\lambda_s(\tilde{f}))(g) = a \in A$ gilt:

$$\|(\lambda_s(\tilde{f}))(g) - f(g)\| \to 0$$

für $s \to e$.
Nun wählen wir auf einer linksinvarianten Metrik ein $s \in G$ mit $d_B(s^{-1}(0), 0) \le \delta$. Dann gilt wegen $d_B(s^{-1}(g(0)), g(0)) = d_B(s^{-1}(0), 0)$ und der uniformen Struktur der kompakten Konvergenz, dass

$$|(\lambda_s(\tilde{f}))(g) - \tilde{f}(g)| = |f(0 \cdot s^{-1}g) - f(0 \cdot g)| \le \epsilon,$$

falls $\tilde{f}$ gleichmäßig stetig ist. Wir betrachten $f \in C(\overline{B})$ mit $g \in G$:

$$G \xrightarrow{\;g\;} G/K = B \subset \overline{B}$$

und wollen zeigen, dass dann $\tilde{f}$ ebenfalls stetig ist. Hierzu müssen wir zunächst zeigen, dass g eine beschränkte Abbildung ist. Hierzu sei $g : B \to \overline{B}$ eine holomorphe Funktion. Dann gilt nach dem Satz von Schwarz-Pick:

$$|g'(z)| \le \frac{1 - |g(z)|^2}{1 - |z|^2}.$$

Wegen $0 \leq |g(z)|^2 < 1$ für $z \in B$ ist

$$|g'(z)| \leq \frac{1 - |g(z)|^2}{1 - |z|^2} \leq \frac{1}{1 - |z|^2}.$$

Nun wählen wir $|z|^2 \leq \frac{1}{2}$, denn $z = s^{-1}(0)$, $s \in G$. Folglich ist

$$|g'(z)| \leq 2.$$

Damit gilt nach der Mittelwertungleichung

$$|g(z) - g(0)| \leq |z| \sup_{\zeta \in [0,z]} |g'(\zeta)|,$$

dass

$$|g(z) - g(0)| \leq 2|z| \leq \delta$$

für $s \to e$ gewählt werden kann. Aufgrund der gleichmäßigen Stetigkeit von f, die sich aus der Stetigkeit auf Kompakta ergibt, folgt somit:

$$|f(g(z)) - f(g(0))| \leq \epsilon.$$

Nun können wir wegen der kompakten Konvergenz schließen, dass auch $\tilde{f}$ gleichmäßig stetig auf G ist. $\qquad\square$

Nun zeigen wir, dass $\square$ für alle Elemente in $Aut(\widehat{C}_0(G))$ stark stetig ist.

Proposition 7.3.7. *Es sei $\square_g \in Aut(\widehat{C}_0(G))$. Dann ist $\square_g$ für alle $a \in \widehat{C}_0(G)$ stark stetig.*

Beweis:

Zunächst beweisen wir die Wohldefiniertheit für endliche Produkte auf $\widehat{C}_0(G)$. Hierzu nehmen wir $F_1, F_2 \in \widehat{C}_0(G)$ und zeigen, dass

$$\square_g(F_1 F_2) = \square_g(F_1)\,\square_g(F_2)$$

(stark) stetig ist. Aufgrund der (stark) stetigen Abbildung $\square_g$ gilt mit der (stark) stetigen Algebramultiplikation auf $\widehat{C}_0(G)$:

$$G \to \widehat{C}_0(G) \times \widehat{C}_0(G) \to \widehat{C}_0(G).$$

$$g \mapsto \square_g(F_1, F_2) \mapsto \square_g(F_1)\,\square_g(F_2) = \square_g(F_1 F_2),$$

wobei noch die Homomorphismuseigenschaft von $\square$ ausgenutzt wird. Dies setzt man nun induktiv fort. Damit ist die Wohldefiniertheit für die Algebrastruktur gezeigt, allerdings noch nicht für ein gleichmäßig dichtes Algebraerzeugnis. Dazu sei $F \in \widehat{C}_0(G)$ und $g \in G$. Dann ist $\square_g F \in \widehat{C}_0(G)$ stetig.

Für $\epsilon > 0$ und $s \in G$ existiert ein $H \in \widehat{C}_0(G)$, so dass $\|H - B\| \le \frac{\epsilon}{3}$. Da $x \mapsto \square_g F$ stetig ist, existiert $\delta > 0$, so dass für alle $d_G(g, s) \le \delta$ gilt:

$$\|\square_g F - \square_s F\| \le \frac{\epsilon}{3}.$$

Dann ist

$$
\begin{aligned}
\|\square_g F - \square_s F\| &= \|\square_g (F - H) + \square_g(H) - \square_s(F - H) - \square_s(H)\| \\
&= \|(\square_g(F - H) - \square_g(F - H)) + (\square_g(H) - \square_s(H))\| \\
&\le \|\square_g (F - H)\| + \|\square_s (F - H)\| + \|\square_g (H) - \square_g(H)\| \\
&= \|F - H\| + \|F - H\| + \|\square_g (H) - \square_g(a)\| = \frac{\epsilon}{3} + \frac{\epsilon}{3} + \frac{\epsilon}{3} = \epsilon.
\end{aligned}
$$

$\square$

Wenn wir ein Kreuzprodukt (eines C^*-dynamischen Systems) definieren wollen, benötigen wir zunächst den Homomorphismus des dynamischen Systems, der bei Erweiterung auf $Aut(M(A))$ strikt stetig ist, wobei wir beachten müssen, dass dies dann kein C^*-dynamisches System mehr sein muss ([Blackadar], II.10.3.2, S. 200).

7.3.3 Das Kreuzprodukt und die Rechtsaktion auf $\widehat{C}_0(G)$

Zunächst betrachten wir das Kreuzprodukt auf der Ebene der W^*-Algebren. Dazu sei $W^*(G)$ die spatiale Gruppen-W^*-Algebra, die ein schwacher Abschluss von $C^*_\rho(G)$ ist. Da die Aktion der Linkstranslation

$$(\lambda_t f)(s) = f_\blacklozenge(s,t) = f(t^{-1}s)$$

von G auf $L^\infty(G)$ schwach stetig ist, gibt es ein W^*-Kreuzprodukt

$$L^\infty(G) \boxtimes_l W^*_\rho(G) := W^*(f_\blacklozenge(1 \otimes \rho_g))$$

mit $f \in L^\infty(G)$ und $g \in G$, das auf $L^2(G \times G)$ operiert. Mit der Katayama-Dualität kann man zeigen, dass der beschränkte Operator $\mathcal{L}(L^2(G \times G))$ durch die Operatoren der Form $f \cdot \lambda_g$ erzeugt wird, wobei $f \in L^\infty(G)$ und $g \in G$ ist. Der unitäre Kac-Takesaki-Operator $W^\circ \phi(s,t) = \phi(s, t^{-1}s)$ erfüllt auf $L^2(G \times G)$

$$
\begin{aligned}
W^\circ(1_G \otimes f)W^{\circ *} &= f_\blacklozenge \\
W^\circ(1_G \otimes \lambda_g)W^{\circ *} &= (1 \otimes \rho_g),
\end{aligned}
$$

so dass auch ein W^*-Isomorphismus $T \to W^\circ(1_G \otimes T)W^{\circ *}$ definiert ist, mit dem

$$\mathcal{L}(L^2(G)) \to L^\infty(G) \boxtimes_l W^*_\rho(G)$$

gilt.

Auf der C^*-Ebene betrachten wir die spatiale Gruppen-C^*-Algebra $C^*_\rho(G)$, die durch die Rechtsfaltungsoperatoren ρ_u mit $u \in L^1(G)$ erzeugt wird. Dazu sei $A = \widehat{C}_0(G) \subset C_b(G)$ eine reduzierte Gruppen-C^*-Algebra, $\phi \in L^2(G)$, $\blacklozenge = \lambda_t$ die linksreguläre Darstellung von G auf $L^2(G)$ und M_F die punktweise Multiplikation, die definiert ist durch

$$M_f : \widehat{C}_0(G) \;\to\; \mathcal{L}(L^2(G))$$
$$f \;\mapsto\; f\phi,$$

d. h. in der Multiplikationsdarstellung $M_f : A \to \mathcal{L}(L^2(G))$

$$A \ltimes_M L^2(G)$$

mit $M_f\phi(s) = f(s)\phi(s)$. Des Weiteren haben wir die Linkstranslation $(\lambda_t f)(s) = f(t^{-1}s)$, die die Kovarianz-Bedingung erfüllt: Es sei $s \in G$ und $f \in A$. Dann ist

$$(\lambda_t f)(s) = f(t^{-1}s).$$

Es ist zu zeigen, dass

$$\lambda_t M_f \lambda_t^{-1} = M_{\lambda_t f}$$

gilt.

Beweis:

$$
\begin{aligned}
(\lambda_t M_f \lambda_t^{-1}\phi)(s) \;&=\; (M_f \lambda_t^{-1}\phi)(t^{-1}s) \\
&=\; f(t^{-1}s)(\lambda_t^{-1}\phi)(t^{-1}s) \\
&=\; (\lambda_t f)(s)\phi(s) \\
&=\; M_{\lambda_t f}\phi(s).
\end{aligned}
$$

$\square$

Analog zum Fall der Gruppe G definieren wir einen unitären Operator W°. Diese Betrachtungen induzieren das reduzierte Kreuzprodukt mit der Darstellung

$$\pi : \widehat{C}_0(G) \boxtimes_l C^*_\rho(G) \to \mathcal{L}(L^2(G))$$

mit

$$\pi[f_\blacklozenge(1_G \boxtimes \rho_u)] = M_f \lambda_u$$

mit $C^*_\rho(\rho_u | \rho_u(f) : u \in L^1(G), f \in \widehat{C}_0(G))$, wobei

$$\rho_u(f) = \int_G \rho_t(f)u(t)\,dt$$

die rechtsreguläre Darstellung ist. Für $\phi, \psi \in L^2(G)$ und $s, t \in G$ gilt:

$$
\begin{aligned}
f_\bullet(1_G \otimes \rho_g)(\phi \otimes \psi)(s,t) &= f_\bullet(s,t)(\phi \otimes \rho_g \psi)(s,t) \\
&= f(t^{-1}s)\phi(s)(\rho_g \psi)(t)
\end{aligned}
$$

Integrieren wir dies, so erhält man

$$
\int_G f(t^{-1}s)\phi(s)u(g)\psi(tg)dg = f(t^{-1}s)\phi(s)\int_G u(g)\psi(tg)dg.
$$

Wir zeigen nun noch den Spezialfall der trivialen Koaktion des Theorems 11, S. 94.

Proposition 7.3.8. *Der Operator $W^\circ(\phi \otimes \psi)(s,t) = \phi(s)\psi(t^{-1}s)$ bildet*

$$
id_G \otimes \lambda_u \to id_G \otimes \rho_u
$$

ab.

Beweis:

Nach [Pedersen], Proposition 7.6.4., S. 255 ist die nicht-entartete C^*-Darstellung von $\widehat{C}_0(G) \boxtimes_l C_\rho^*(G)$ von der Art

$$
(\mu \otimes \pi)(f\lambda_u) = f_\bullet \pi(\rho_u)
$$

für alle $f \in \widehat{C}_0(G), u \in L^1(G)$. Die Darstellungen $\mu : \widehat{C}_0(G) \to \mathcal{L}(L^2(G))$ und $\pi : G \to U(L^2(G))$ erfüllen die Kovarianzrelation. Zu deren Nachweis benötigen wir die unitären Operatoren, die für alle $f \in \widehat{C}_0(G)$ und $u \in L^1(G)$ diese Bedingungen erfüllen. Diese unitären Operatoren sind durch $W^\circ(\phi \otimes \psi)(s,t) = \phi(s)\psi(t^{-1}s)$ und $W^{\circ*}(\phi \otimes \psi)(s,t) = \phi(s)\psi(st^{-1})$ gegeben (s. Abschnitt 4.4. Kac-Takesaki-Operatoren, S. 77). Dann gilt für die Translation einerseits

$$
\begin{aligned}
(W^\circ(1_G \otimes f)(\phi \otimes \psi))(s,t) &= W^\circ(\phi \otimes f\psi)(s,t) \\
&= \phi(s)(f\psi)(t^{-1}s) = \phi(s)f(t^{-1}s)\psi(t^{-1}s) \\
&= f(t^{-1}s)\phi(s)\psi(t^{-1}s) \\
&= f_\bullet(s,t)W^\circ(\phi \otimes \psi)(s,t),
\end{aligned}
$$

so dass $Ad(W^\circ)(1_G \otimes f) = W^\circ(1_G \otimes f)W^{\circ*} = f_\bullet$ gezeigt ist. Andererseits gilt für die Faltung

$$
\begin{aligned}
(W^\circ(1_G \otimes \lambda_g)(\phi \otimes \psi))(s,t) &= W^\circ(\phi \otimes \lambda_g \psi)(s,t) \\
&= \phi(s)\lambda_g \psi(t^{-1}s) \\
&= \phi(s)\psi(g^{-1}t^{-1}s) = \phi(s)\psi((tg)^{-1}s) \\
&= W^\circ(\phi \otimes \psi)(s,tg) = W^\circ(\phi \otimes \rho_g \psi)(s,t) \\
&= W^\circ(1_G \otimes \rho_g)(\phi \otimes \psi)(s,t).
\end{aligned}
$$

Nun zeigen wir, dass ein injektiver C^*-Isomorphismus

$$\widehat{C}_0(G) \boxtimes_l C_\rho^*(G) \to \widehat{\mathcal{K}}(L^2(G)),$$

vorliegt, wobei $\mathcal{K}(L^2(G)) \subset \widehat{\mathcal{K}}(L^2(G)) \subset \mathcal{L}(L^2(G))$ gilt. $\qquad\qquad$ $\square$

Lemma 7.3.9. *Es existiert ein C^*-Isomorphismus*

$$\diamond : Ad(W^\diamond) : \widehat{C}_0(G) \boxtimes_l C_\rho^*(G) \to \mathcal{K}(L^2(G))$$

auf dem Kreuzprodukt, für das

$$[Ad(W^\diamond)(f_\blacklozenge(id_H \otimes \rho_u)))]_{\diamond^{-1}} = f\lambda_u$$

gilt.

Beweis:

Wegen Proposition 7.3.8 führen wir den Beweis für $a_\diamond(id_H \otimes \lambda_u)$ wie in Theorem 11, S. 94, indem man zeigt, dass für die triviale Koaktion $id_{H,\diamond}$, $f \in \widehat{C}_0^*(G)$ und $\lambda_u \in C_\lambda^*(G)$ gilt:

$$Ad(id_H \otimes W^\diamond)(id_{H,\diamond}(id_H \otimes \lambda_u)) = (id_H \otimes f)(id_H \otimes \lambda_u) = f\lambda_u.$$

$$\square$$

Wir fassen dies zusammen:

$$
\begin{array}{ccc}
L^\infty(G)\overline{\otimes}W^*(G) & \longrightarrow & \mathcal{L}(L^2(G),\langle K\rangle_\nu) \\
\cup \uparrow & & \cup \uparrow \\
\widehat{C}_0(G)\hat{\otimes}C_\rho^*(G) & \longrightarrow & \widehat{\mathcal{K}}(L^2(G),\langle K\rangle_\nu) \\
\cup \uparrow & & \cup \uparrow \\
L^1(G)\hat{\otimes}C^*(G) & \longrightarrow & \mathcal{K}(L^2(G),\langle K\rangle_\nu).
\end{array}
$$

Zum Abschluss zeigen wir, dass die Toeplitz-Operatorenalgebra eine Unteralgebra des gerade konstruierten Kreuzprodukts ist. Dazu benötigen wir einige Vorbereitungen. Zunächst führen wir die wichtigsten Begriffe in der C^*-Algebra-Theorie, um dann die erforderlichen Definitionen für die Gruppendarstellungen zu geben.

Definition 7.3.10. *Ein zweiseitiges Ideal einer Algebra A wird **primitiv** genannt, falls es der Kern einer nicht verschwindenden algebraisch irreduziblen Darstellung von A in einem Vektorraum ist. Dieses Ideal wird mit $Prim(A)$ bezeichnet.*

Falls nun A eine C^*-Algebra ist (von nun an ist dies so), dann weiß man, dass jede algebraisch irreduzible Darstellung einer (nicht-involutiven) Algebra A in einem komplexen Vektorraum algebraisch äquivalent zu einer Darstellung der C^*-Algebra A in einem Hilbert-Raum ist ([Dixmier], 2.9.6. Korollar (i), S. 57) und jede topologisch irreduzible Darstellung einer C^*-Algebra algebraisch irreduzibel ist ([Dixmier], 2.8.4. Korollar, S. 53). Daher gilt

Theorem 26. *([Dixmier], 2.9.7. Theorem (i), S. 57) Sei A eine C^*-Algebra. Dann sind die primitiven zweiseitigen Ideale von A die Kerne der nicht verschwindenden topologisch irreduziblen Darstellungen von A in einem Hilbert-Raum H.*

Nun können wir folgende Topologie definieren:

Definition 7.3.11. *Es sei X eine Menge primitiver Ideale. Der **Hüllen-Kern-Abschluss** ist durch*

$$\overline{T} = \{\rho \in Prim(A)| \bigcap_{\pi \in T} \pi \subseteq \rho\}$$

definiert und erfüllt die Kuratowski[3]-Abschlussaxiome

1. *$T \subseteq \overline{T}$ für $T \in Prim(A)$ (Extensionalität)*

2. *$\overline{\overline{T}} = \overline{T}$ für $T \in Prim(A)$ (Idempotenz)*

3. *$\overline{T_1 \cup T_2} = \overline{T_1} \cup \overline{T_2}$ für $T_1, T_2 \in Prim(A)$ (Erhaltung der Vereinigung)*

4. *$\overline{\varnothing} = \varnothing$ (Erhaltung der leeren Menge).*

*Diese Topologie heißt **Hüllen-Kern-Topologie** (oder Jacobson[4]-Topologie).*

Bemerkung 7.3.12. *Diese Topologie ist ein Analogon für nicht-kommutative Ringe der **Zariski**-Topologie (für kommutative Ringe).*

Wir bezeichnen mit $\hat{A}$, wobei A eine Algebra ist, die Menge der Klassen von nicht-verschwindenden irreduziblen Darstellungen π von A ([Dixmier], 3.1.5., S. 70). Die Abbildung $k : \pi \mapsto \ker(\pi)$ ist eine kanonische surjektive Abbildung von

$$k : \hat{A} \to Prim(A).$$

---

[3]Kazimierz Kuratowski (02. Februar 1896, Warschau - 18. Juni 1980, Warschau) war ein polnischer Mathematiker und Logiker.

[4]Nathan Jacobson (05. Oktober 1910, Warschau - 05. Dezember 1999, Hamden, Connecticut) war ein US-amerikanischer Mathematiker, der sich mit Algebra beschäftigte. Sein Geburtsdatum wird aufgrund eines Übersetzungsfehlers auf offiziellen Dokumenten stets mit 08. September 1910 angegeben.

Definition 7.3.13. *Das **Spektrum** einer Algebra A ist die Menge $\hat{A}$, die mit der Umkehrabbildung der Hüllen-Kern-Topologie unter der kanonischen Abbildung $\hat{A} \to Prim(A)$ ausgestattet ist ([Dixmier], 3.1.5. Definition, S. 71).*

Nun sei G eine lokalkompakte unimodulare Gruppe. Dann existiert eine kanonische Bijektion von nicht-entarteten Darstellungen in $C^*(G)$, bezeichnet mit $(C^*(G))\hat{\ }$, in die stetigen unitären Darstellungen von G, bezeichnet mit $\hat{G}$ ([Dixmier], 18.1.1., S. 353, mit Proposition 2.7.4., S. 49, 13.3.5., S. 285, 13.9.3., S. 303), mit der auch die Topologie von $(C^*(G))\hat{\ }$ auf $\hat{G}$ übertragen wird. Somit erhalten wir einen topologischen Raum $\hat{G}$.

Definition 7.3.14. *Der topologische Raum $\hat{G}$, der durch diese kanonische Bijektion entsteht, wird als **unitärer Dual der Gruppe** G bezeichnet.*

Mit anderen Worten, $\hat{G}$ ist die Menge der unitären Äquivalenzklassen topologisch irreduzibler unitärer Darstellungen, versehen mit der Hüllen-Kern-Topologie. Der topologische Raum $\hat{G}$ ist ein lokalkompakter Baire-Raum, der das zweite Abzählbarkeitsaxiom erfüllt (denn die topologische Gruppe G erfüllt dies). Im Allgemeinen ist $\hat{G}$ kein Hausdorff-Raum. Bevor wir die für uns wichtige Teilmenge des Duals definieren können, benötigen wir die folgende Eigenschaft von Darstellungen.

Definition 7.3.15. *Es sei A eine C^*-Algebra, π eine Darstellung von A und $\mathcal{S}$ eine Familie von Darstellungen von A, d. h. $\pi \in \hat{A}$, $\mathcal{S} \subset \hat{A}$. Dann ist die Darstellung π in $\mathcal{S}$ **schwach enthalten**, falls*

$$\bigcap_{S \in \mathcal{S}} \ker S \subset \ker(\pi)$$

gilt.

Die folgenden Äquivalenzen zu dieser Definition dienen dem tieferen Verständnis.

Theorem 27. *Es sei A eine C^*-Algebra, π eine Darstellung von A und S eine Menge von Darstellungen von A. Dann sind die folgenden Bedingungen äquivalent:*

1. *Die Darstellung π ist schwach in S enthalten.*

2. *Jede positive Form auf A, die mit π assoziiert wird, ist ein Schwach-$*$-Grenzwert der Linearkombinationen aller mit S assoziierten positiven Formen.*

3. *Jeder Zustand von A, der mit π assoziiert wird, ist ein Schwach-$*$-Grenzwert der Zustände, die Summen der mit S assoziierten Zustände sind.*

Wir benötigen in späteren Beweisen folgendes Lemma:

Lemma 7.3.16. *([Lipsman], Lemma 7.1, S. 413) Die Punkte des unitären Duals $\hat{G}$ bilden abgeschlossene Mengen.*

Zum Beweis verwendet Lipsman Lemma 1.11. in [Fell], S. 378 für *-Darstellungen T einer C^*-Algebra A.

Lemma 7.3.17. *Falls T ein vollständig stetiges Element des Duals $\hat{A}$ ist, dann ist $\{T\}$ abgeschlossen.*

Lipsman zeigt, dass nun jeder Punkt in $\hat{G}$ ein kompakter Operator ist; denn jeder kompakte Operator auf einem Banach-Raum ist vollständig stetig. Dabei ist das Hauptargument, dass Operatoren aus dem unitären Dual $\hat{G}$ Spurklassenoperatoren sind ([Harish-Chandra 2], § 5, S. 241f). Denn Spurklassenoperatoren sind kompakt, und kompakte Operatoren bilden in der gleichmäßigen Norm eine abgeschlossene Teilmenge in der Menge der beschränkten Operatoren.

Zwei weitere Ergebnisse benötigen wir noch. Die erste Behauptung findet man in [Lipsman], Theorem 7.2, S. 413.

Proposition 7.3.18. *Die Hüllen-Kern-Topologie auf G_d ist die diskrete Topologie.*

Das letzte verwendete Resultat ist aus [Green], Lemma 3, S. 285.

Lemma 7.3.19. *Wenn der Dual der diskreten Reihe $\hat{G}_d$ in der relativen Topologie diskret ist, dann sind die quadratintegrierbaren Punkte im reduzierten Dual $\hat{G}_{red}$ stets offen .*

Somit sind wir in der Lage, das Hauptergebnis des Abschnitts zu zeigen.

Theorem 28. *$T_\nu(B)$ ist eine C^*-Unteralgebra von $\widehat{C}_0(G) \boxtimes_l (C_\rho^*(G) \otimes End(\langle K \rangle_\nu))$, die auf $L^2(G) \otimes \langle K \rangle_\nu$ wirkt.*

Beweis:
Sei $\tilde{f}(g) = f(o.g)$ mit $f \in C(\overline{B})$. Dann ist $(\lambda_s \tilde{f})(g) = \tilde{f}(s^{-1}g) = f(o.s^{-1}g) \in \widehat{C}_0^*$. Nun betrachten wir die Rechtsaktion von G auf $\widehat{C}_0(G)$, für die

$$\rho_g(\lambda_s \tilde{f}) = \lambda_s(\rho_g \tilde{f})$$

gilt, wobei $\rho_g(\tilde{f}) \in C(\overline{B})$. Denn es ist $\rho_g(\lambda_s \tilde{f})(t) = (\lambda_s \tilde{f})(tg) = \tilde{f}(s^{-1}tg)$. Dann ist $\tilde{f}\lambda_{E_{ij}} \in \widehat{\mathcal{K}}(G)$ und es gilt wegen der Projektionseigenschaft $\lambda_{E_{ij}}^2 = \lambda_{E_{ij}}$:

$$T_\nu(\tilde{f}) = \lambda_{E_{ij}} \tilde{f} \lambda_{E_{ij}} = \lambda_{E_{ij}}(\tilde{f}\lambda_{E_{ij}})\lambda_{E_{ij}} \in \lambda_{E_{ij}}\widehat{\mathcal{K}}(G)\lambda_{E_{ij}}.$$

Da nun $T_\nu(\tilde{f}) = \lambda_{E_{ij}} \tilde{f} \lambda_{E_{ij}}$ ist, genügt es zu zeigen, dass $\lambda_{E_{ij}} \in C_\lambda^*(G) \otimes End(\langle K \rangle_\nu)$. Es sei $\langle e_i \rangle_\nu$ eine orthonormale Basis von $\langle K \rangle_\nu$. Dann ist der normalisierte Operator $\frac{\dim\langle G \rangle_\nu}{\dim\langle K \rangle_\nu} E(g)$

durch die Matrix der Koeffizientenfunktionen, die in $L^2(G)$ liegen, aber i. A. nicht in $L^1(G)$, definiert als

$$E_{ij}(g) := \frac{\dim\langle K\rangle_\nu}{\dim\langle K\rangle_\nu}\langle j(e_i)|\lambda(g)j(e_j)\rangle.$$

Durch die Schur-Orthogonalität hat E_{ij} die Fourier-Koeffizienten

$$(E_{ij}\widehat{)}_\nu = \frac{1}{\dim\langle K\rangle_\nu}(j(e_j))(j^*(e_i))$$

als Rang-1-Operator auf $\langle G\rangle_\nu$ mit $\nu \in \hat{G}_{red}$. Überdies ist $(E_{ij}\widehat{)}_\alpha = 0$ für alle α im reduzierten Dual $\hat{G}_{red}$, dem Träger des Plancherel-Maßes, wie aus der expliziten Plancherel-Formel folgt.

Mit Lemma 7.3.16 folgt, dass jeder Punkt im Dual $\hat{G}$ abgeschlossen in der Hüllen-Kern-Topologie ist, und durch Proposition 7.3.16. folgt, dass die Relativtopologie auf der Untermenge $\hat{G}_d$ aller quadratintegrierbaren Darstellungen diskret ist, aber $\lambda \in \hat{G}$ muss nicht offen in $\hat{G}$ sein, falls λ tatsächlich eine integrierbare Darstellung ist. Mit Lemma 7.3.19 folgt, dass $\{\lambda\}$ offen im reduzierten Dual $\hat{G}_{red}$ ist. Dies impliziert, dass die Funktion $\alpha \mapsto (E_{ij}\widehat{)}_\alpha$ auf $\hat{G}_{red}$ stetig ist; denn ihre Werte sind kompakte Operatoren, so dass offene Mengen auf offene Mengen abgebildet werden. Also ergibt sich

$$\lambda_{E_{ij}} \in C^*_\lambda(G)$$

für alle i,j, so dass $\lambda_{E_{ij}} \in C^*_\lambda(G) \otimes End(\langle K\rangle_\nu)$. $\qquad\square$

Somit haben wir in diesem Abschnitt gezeigt, dass die Toeplitz-Operatoren auf B Linksfaltungsoperatoren auf dem Kreuzprodukt $\hat{C}_0(G) \boxtimes_l C^*_\rho(G)$ sind. Wegen des letzten Satzes ist die von diesen Operatoren erzeugte C^*-Algebra $\mathcal{T}_\nu(B)$ eine Unteralgebra von $\hat{K}(G)$.

Theorem 28 kann für die Randstruktur des beschränkten symmetrischen Gebietes genutzt werden. Denn die C^*-Darstellungen des Kreuzprodukts gehen auf die C^*-Darstellungen der Toeplitz-Algebra über. Hier bleibt zu untersuchen, unter welchen Bedingungen diese irreduzibel sind. Die Randstruktur des Gebietes wird durch die Gesamtheit der Facetten gleichen Typs gebildet. Jede Facette bildet selbst wieder ein beschränktes symmetrisches Gebiet, daher kann wieder ein Bergman-Raum und eine Toeplitz-C^*-Algebra für jede dieser Facetten definiert werden. Nicht-triviale Darstellungen können nun durch die Zuordnung des Toeplitz-Operators mit dem Symbol F auf den Toeplitz-Operator $F|_{c+\overline{B}_c}$ (einer Einschränkung auf eine Facette) erfolgen (s. [Upmeier 5], S. 350f).

Schneidet man die Kerne der zu den Facetten B_j eines festen Typs j gehörenden Darstellungen, erhält man ein Ideal I_j der Toeplitz-C^*-Algebra $\mathcal{T}_\nu(B)$. Die aufsteigende Kette

$$0 \lhd I_0 = \mathcal{K}(H^2(B)) \lhd I_1 \lhd \ldots \lhd I_{r-1} \lhd I_r = [\mathcal{T},\mathcal{T}] = I_{r+1}$$

bildet eine Kompositionsreihe der C^*-Algebra $\mathcal{T}_\nu(B)$, deren Quotienten

$$I_{j+1}/I_j = C(S_j) \otimes \mathcal{K}(H^2(B))$$

sind, wobei S_j die kompakte Basis eines Faserbündels der Gesamtheit einer Facette vom gleichen Typ ist. Auf dieser Eigenschaft kann eine Indextheorie für Bergman-Räume entwickelt werden. Für den Hardy-Fall wurde dies in [Upmeier 4] durchgeführt.

Ebenso sollte mit der entwickelten Theorie eine Brücke zu Arbeiten der q-deformierten Gebiete von [Klimek/Lesniewski] und [Shklyarov/Zhang] geschlagen werden, da stets die konkreten Isomorphismen verwendet wurden. Denn im ersten Abschnitt haben wir gesehen, dass duale Eigenschaften durch die q-Deformation erhalten bleiben.

Anhang A

Dualität der Bialgebra $\mathcal{U}_q(\mathfrak{sl}(2,\mathbb{C}))$

Wir führen die Berechnungen aus Abschnitt 2.4.3 fort.

b	E	F	K
E	0	0	$q^{\frac{3}{2}}$
F	0	0	0
K	$q^{-\frac{1}{2}}$	0	0

c	E	F	K
E	0	0	0
F	0	0	$q^{-\frac{3}{2}}$
K	0	$q^{\frac{1}{2}}$	0

d	E	F	K
E	0	0	0
F	1	0	0
K	0	0	q^2

Die nächste Tabelle beinhaltet die Produkte ab der Hopf-Algebra $\mathcal{U}_q(\mathfrak{sl}(2,\mathbb{C}))$, damit erfolgen Berechnungen der Form

$$
\begin{aligned}
\langle E|ab\rangle &= \langle \Delta(E)|a\otimes b\rangle \\
&= \langle E\otimes 1 + K\otimes E|a\otimes b\rangle \\
&= \langle E|a\rangle\langle 1|b\rangle + \langle K|a\rangle\langle E|b\rangle \\
&= 0\cdot 0 + q^{-1}\cdot q^{1} = q^{-1}.
\end{aligned}
$$

Wir fassen alle Ergebnisse in den folgenden Tabellen zusammen:

E	a	b	c	d
a	0	q^{-1}	0	0
b	$q^{\frac{1}{2}}$	0	0	$q^{\frac{1}{2}}$
c	0	0	0	0
d	0	$q^{\frac{3}{2}}$	0	0

F	a	b	c	d
a	0	0	$q^{-\frac{1}{2}}$	0
b	0	0	0	0
c	$q^{\frac{1}{2}}$	0	0	$q^{-\frac{3}{2}}$
d	0	0	$q^{-\frac{1}{2}}$	0

K	a	b	c	d
a	q^{-2}	0	0	1
b	0	0	0	0
c	0	0	0	0
d	1	0	0	q^2

Die nächsten Berechnungen sind Auswertungen der Dualität auf jeweiligen Produkten der Hopf-Algebren, die übereinstimmen müssen, womit wir eine Kontrollrechnung haben.

Beispielrechnungen sind:

$$
\begin{aligned}
\langle E^2|ab\rangle &= \langle \Delta(E)^2|a\otimes b\rangle \\
&= \langle (E\otimes 1 + K\otimes E)(E\otimes 1 + K\otimes E)|a\otimes b\rangle \\
&= \langle EE\otimes 1 + EK\otimes E + KE\otimes E + KK\otimes EE|a\otimes b\rangle \\
&= \langle EE\otimes 1|a\otimes b\rangle + \langle EK\otimes E|a\otimes b\rangle + \langle KE\otimes E|a\otimes b\rangle + \langle KK\otimes EE|a\otimes b\rangle \\
&= \langle EE|a\rangle\langle 1|b\rangle + \langle EK|a\rangle\langle E|b\rangle + \langle KE|a\rangle\langle E|b\rangle + \langle KK|a\rangle\langle EE|b\rangle \\
&= 0\cdot 0 + 0\cdot q^{\frac12} + 0\cdot q^{\frac12} + q^{-2}\cdot 0 = 0
\end{aligned}
$$

und

$$
\begin{aligned}
\langle E^2|ab\rangle &= \langle E\otimes E|\Delta(ab)\rangle \\
&= \langle E\otimes E|(a\otimes a + b\otimes c)(a\otimes b + b\otimes d)\rangle \\
&= \langle E\otimes E|aa\otimes ab + ab\otimes ad + ba\otimes cb + bb\otimes cd\rangle \\
&= \langle E\otimes E|aa\otimes ab\rangle + \langle E\otimes E|ab\otimes ad\rangle + \langle E\otimes E|ba\otimes cb\rangle + \langle E\otimes E|bb\otimes cd\rangle \\
&= \langle E|aa\rangle\langle E|ab\rangle + \langle E|ab\rangle\langle E|ad\rangle + \langle E|ba\rangle\langle E|cb\rangle + \langle E|bb\rangle\langle E|cd\rangle \\
&= 0\cdot q^{-\frac12} + q^{-\frac12}\cdot 0 + q^{\frac12}\cdot 0 + 0\cdot 0 = 0.
\end{aligned}
$$

$\Delta(EE)$	a	b	c	d
a	0	0	0	0
b	0	q^2+1	0	0
c	0	0	0	0
d	0	0	0	0

$\Delta(EF)$	a	b	c	d
a	q^1+q^{-1}	0	0	$q^{-\frac12}$
b	0	0	1	0
c	0	1	0	0
d	$q^{\frac12}$	0	0	0

$\Delta(EK)$	a	b	c	d
a	0	$q^{-\frac12}$	0	0
b	$q^{\frac12}$	0	0	$q^{\frac52}$
c	0	0	0	0
d	0	$q^{\frac72}$	0	0

$\Delta(FE)$	a	b	c	d
a	0	0	0	$q^{-\frac12}$
b	0	0	1	0
c	0	1	0	0
d	$q^{\frac12}$	0	0	q^1+q^{-1}

$\Delta(FF)$	a	b	c	d
a	0	0	0	0
b	0	0	0	0
c	0	0	$q^{-1}+1$	0
d	0	0	0	0

$\Delta(FK)$	a	b	c	d
a	0	0	$q^{-\frac52}$	0
b	0	0	0	0
c	$q^{-\frac32}$	0	0	$q^{-\frac32}$
d	0	0	$q^{-\frac12}$	0

$\Delta(KE)$	a	b	c	d
a	0	$q^{-\frac52}$	0	0
b	$q^{-\frac32}$	0	0	$q^{\frac12}$
c	0	0	0	0
d	0	$q^{\frac32}$	0	0

$\Delta(KF)$	a	b	c	d
a	0	0	$q^{-\frac12}$	0
b	0	0	0	0
c	$q^{\frac12}$	0	0	$q^{\frac12}$
d	0	0	$q^{\frac32}$	0

$\Delta(KK)$	a	b	c	d
a	q^{-4}	0	0	1
b	0	0	0	0
c	0	0	0	0
d	1	0	0	q^4

Nun sind noch die Produkte $\langle E^2|ab\rangle = \langle E\otimes E|\Delta(ab)\rangle$, etc zu berechnen:

aa	E	F	K
E	0	q^1+q^{-1}	0
F	0	0	0
K	0	0	q^{-2}

ab	E	F	K
E	0	0	$q^{-\frac12}$
F	0	0	0
K	$q^{-\frac52}$	0	0

ac	E	F	K
E	0	0	0
F	0	0	$q^{-\frac52}$
K	0	$q^{-\frac12}$	0

ad	E	F	K
E	0	$q^{-\frac12}$	0
F	$q^{-\frac12}$	0	0
K	0	0	1

ba	E	F	K
E	0	0	$q^{\frac{1}{2}}$
F	0	0	0
K	$q^{-\frac{3}{2}}$	0	0

bb	E	F	K
E	q^2+1	0	0
F	0	0	0
K	0	0	0

bc	E	F	K
E	0	1	0
F	1	0	0
K	0	0	0

bd	E	F	K
E	0	0	$q^{\frac{5}{2}}$
F	0	0	0
K	$q^{\frac{1}{2}}$	0	0

ca	E	F	K
E	0	0	0
F	0	0	$q^{-\frac{3}{2}}$
K	0	$q^{\frac{1}{2}}$	0

cb	E	F	K
E	0	1	0
F	1	0	0
K	0	0	0

cc	E	F	K
E	0	0	0
F	0	$q^{-2}+1$	0
K	0	0	0

cd	E	F	K
E	0	0	0
F	0	0	$q^{-\frac{3}{2}}$
K	0	$q^{\frac{1}{2}}$	0

da	E	F	K
E	0	$q^{\frac{1}{2}}$	0
F	$q^{\frac{1}{2}}$	0	0
K	0	0	1

db	E	F	K
E	0	0	$q^{\frac{7}{2}}$
F	0	0	0
K	$q^{\frac{3}{2}}$	0	0

dc	E	F	K
E	0	0	0
F	0	0	$q^{-\frac{1}{2}}$
K	0	$q^{\frac{3}{2}}$	0

dd	E	F	K
E	0	0	0
F	$q^{-1}+q^1$	0	0
K	0	0	q^4

Jetzt muss noch betrachtet werden, was geschieht, wenn Produkte mit E^i, F^j, K^l für $i,j,l > 2$ gebildet werden. Zunächst stellen wir die Übersicht zu $\langle E * * | a \otimes a \rangle$ usw. auf.

$\Delta(aa)$	E	F	K
EE	0	0	0
EF	0	0	$q^{-1}(q^1+q^{-1})$
EK	0	(q^1+q^{-1})	0

$\Delta(ab)$	E	F	K
EE	0	$q^{-\frac{3}{2}}(q^1+q^{-1})$	0
EF	$q^{-\frac{1}{2}}(q^1+q^{-1})$	0	0
EK	0	0	$q^{-\frac{1}{2}}$

$\Delta(ac)$	E	F	K
EE	0	0	0
EF	0	$q^{\frac{1}{2}}(q^{-2}+1)$	0
EK	0	0	0

$\Delta(ad)$	E	F	K
EE	0	0	0
EF	0	0	$q^{-\frac{1}{2}}$
EK	0	$q^{\frac{1}{2}}$	0

$\Delta(ba)$	E	F	K
EE	0	$q^{-\frac{1}{2}}(q^2+1)$	0
EF	$q^{-\frac{1}{2}}(q^2+1)$	0	0
EK	0	0	$q^{\frac{1}{2}}$

$\Delta(bb)$	E	F	K
EE	0	0	$q^2(q^2+1)$
EF	0	0	0
EK	q^2+1	0	0

$\Delta(bc)$	E	F	K
EE	0	0	0
EF	0	0	1
EK	0	q^2	0

$\Delta(bd)$	E	F	K
EE	0	0	0
EF	0	0	0
EK	0	0	$q^{\frac{9}{2}}$

$\Delta(ca)$	E	F	K
EE	0	0	0
EF	0	$q^{-\frac{1}{2}}(q^2+1)$	0
EK	0	0	0

$\Delta(cb)$	E	F	K
EE	0	0	0
EF	0	0	1
EK	0	q^2	0

$\Delta(cc)$	E	F	K
EE	0	0	0
EF	0	0	0
EK	0	0	0

$\Delta(cd)$	E	F	K
EE	0	0	0
EF	0	0	0
EK	0	0	0

$\Delta(da)$	E	F	K
EE	0	0	0
EF	0	0	$q^{\frac{1}{2}}$
EK	0	$q^{\frac{3}{2}}$	0

$\Delta(db)$	E	F	K
EE	0	0	0
EF	$q^{\frac{1}{2}}(q^2+1)$	0	0
EK	0	0	$q^{\frac{11}{2}}$

$\Delta(dc)$	E	F	K
EE	0	0	0
EF	0	0	0
EK	0	0	0

$\Delta(dd)$	E	F	K
EE	0	0	0
EF	0	0	0
EK	0	0	0

Nun werden die Produkte $\langle F * *|a \otimes a\rangle$ usw. untersucht.

$\Delta(aa)$	E	F	K
FE	0	0	0
FF	0	0	0
FK	0	0	0

$\Delta(ab)$	E	F	K
FE	0	0	0
FF	0	0	0
FK	0	0	0

$\Delta(ac)$	E	F	K
FE	0	$q^{\frac{1}{2}}(q^{-2}+1)$	0
FF	0	0	0
FK	0	0	$q^{-\frac{9}{2}}$

$\Delta(ad)$	E	F	K
FE	0	0	$q^{-\frac{1}{2}}$
FF	0	0	0
FK	$q^{-\frac{3}{2}}$	0	0

$\Delta(ba)$	E	F	K
FE	0	0	0
FF	0	0	0
FK	0	0	0

$\Delta(bb)$	E	F	K
FE	0	0	0
FF	0	0	0
FK	0	0	0

$\Delta(bc)$	E	F	K
FE	0	0	1
FF	0	0	0
FK	q^{-2}	0	0

$\Delta(bd)$	E	F	K
FE	$q^{-\frac{1}{2}}(q^1+1)$	0	0
FF	0	0	0
FK	0	0	0

$\Delta(ca)$	E	F	K
FE	0	$q^{-\frac{1}{2}}(q^2+1)$	0
FF	0	0	0
FK	0	0	$q^{-\frac{7}{2}}$

$\Delta(cb)$	E	F	K
FE	0	0	1
FF	0	0	0
FK	q^{-1}	0	0

$\Delta(cc)$	E	F	K
FE	0	0	0
FF	0	0	$q^{-2}(q^{-1}+1)$
FK	0	$(q^{-2}+1)$	0

$\Delta(cd)$	E	F	K
FE	0	$q^{-\frac{3}{2}}(q^{-1}+q^1)$	0
FF	$q^{-\frac{1}{2}}(q^{-2}+1)$	0	0
FK	0	0	$q^{-\frac{3}{2}}$

$\Delta(da)$	E	F	K
FE	0	0	$q^{\frac{1}{2}}$
FF	0	0	0
FK	$q^{-\frac{1}{2}}$	0	0

$\Delta(db)$	E	F	K
FE	0	$q^{\frac{1}{2}}(q^2+1)$	0
FF	0	0	0
FK	$q^{-\frac{1}{2}}$	0	0

$\Delta(dc)$	E	F	K
FE	0	$q^{-\frac{1}{2}}(q^{-2}+1)$	0
FF	$q^{\frac{1}{2}}(q^{-2}+1)$	0	0
FK	0	0	$q^{-\frac{1}{2}}$

$\Delta(dd)$	E	F	K
FE	0	0	$q^2(q^{-1}+q^1)$
FF	0	0	0
FK	$(q^{-1}+q^1)$	0	0

Schließlich fehlen noch die Produkte $\langle K * *|a \otimes a\rangle$ usw.

$\Delta(aa)$	E	F	K
KE	0	$q^{-\frac{3}{2}}+q^{-\frac{1}{2}}$	0
KF	0	0	0
KK	0	0	q^{-3}

$\Delta(ab)$	E	F	K
KE	0	0	$q^{-\frac{5}{2}}$
KF	0	0	0
KK	0	0	0

$\Delta(ac)$	E	F	K
KE	0	0	0
KF	0	0	$q^{-\frac{5}{2}}$
KK	0	$q^{-\frac{1}{2}}$	0

$\Delta(ad)$	E	F	K
KE	0	$q^{-\frac{1}{2}}$	0
KF	$q^{-\frac{1}{2}}$	0	0
KK	0	0	1

$\Delta(ba)$	E	F	K
KE	0	0	$q^{-\frac{3}{2}}$
KF	0	0	0
KK	$q^{-\frac{7}{2}}$	0	0

$\Delta(bb)$	E	F	K
KE	$q^{-2}+1$	0	0
KF	0	0	0
KK	0	0	0

$\Delta(bc)$	E	F	K
KE	0	1	0
KF	1	0	0
KK	0	0	0

$\Delta(bd)$	E	F	K
KE	0	0	$q^{-\frac{3}{2}}$
KF	0	0	0
KK	$q^{\frac{1}{2}}$	0	0

$\Delta(ca)$	E	F	K
KE	0	0	0
KF	0	0	$q^{\frac{3}{2}}$
KK	0	$q^{\frac{1}{2}}$	0

$\Delta(cb)$	E	F	K
KE	0	1	0
KF	1	0	0
KK	0	0	0

$\Delta(cc)$	E	F	K
KE	0	0	0
KF	0	q^2+1	0
KK	0	0	0

$\Delta(cd)$	E	F	K
KE	0	0	0
KF	0	0	$q^{\frac{1}{2}}$
KK	0	0	$q^{\frac{5}{2}}$

$\Delta(da)$	E	F	K
KE	0	$q^{\frac{1}{2}}$	0
KF	$q^{\frac{1}{2}}$	0	0
KK	0	0	1

$\Delta(db)$	E	F	K
KE	0	0	$q^{\frac{7}{2}}$
KF	0	0	0
KK	$q^{\frac{3}{2}}$	0	0

$\Delta(dc)$	E	F	K
KE	0	0	0
KF	0	0	0
KK	0	$q^{\frac{7}{2}}$	0

$\Delta(dd)$	E	F	K
KE	0	0	0
KF	0	$q^1 + q^{-1}$	0
KK	0	0	q^6

Wir betrachten nur noch die geordneten Produkte $E^i F^j K^l$ auf $ab, ba, ac, ca, ad, da, bc, cb$, deren Auswertung ungleich null ist:

$$
\begin{aligned}
\langle EK, ab \rangle &= q^{-\frac{1}{2}} & \langle EFF, ab \rangle &= q^{-1}(q^2 + q^{-2}) \\
\langle FK, ac \rangle &= q^{-\frac{5}{2}} & \langle EKK, ab \rangle &= q^{-\frac{1}{2}} \\
\langle EF, ad \rangle &= q^{-\frac{1}{2}} & \langle EFF, ac \rangle &= q^{\frac{1}{2}}(q^{-2} + 1) \\
\langle EK, ba \rangle &= q^{\frac{1}{2}} & \langle EFK, ad \rangle &= q^{-\frac{1}{2}} \\
\langle EF, bc \rangle &= 1 & \langle EEF, ba \rangle &= q^{-\frac{1}{2}}(q^2 + 1) \\
\langle EK, bd \rangle &= q^{\frac{5}{2}} & \langle EFK, bc \rangle &= 1 \\
\langle FK, ca \rangle &= q^{-\frac{3}{2}} & \langle EFE, bd \rangle &= q^{-\frac{1}{2}}(q^2 + 1) \\
\langle EF, cb \rangle &= 1 & \langle EFF, ca \rangle &= q^{-\frac{1}{2}}(q^2 + 1) \\
\langle FK, cd \rangle &= q^{-\frac{3}{2}} & \langle EFK, cb \rangle &= 1 \\
\langle EF, da \rangle &= q^{\frac{1}{2}} & \langle EFK, da \rangle &= q^{\frac{1}{2}} \\
\langle EK, db \rangle &= q^{\frac{7}{2}} & \langle EFE, db \rangle &= q^{\frac{1}{2}}(q^2 + 1) \\
\langle FK, dc \rangle &= q^{-\frac{1}{2}} & \langle FFE, cd \rangle &= q^{-\frac{1}{2}}(q^2 + 1) \\
& & \langle FFE, dc \rangle &= q^{\frac{1}{2}}(q^{-2} + 1)
\end{aligned}
$$

Nun müssen noch die Produkte für $EEEF, EEFF, EFFF$ berechnet werden, die ggf. noch mit K^l kombiniert werden:

$\Delta(ab)$	E	F	K
EEE	0	0	0
EEF	-	0	$q^{-\frac{3}{2}}(q^2 + 1)$
EFF	-	0	0

$\Delta(ac)$	E	F	K
EEE	0	0	0
EEF	-	0	0
EFF	-	0	$q^{-\frac{3}{2}}(q^2 + 1)$

$\Delta(ad)$	E	F	K
EEE	0	0	0
EEF	-	0	0
EFF	-	0	0

$\Delta(ba)$	E	F	K
EEE	0	0	0
EEF	-	0	$q^{-\frac{1}{2}}(q^2 + 1)$
EFF	-	0	0

$\Delta(bc)$	E	F	K
EEE	0	0	0
EEF	-	0	0
EFF	-	0	0

$\Delta(bd)$	E	F	K
EEE	0	0	0
EEF	-	0	0
EFF	-	0	0

$\Delta(ca)$	E	F	K
EEE	0	0	0
EEF	-	0	0
EFF	-	0	$q^{-\frac{5}{2}}(q^2+1)$

$\Delta(cd)$	E	F	K
EEE	0	0	0
EEF	-	0	0
EFF	-	0	0

$\Delta(da)$	E	F	K
EEE	0	0	0
EEF	-	0	0
EFF	-	0	0

$\Delta(db)$	E	F	K
EEE	0	0	0
EEF	-	0	0
EFF	-	0	0

$\Delta(dc)$	E	F	K
EEE	0	0	0
EEF	-	0	0
EFF	-	0	0

Für die Produkte K^l sieht man leicht, dass K auf Produkten ad und da nicht verschwindet, sondern

$$\langle K^l, ad \rangle = \langle K^l, da \rangle = 1$$

gilt. Als Gesamtresultat können wir festhalten, dass für

1. $\langle K^l, ad \rangle = \langle K^l, da \rangle = 1$

2. $\langle FK^l, ca \rangle = q^1 \langle FK^l, ac \rangle = q^{\frac{1}{2}-l}$

3. $\langle FK^l, dc \rangle = q^1 \langle FK^l, cd \rangle = q^{-\frac{1}{2}}$

4. $\langle EK^l, ba \rangle = q^1 \langle EK^l, ab \rangle = q^{\frac{1}{2}}$

5. $\langle EK^l, db \rangle = q^1 \langle EK^l, bd \rangle = q^{\frac{3}{2}+l}$

6. $\langle EFK^l, bc \rangle = \langle EFK^l, cb \rangle = 1$

7. $\langle EFK^l, da \rangle = q^{\frac{1}{2}} \langle EFK^l, ad \rangle = q^{-\frac{1}{2}}$

8. $\langle EF^2K^l, ca \rangle = q^1 \langle EF^2K^l, ac \rangle = q^{-\frac{1}{2}-l}(q^2+1)$

9. $\langle E^2FK^l, ba \rangle = q^1 \langle E^2FK^l, ab \rangle = (q^2+1)$

gilt.

Literaturverzeichnis

[Akemann/Pedersen/Tomiyama] Charles L. Akemann, Gert K. Pedersen, Jun Tomiyama. *Multipliers of C^*-Algebras.* J. Funct. Analysis **13**, 1973, 277-301. MR 57 #10431.

[Artin] Emil Artin, Cecil J. Nesbitt, Robert M. Thrall. *Rings with Minimum Condition.* University of Michigan Publications in Mathematics, no. 1. University of Michigan Press, Ann Arbor, Mich., 1944. MR 6,33e.

[Baaj/Skandalis] Saad Baaj, Georges Skandalis. *Unitaires multiplicatifs et dualité pour les produits croisés de C^*-algèbres.* Ann. Sci. École Norm. Sup. (4) **26** (1993), no. 4, 425-488. MR 94e:46127.

[Berezin] Felix Alexandrovich Berezin. *General concept of quantization.* Comm. Math. Phys. **40** (1975), 153-174. MR 53 #15186.

[Blackadar] Bruce Blackadar. *Operator algebras. Theory of C^*-algebras and von Neumann algebras.* Encyclopaedia of Mathematical Sciences, 122. Operator Algebras and Non-commutative Geometry, III. Springer-Verlag, Berlin, 2006. MR 2006k:46082.

[Borthwick/Lesniewski/Upmeier] David Borthwick, Andrzej Lesniewski, Harald Upmeier. *Nonperturbative deformation quantization of Cartan domains.* J. Funct. Anal. **113** (1993), no. 1, 153 - 176. MR 94d:47065.

[Braun/Koecher] Hel Braun, Max Koecher. *Jordan-Algebren.* Springer-Verlag, Berlin-New York, 1966. MR 34 #4310.

[Chari/Pressley] Vyjayanthi Chari, Andrew Pressley. *A guide to quantum groups.* Cambridge University Press, Cambridge, 1994. MR 95j:17010.

[Dixmier] Jacques Dixmier. *C^*-algebras.* Translated from the French by Francis Jellett. North-Holland Mathematical Library, Vol. 15. North-Holland Publishing Co., Amsterdam-New York-Oxford, 1977. MR 56 #16388.

[Doran] Robert S. Doran, Victor A. Belfi. *Characterizations of C^*-algebras. The Gelfand-Naimark theorems*. Monographs and Textbooks in Pure and Applied Mathematics, 101. Marcel Dekker, Inc., New York, 1986. MR 87k:46115.

[Drinfel'd] Vladimir Gershonovich Drinfel'd. *Quantum Groups*. Proceedings of the International Congress of Mathematicians, Vol. 1, 2 (Berkeley, Calif., 1986), 798-820, Amer. Math. Soc., Providence, RI, 1987. MR 89f: 17017.

[Eymard] Pierre Eymard. *L'algèbre de Fourier d'un groupe localement compact*. Bull. Soc. Math. France **92** (1964), 181-236. MR 37 #4208.

[Fell] J. M. G. Fell. *The dual spaces of C^*-algebras*. Trans. Amer. Math. Soc. **94** (1960), 365-403. MR 26 # 4201.

[Green] Philip Green. *Square-integrable representations and the dual topology*. J. Funct. Anal. **35** (1980), no. 3, 279-294. MR 82g:22005.

[Harish-Chandra 1] Harish-Chandra. *Discrete series for semisimple Lie groups. II*. Acta Math. **116** (1966), 1-111. MR 36 #2745.

[Harish-Chandra 2] Harish-Chandra. *Representations of Semisimple Lie Groups. III*. Trans. Amer. Math. Soc. **76** (1954), 234-253. MR 16,11e.

[Harris] Lawrence A. Harris. *Bounded symmetric homogeneous domains in infinite dimensional spaces*. Proceedings on Infinite Dimensional Holomorphy (Internat. Conf., Univ. Kentucky, Lexington, Ky., 1973). Lecture Notes in Math., Vol. 364, Springer, Berlin, 1974. MR 53 #11106.

[van Heeswijck] Lutgarde van Heeswijck. *Duality in the theory of crossed products*. Math. Scand. **44** (1979), 313-329. MR 83d:46082.

[Helgason] Sigurdur Helgason. *Differential Geometry, Lie Groups, and Symmetric Spaces*. Korrigierter Reprint der Ausgabe von 1978. American Mathematical Society, Providence, RI, 2001. MR 2002b:53081.

[Hewitt/Ross] Edwin Hewitt, Kenneth A. Ross. *Abstract harmonic analysis. Vol. I*. Structure of topological groups, integration theory, group representations. Second edition. Grundlehren der Mathematischen Wissenschaften [Fundamental Principles of Mathematical Sciences], 115. Springer-Verlag, Berlin-New York, 1979.MR 81k:43001.

[Hopf] Heinz Hopf. *Über die Topologie der Gruppen-Mannigfaltigkeiten und ihre Verallgemeinerungen*. Ann. of Math. **42** (1941), 22-52. MR 3,61b.

[Humphrey] James E. Humphrey. *Introduction to Lie Algebras and Representation Theory.* Second printing, revised. Graduate Texts in Mathematics, 9. Springer-Verlag, New York-Berlin, 1978. MR 81b:17007.

[Imai/Takai] Shō Imai, Hiroshi Takai. *On a duality for C^*-crossed products by a locally compact group.* J. Math. Soc. Japan 30 (1978), no. 3, 495-504. MR 81h:46090.

[Iòrio] Valéria de Magalhaes Iòrio. *Hopf-C^*-Algebras and locally compact groups.* Pac. J. Math. **87** (1980), 75-96. MR 82b:22007.

[Jacobson] Nathan Jacobson. *Lie and Jordan triple systems.* Amer. J. Math. **71** (1949), 149-170. MR 10,426c.

[Jordan 1] Pascual Jordan. *Über eine Klasse nichtassoziativer hyperkomplexer Algebren.* Nachrichten von der Gesellschaft der Wissenschaften zu Göttingen, Mathematisch-Physikalische Klasse (1932). Göttingen, 569-575.

[Jordan 2] Pascual Jordan. *Über die Verallgemeinerungsmöglichkeiten des Formalismus der Quantenmechanik.* Nachrichten von der Gesellschaft der Wissenschaften zu Göttingen, Mathematisch-Physikalische Klasse (1933), 209-217.

[Kac 1] Georgiy Isaakovitch Kac. *Ring groups and the duality principle. I.* Transl. Moscow Math. Soc. **12** (1963), 291-339.

[Kac 2] Georgiy Isaakovitch Kac. *Ring groups and the duality principle. II.* Transl. Moscow Math. Soc. **13** (1963), 94-126

[Kadison/Ringrose] Richard V. Kadison, John R. Ringrose. *Fundamentals of the Theory of Operator Algebras.* Vol I. Elementary theory. Reprint of the 1983 original. Graduate Studies in Mathematics, 15. American Mathematical Society, Providence, RI, 1997. MR 98f:46001a.

[Kassel] Christian Kassel. *Quantum Groups.* Springer-Verlag, New York, 1995. MR 96e: 17041.

[Katayama] Yoshikazu Katayama. *Takesaki's duality for a non-degenerate co-action.* Math. Scand. **55** (1984), 141-151. MR 86b:46112.

[Kirillov] A. A. Kirillov. *Introduction to the theory of representations and noncommutative harmonic analysis.* In: Representation theory and noncommutative harmonic analysis I, 1-156, Encyclopaedia Math. Sci., 22, Springer-Verlag, Berlin, 1994. MR 90a:22005.

[Klimyk/Schmüdgen] Anatoli Klimyk, Konrad Schmüdgen. *Quantum groups and their representations*. Texts and Monographs in Physics. Springer-Verlag, Berlin, 1997. MR 99f:17017.

[Klimek/Lesniewski] Sławomir Klimek, Andrzej Lesniewski. *A two-parameter quantum deformation of the unit disc*. J. Funct. Anal. **115** (1993), no. 1, 1 - 23. MR 94e:46128.

[Knapp 1] Anthony W. Knapp. *Representation Theory of Semisimple Groups*. Nachdruck des Originals 1986. Princeton Landmarks in Mathematics. Princeton University Press, Princeton, NJ, 2001. MR 2002k:22011.

[Knapp 2] Anthony W. Knapp. *Lie groups beyond an introduction*. Second edition. Progress in Mathematics, 140. Birkhäuser Verlag, Boston, MA, 2002. MR 2003c:22001.

[Koecher] Max Koecher. *An Elementary Approach to Bounded Symmetric Domains*. Rice University, Houston, Texas, 1969. MR 41 #5652.

[Korogodski/Soibelman] Leonid I. Korogodski, Yan S. Soibelman. *Algebras of Functions on Quantum Groups: Part I*. American Mathematical Society, Providence, RI, 1998. MR 99a: 17022.

[Landstad] Magnus B. Landstad. *Duality for dual covariance algebras*. Comm. Math. Phys. **52** (1977), 191-202. MR 56 #8750.

[Landstad/Philipps/Raeburn/Sutherland] Magnus B. Landstad, J. Philipps; I. Raeburn; C. E. Sutherland. *Representations of crossed products by coactions and principal bundles*. Trans. Americ. Math. Soc. **299** (1987), 747-784. MR 88f:46127.

[Lipsman] Ronald Leslie Lipsman. *The dual topology for the principal and discrete series on semisimple groups*. Trans. Amer. Math. Soc. **152** (1970), 399-417. MR 42 #4673.

[Loos 1] Ottmar Loos. *Jordan pairs*. Lecture Notes in Mathematics, Vol. 460. Springer-Verlag, Berlin-New York, 1975. MR 56 #3071.

[Loos 2] Ottmar Loos. *Bounded Symmetric Domains and Jordan Pairs*. University of California, Irvine, 1977.

[Losert] Viktor Losert. *On tensor products of Fourier algebras*. Arch. Math. (Basel) **43** (1984), no. 4, 370-372. MR 87c:43004.

[Mackey] George W. Mackey. *Unitary group representations in physics, probability, and number theory*. Second edition. Addison-Wesley Publishing Company, Redwood City, CA, 1989. MR 90m: 22002.

[Mac Lane] Saunders Mac Lane. *Homology*. Reprint of the first edition. Die Grundlehren der mathematischen Wissenschaften, Band 114. Springer-Verlag, Berlin-New York, 1967. MR 28 #122, MR 50 #2285, MR 96d: 18001.

[Majid 1] Shahn Majid. *Physics for Algebraists: Non-commutative and Non-cocommutative Hopf Algebras by a Bicrossproduct Construction*. J. Algebra **130** (1990), 17-64. MR 91j: 16050.

[Majid 2] Shahn Majid. *Foundations of quantum group theory*. Cambridge University Press, Cambridge, 1995. MR 97g:17016.

[Murray/v. Neumann 1] Francis Joseph Murray, John von Neumann. *On rings of operators*. Ann. of Math. (2) **37** (1936), 116-229.

[Murray/v. Neumann 2] Francis Joseph Murray, John von Neumann. *On rings of operators II*. Trans. Amer. Math. Soc. **41** (1937), 208-248.

[Murray/v. Neumann 3] Francis Joseph Murray, John von Neumann. *On rings of operators IV*. Ann. of Math. (2) **44** (1943), 716-808. MR 5,101a.

[Nakagami] Yoshiomi Nakagami. *Dual Action on a von Neumann Algebra and Takesaki's Duality for a Locally Compact Group*. Publ. Res. Inst. Math. Sci. **12** (1976/77), No. 3, 727-775. MR 56 #16393.

[Pedersen] Gert K. Pedersen. C^*-*algebras and their automorphism groups*. London Mathematical Society Monographs, 14. Academic Press Inc., London, 1979. MR 81e:46037.

[Rieffel] Marc A. Rieffel. *Quantization and C^*-Algebras*. Contemporary Mathematics, Volume 167, 1994.

[Segal] I. E. Segal. *Irreducible representations of operator algebras*. Bull. Amer. Math. Soc. **53** (1947), 73-88. MR 8,520b.

[Shklyarov/Zhang] Dmitry Shklyarov, Genkai Zhang. *Berezin transform on the quantum unit ball*. J. Math. Phys. **44** (2003), no. 9, 4344 - 4373. MR 2004i:33034.

[Singer] William M. Singer. *Extension Theory for Connected Hopf Algebras*. J. Algebra **21** (1972), 1-16. MR 47 #8597.

[Stinespring] W. Forrest Stinespring. *Integration theorems for gages and duality for unimodular groups*. Trans. Amer. Math. Soc. **90** (1959), 15-56. MR 21 #1547.

[Strătilă 1] Serban Strătilă, László Zsidó. *Lectures on von Neumann Algebras*. Revision of the 1975 original. Translated from the Romanian by Silviu Teleman. Editura Academiei, Bucharest; Abacus Press, Tunbridge Wells, 1979. MR 81j:46089.

[Strătilă 2] Serban Strătilă. *Modular theory in Operator Algebras.* Editura Academiei Republicii Socialiste România, Bucharest; Abacus Press, Tunbridge Wells, 1981. MR 85g:46072.

[Sweedler] Moss E. Sweedler. *Hopf Algebras.* Mathematics Lecture Note Series. W. A. Benjamin, Inc., New York, 1969. MR 40 #5705.

[Takai] Hiroshi Takai. *On a duality for crossed products of C^*-algebras.* J. Functional Analysis **19** (1975), 25-39. MR 51 # 1413.

[Takesaki 1] Masamichi Takesaki. *Duality for crossed products and the structure of von Neumann algebras of type III.* Acta Math. **131** (1973), 249-310. MR 55 #11068.

[Takesaki 2] Masamichi Takesaki. *Theory of operator algebras. I.* Springer-Verlag, New York-Heidelberg, 1979. MR 81e:46038.

[Takeuchi] Mitsuhiro Takeuchi. *Matched Pairs of Groups and Bismash Products of Hopf Algebras.* Comm. Algebra **9** (1981), 841-882. MR 83f: 16013.

[Timmermann] Thomas Timmermann. *An Invitation to Quantum Groups and Duality.* European Mathematical Society, Zürich, 2008. MR 2009f:46079.

[Upmeier 1] Harald Upmeier. *Toeplitz C^*-algebras on bounded symmetric domains.* Ann. Math. **119** (1984) no. 3, 549-576. MR 86a:47022.

[Upmeier 2] Harald Upmeier. *Jordan Algebras in Analysis, Operator Theory and Quantum Mechanics.* CBMS Regional Conference Series in Mathematics, 67. American Mathematical Society, Providence, RI, 1987. MR 88h:17032.

[Upmeier 3] Harald Upmeier. *Toeplitz C^*-algebras and noncommutative duality.* J. Operator Theory **26** (1991), 407-432. MR 94h:47047.

[Upmeier 4] Harald Upmeier. *Toeplitz Operators and Index Theory in Several Complex Variables.* Birkhäuser Verlag, Basel, 1996. MR 97f:47022.

[Upmeier 5] Harald Upmeier. *Toeplitz Operator Algebras and Complex Analysis.* in: M. A. Bastos, I. Gohberg, A. B. Lebre, F.-O. Speck. (eds.) *Operator Algebras, Operator Theory and Applications.* Operator Theory: Advances and Applications, Vol. 181. Birkhäuser Verlag, Basel, 2008.

[Vallin] Jean-Michel Vallin. *C^*-algèbres de Hopf et C^*-algèbres de Kac.* Proc. London Math. Soc. **50** (1985), 131-174. MR 86f:46072.

[Vaes/Van Daele] Stefaan Vaes, Alfons Van Daele. *Hopf-C^*-Algebras.* Proc. London Math. Soc. (3) 82 (2001), no. 2, 337-384. MR 2002f:46139.

[Wegge-Olsen] Niels Erik Wegge-Olsen. *K-theory and C^*-algebras: a friendly approach.* Oxford University Press, Oxford, 1993. MR 95c:46116.

Index

Abstract

After the foundation of Hopf algebras is set, we look at the duality of groups and algebras of functions. Therefore we introduce the term of the dual pair and verify the examples $(\mathcal{U}(\mathfrak{sl}(2,\mathbb{C})), K(SL(2,\mathbb{C}))$ and $(\mathcal{U}_q(\mathfrak{sl}(2,\mathbb{C})), K_q(SL(2,\mathbb{C}))$.

The following chapter is dedicated to the cross products of groups and group algebras and is meant to lead to the quantum double of a Hopf algebra, which is isomorphic to the cross product of H and H^{*op} with an action (Proposition 3.4.5.). In this model characteristics of the matched pairs are used. In the fourth chapter we explore functional analytical aspects, more precisely the Katayama duality of C^*-crossed and C^*-co-crossed products. This is basically the C^*-analogue of the previous algebraic structures. Crossed and co-crossed products form a dual pair in the sense of $A \otimes C_0(G), A \otimes C^*(G))$.

At the beginning of the 2nd part, basic facts on bounded symmetric domains interpreted in Jordan theoretic terms and Hilbert spaces of holomorphic functions are explained. In the following the Hardy-Toeplitz -C^*-Algebra $\mathcal{T}(S)$ is shown to be a sub-algebra of the C^*-co-crossed product $P_S\widehat{C}^*_\lambda(K) \otimes C(K)P_S$. Similary, the Bergman case is studied with the result that the Bergman-Toeplitz-C^*-Algebra $\mathcal{T}_\nu(B)$ is a subalgebra of a C^*-crossed product, constructed as an action of a certain algebra of functions $\widehat{C}_0(G)$. Both results are useful in the study of C^*-representations.

The thesis ends with an outlook of further developments in representation theory, index theory and q-deformation.

MIX
Papier aus verantwortungsvollen Quellen
Paper from responsible sources
FSC® C105338

If you have any concerns about our products,
you can contact us on
ProductSafety@springernature.com

In case Publisher is established outside the EU,
the EU authorized representative is:
Springer Nature Customer Service Center GmbH
Europaplatz 3, 69115 Heidelberg, Germany

Printed by Libri Plureos GmbH
in Hamburg, Germany